河南省"十四五"普通高等教育规划教材

工业机器人
基础与应用

主　编　王淑珍　孟文宝
副主编　宋黎明　尹　斌

U0340639

郑州大学出版社

图书在版编目(CIP)数据

工业机器人基础与应用/王淑珍,孟文宝主编. — 郑州：郑州大学出版社,2021.12(2023.2 重印)

ISBN 978-7-5645-8431-3

Ⅰ.①工…　Ⅱ.①王…②孟…　Ⅲ.①工业机器人 - 教材
Ⅳ.①TP242.2

中国版本图书馆 CIP 数据核字(2021)第 269476 号

工业机器人基础与应用

GONGYE JIQIREN JICHU YU YINGYONG

策划编辑	吴 波	封面设计	苏永生	
责任编辑	李瑞卿	版式设计	凌 青	
责任校对	刘永静	责任监制	凌 青　李瑞卿	

出版发行	郑州大学出版社	地　址	郑州市大学路 40 号(450052)	
出 版 人	孙保营	网　址	http://www.zzup.cn	
经　销	全国新华书店	发行电话	0371-66966070	
印　刷	郑州印之星印务有限公司			
开　本	787 mm×1 092 mm　1／16			
印　张	20.5	字　数	500 千字	
版　次	2021 年 12 月第 1 版	印　次	2023 年 2 月第 2 次印刷	

书　号	ISBN 978-7-5645-8431-3	定　价	59.00 元	

本书如有印装质量问题,请与本社联系调换。

编者名单

主　编　王淑珍　孟文宝

副主编　宋黎明　尹　斌

编　委　王淑珍　孟文宝　宋黎明

　　　　尹　斌　冯　崇　师树谦

◇ 前 言 ◇

《中国制造 2025》指出,高端装备是制造业的战略重点。工业机器人作为高端装备的重要组成部分,是实现工业自动化、数字化、智能化的保障。

随着机器人技术及智能化水平的提高,工业机器人已在众多领域得到了广泛的应用。其中,汽车、电子产品、冶金、化工等是我国使用机器人最多的行业。未来几年,随着行业优化、产业升级和劳动力成本的不断提高,我国机器人市场蕴含巨大的潜力。虽然多种因素推动着我国工业机器人产业的快速发展,但是应用型人才严重缺乏的问题成为我国推行工业机器人技术的主要障碍之一。

工业机器人是一种功能完整、可独立运行的自动化设备,对专业技术人员有着多层次的需求,主要分为研发工程师、系统设计与应用工程师、调试工程师和操作及维护人员四个层次,其中需求量较大的是操作及维护人员、具备基本工业机器人应用技术的调试工程师和更高层次的应用工程师。

本书将工业机器人的基础性、实用性、共用性有机结合,选取典型工业机器人和工作站作为实例,采用任务驱动的方式,将其归纳为工业机器人概述、工业机器人的本体结构、工业机器人的基本操作、工业机器人的示教编程、工业机器人与外部设备的通信、码垛机器人、机床上下料工作站、弧焊机器人工作站和智能分拣工作站 9 个项目。这些项目系统地介绍了工业机器人的产生、发展和分类,工业机器人的组成、特点和技术性能等基础知识;重点讲解了工业机器人的操作及编程方法;同时,从实际出发全面论述了工业机器人搬运、码垛工艺,工业机器人 CNC 机床上下料工作站系统集成,弧焊机器人工作站系统集成,工业机器人智能分拣工作站系统集成等内容。

为了能够满足应用型技术人才的培养要求,本书选取的案例来自工程实例,将基本理论、基本操作方法与实际案例相结合,并在每一个项目后设置了项目小结和项目练习,方便读者及时掌握项目重点,加深对相关知识的理解。

本书入选河南省"十四五"普通高等教育规划教材,既可作为机器人工程、工业机器人技术等专业的专业基础课程教材,也可以作为机械设计制造及其自动化、机械电子工程、自动化等专业的选修课程教材,还可供工业机器人领域的教师、应用工程师学习参考,以期给工业机器人从业人员和高校师生提供实用性指导与帮助。

本书由洛阳理工学院王淑珍、宋黎明、冯崇、师树谦,河南水利与环境职业学院尹斌,固高科技股份有限公司孟文宝共同编写,编写过程中得到了固高科技股份有限公司、固高派动(东莞)智能科技有限公司的大力支持。

由于编者水平有限,书中难免存在疏漏和不足之处,殷切期望广大读者提出批评、指正。

编　者

2021 年 8 月

◆ 目 录 ◆

项目 1
工业机器人概述

初识工业
机器人

任务一　初识工业机器人

一、工业机器人的定义

1920 年捷克剧作家 Karel Capek 在剧本《罗萨姆的万能机器人》中塑造了一个具有人的外表、特征和功能且愿意为人服务的机器 Robot。随着科学技术的发展,机器人不仅存在于科幻的故事里,它正渐渐地走进人类世界的每个角落。现阶段,各国对于工业机器人的定义不尽相同,以下几种具有一定代表意义。

①美国机器人工业协会(RIA)的定义:工业机器人是一种用于移动各种材料、零件、工具或专用装置的,通过程序动作来执行各种任务,并具有编程能力的多功能操作机。

②日本机器人协会(JRA)的定义:工业机器人是一种装备有记忆装置和末端执行装置的、能够完成各种移动来代替人类劳动的通用机器。

③国际标准化组织(ISO)的定义:工业机器人是一种能自动控制,可重复编程,多功能、多自由度的操作机,能够完成搬运材料、工件或操持工具来完成各种作业。

④我国的定义:工业机器人是一种具备一些与人或生物相似的智能,例如感知能力、规划能力、动作能力和协同能力,具有高度灵活性的自动化机器。

目前国际大多遵循 ISO 对工业机器人的定义。从以上定义中不难发现,工业机器人具有以下四个显著特点:

①具有特定的机械结构,能够实现类似于人类或者其他生物的某些器官(肢体、感受等)的功能。

②具有通用性,可根据应用场合,通过更改动作程序,完成多种工作、任务。

③具有不同程度的智能,如记忆、感知等。

④具有独立性,完整的机器人系统在工作中不需要人的干涉。

二、工业机器人的发展史

1.国外工业机器人的发展

工业机器人的研究工作开始于 20 世纪 50 年代初,世界第一台机器人诞生于美国。1954 年,乔治·德沃尔设计并研制了世界上第一台可编程的工业机器人样机,命名为 Universal Automation,并申请了第一个机器人的专利。这种机器人可编程,利用人手对机器人进行动作示教,机器人能够实现动作的记录和再现,这就是所谓的示教再现机器人,现在的工业机器人几乎也都采用这种控制方式。1959年,德沃尔与英格伯格创建了美国万能自动化公司(Unimation),并于1962年制造出第一台机器人Unimate,如图1-1所示。该种机器人采用极坐标式结构,外形像坦克,可以实现回转、伸缩、俯仰等动作。同年,美国AMF公司推出Versation机器人,该种机器人采用圆柱坐标结构,如图1-2所示,并以Industrial Robot(工业机器人)的名称进行宣传。Unimate和Versation均以"示教再现"的方式在汽车生产线上成功地替代了传送、焊接、喷涂等岗位的工人,于是Unimate和Versation作为商品开始在世界市场销售。20世纪70年代后期,美国政府和企业界将研究重点放在机器人软件及军事、宇宙、海洋、核工业等特殊领域的高级机器人的开发上。

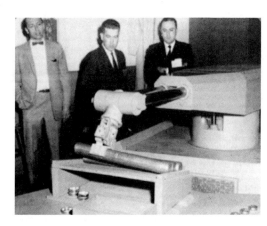

图1-1 Unimate机器人

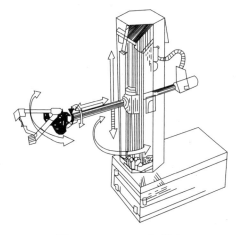

图1-2 Versation机器人

从20世纪70年代末开始,英国推行了一系列支持机器人发展的政策,使得英国机器人一度取得了辉煌的成绩。但由于后来政府实行了限制工业机器人发展的措施,导致英国工业机器人一蹶不振,几乎处于欧洲的末位。

德国引进机器人的时间比英国和瑞典晚了五六年,但战争所导致的劳动力短缺、国民的技术水平较高等社会环境,为工业机器人的发展、应用提供了便利条件。目前,德国在智能机器人的研究和应用领域处于世界领先水平。

20世纪70年代的日本正面临着严重的劳动力短缺问题,1967年,日本川崎重工业公司从美国引进第一台机器人,经过短暂的摇篮阶段后,日本的工业机器人很快进入了实用阶段,并由汽车业逐步扩大到其他制造业以及非制造业。1980年被称为日本的"机器人普及元年",日本开始在各个领域推广使用机器人。1980—1990年,日本的工业机器人产业处于鼎盛时期,后来国际市场曾一度转向欧洲和北美,但日本经历短暂的低迷期后又恢复了往日的辉煌。

由于本国机器人市场的大量需求,意大利、瑞典、西班牙、芬兰等国家工业机器人技术发展非常迅速。目前,国际上的工业机器人公司主要分为欧系和日系。日系中主要有安川(YASKAWA)、发那科(FANUC)、OTC、松下、那智不二越等公司的产品。欧系主要有德国的 KUKA(已被中国美的收购)、CLOOS、瑞典的 ABB、意大利的 COMAU 等公司的产品。其中,YASKAWA、FANUC、ABB 以及 KUKA 被称为工业机器人的"四大家族"。

2.国内工业机器人的发展

我国工业机器人起步于 20 世纪 70 年代初期,经过约 50 年的发展,大致经历了 4 个阶段:70 年代的萌芽期,80 年代的开发期、90 年代的应用期和 21 世纪的再发展期。我国于 1972 年开始研制自己的工业机器人。当时,中科院北京自动化研究所和沈阳自动化研究所相继开展了机器人技术研究工作。20 世纪 80 年代,在高科技浪潮的引领下,我国机器人技术的开发与研究得到了政府的重视与支持,机器人进入了快速发展阶段。"七五"期间国家投入资金,对工业机器人及其零部件进行攻关,完成了示教再现式工业机器人整套技术的开发,研制出点焊、弧焊、搬运等用途的机器人。一批国产工业机器人服务于国内诸多企业的生产线。进入 90 年代后,我国工业机器人在实践中又迈进了一步,先后研制出切割、包装码垛、装配等用途的工业机器人,并实施了一批工业机器人应用工程,形成了工业机器人产业化基地。

进入 21 世纪后,我国在工业机器人的技术研究方面取得一批重要成果。一批工业机器人技术人才也涌现了出来。一些相关科研机构和企业已经掌握了工业机器人操作机的优化设计制造技术。特别是近些年来,国家提出发展高端装备,并发布了《中国制造 2025》《机器人产业发展规划(2016—2020)》等产业政策,在这些政策的引领下,近两年我国机器人企业发展迅速,特别是骨干企业的研发能力不断提高。例如:沈阳新松、南京埃斯顿、安徽埃夫特、广州数控、上海新时达等企业不断发展壮大,产业化不断升级;南通振康、汇川技术、深圳固高等企业在关键零部件的研制方面取得明显突破。各类机器人新产品不断涌现,市场竞争力增强,特别是在高速高精度控制、本体优化设计及集成应用等方面取得积极进展。但是,无论从技术水平还是产业规模上来看,我国工业机器人目前总体尚处于产业形成期,还面临着核心技术缺失,企业研发投入资金压力大,各类人才短缺,国际竞争加剧和无序竞争等问题和挑战。

高端装备制造业是国家重点支持的战略新兴产业,工业机器人作为高端装备制造业的重要组成部分,有望在今后一段时期得到快速发展。

三、工业机器人的应用

随着技术水平的提高,产品结构的不断优化,国产工业机器人应用的广度和深度不断拓展。一方面体现在重点行业、知名企业开展示范应用;另一方面体现在应用行业的不断拓展。近年来,在工信部、发改委等有关部门的推动下,若干工业机器人示范应用类项目得以实施,直接推动了国产工业机器人在家电、电力电子、汽车零部件、金属加工、家具卫浴等行业龙头企业的应用。目前,创维、澳柯玛、海尔、格力、广汽、上汽及上海大众等知名企业都开始逐步使用国产机器人。一些机器人厂商充分把握市场需求机会,通过与用户企业的深入合作,实现了技术的改进与提升。统计显示,2019 年国产工业机器人应用范围持续增加,已服务于国民经济 39 个行业大类,110 个行业种类。应用行业除了传统的食品制造业,医药制造业,有色金属冶炼和压延加工业,非金属矿物制品业,化学原料和化学制品制造业,专用设备制造业,电气机械和器材制造业,金属制品业,汽车制造业,橡胶和塑料制品业等行业外,还新增了皮革、毛皮制品及制鞋业,木材加工和木、竹、藤、棕、草制品业,废弃资源综合利用业,机械和设备修理业,管道运输业等行业。从销量看,计算机、通信和其他电子设备制造业、通用设备制造业、汽车制造业及电气机械和器材制造业使用工业机器人的数量最多。如图1-3(a)所示为2016—2017年中国工业机器人市场销售按应用行业分布图。同时,国产工业机器人的应用在各领域全面开花,如图1-3(b)所示。

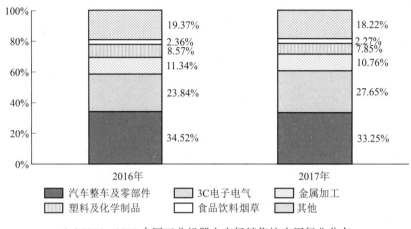

图例:
- 汽车整车及零部件
- 3C电子电气
- 金属加工
- 塑料及化学制品
- 食品饮料烟草
- 其他

(a)2016—2017中国工业机器人市场销售按应用行业分布

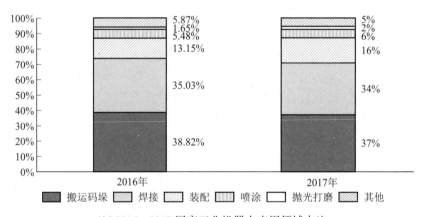

图例:
- 搬运码垛
- 焊接
- 装配
- 喷涂
- 抛光打磨
- 其他

(b)2016—2017国产工业机器人应用领域占比

图1-3 工业机器人的应用行业分布及领域占比图

四、工业机器人分类

目前,国家对于工业机器人的分类尚未制定统一的标准,通常按照专业分类法和应用分类法进行分类。

1.专业分类法

专业分类法一般是机器人设计、制造和使用厂家的技术人员所使用的分类方法,其专业性较强。目前,专业分类法又可以按照机器人控制系统技术水平、机械结构形态和运动控制方式进行分类。

（1）按照控制系统技术水平分类

根据目前机器人的控制系统技术水平，一般可分为示教再现机器人（第一代）、感知机器人（第二代）和智能机器人（第三代）。

示教再现机器人能够按照人类预先示教的轨迹、行为、顺序和速度重复作业，示教可由操作员通过示教器或手把手完成；也可以通过离线编制的程序控制机器人运动。如图1-4所示。目前，第一代机器人已实用和普及，绝大多数工业机器人都属于第一代机器人。

图 1-4　示教再现机器人

感知机器人具有一定数量的传感器，它能获取作业环境、操作对象等简单信息，并通过计算机的分析与处理，做出简单的推理，并适当调整自身的动作和行为。目前已经进入应用阶段。如图1-5所示。

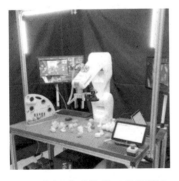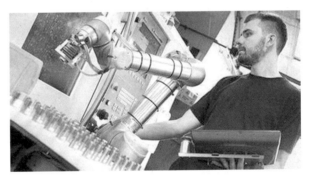

（a）配备视觉系统的工业机器人　　　　　（b）人机协作工业机器人

图 1-5　感知机器人

智能机器人应具有高度的自适应能力，它有多种感知机能，可通过复杂的推理，做出判断和决策，自主决定自身的行为，具有相当程度的智能。目前尚处于实验和研究阶段。如图1-6所示。

图 1-6　本田智能机器人

（2）按照机械结构形态分类

根据机器人现有的机械结构形态，可将其分为圆柱坐标机器人、球坐标机器人、直角坐标机器人及关节型机器人等，其中关节型机器人最为常用。

圆柱坐标机器人主要由旋转基座、垂直移动轴和水平移动轴构成，具有一个回转和两个平移自由度，其动作空间呈圆柱形。如图 1-7 所示。

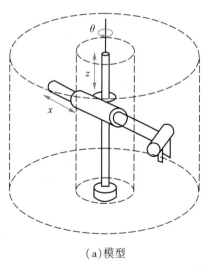

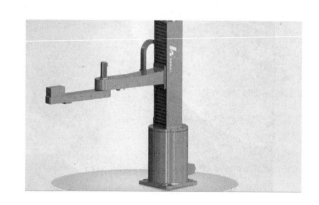

（a）模型　　　　　　　　　　　　　　　　　　　　（b）实物

图 1-7　圆柱坐标机器人

球坐标机器人的空间位置分别由旋转、摆动和平移三个自由度确定，动作空间呈球面的一部分。如图 1-8 所示。

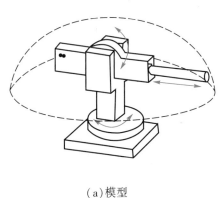

(a)模型   (b)实物

图1-8 球坐标机器人

直角坐标机器人具有空间上相互垂直的多个直线移动轴,通过直角坐标方向的三个独立自由度确定其末端的空间位置,其动作空间为一个长方体。如图1-9所示。

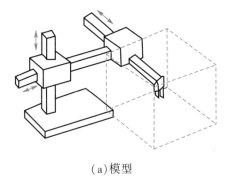

(a)模型   (b)实物

图1-9 直角坐标机器人

关节型机器人又可以分为垂直多关节机器人和水平多关节机器人。垂直多关节机器人模拟人手臂功能,由垂直地面的腰部旋转轴、带动小臂旋转的肘部旋转轴和小臂前端的手腕等组成,通常有多个自由度,其工作空间近似一个球体。如图1-10所示。

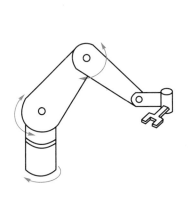

(a)模型   (b)实物

图1-10 垂直多关节机器人

7

水平多关节机器人由两个具有串联配置的能够在水平面内旋转的手臂组成,自由度可依据用途选择2~4个,动作空间为一个圆柱体。如图1-11所示。

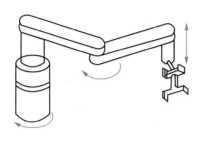

(a)模型　　　　　　　　　　　　　　　　　(b)实物

图1-11　水平多关节机器人

（3）按照运动控制方式分类

根据机器人的控制方式,将其分为顺序控制型机器人、轨迹控制型机器人、远程控制型机器人、智能控制型机器人等。顺序控制型机器人又称点位控制型机器人,该类机器人只需要按照规定的次序和移动速度运动到指定点进行定位,而不需要控制移动过程中的运动轨迹,它可以用于搬运等。轨迹控制型机器人需要同时控制移动轨迹、移动速度和运动终点,它可用于焊接、喷涂等连续移动作业。远程控制型机器人可实现无线遥控,故多用于特定的作业,如水下机器人等。智能控制型机器人就是前述的第三代机器人,多用于军事、医疗等行业。

2.应用分类法

应用分类法是根据机器人的应用环境(用途)进行分类的大众分类法。我国将机器人分为工业机器人和服务机器人两大类。工业机器人用于环境已知的工业领域;服务机器人用于环境未知的服务领域。本书中仅介绍工业机器人应用分类。

工业机器人根据其用途和功能分为搬运机器人、码垛机器人、焊接机器人、涂装机器人和装配机器人等类型。

搬运机器人主要应用于机床上下料、冲压机自动化生产线、自动装配流水线、码垛搬运等自动搬运。图1-12所示为搬运机器人。

图1-12　搬运机器人

码垛机器人被广泛应用于化工、饮料、食品、啤酒等生产企业，适用于纸箱、袋装、啤酒箱等各种形状的包装成品的码垛。图1-13所示为码垛机器人。

图1-13　码垛机器人

　　焊接机器人最早应用于装配生产线上，开拓了一种柔性自动化生产方式，即在一条焊接机器人生产线上自动生产若干种焊件。图1-14所示为焊接机器人。

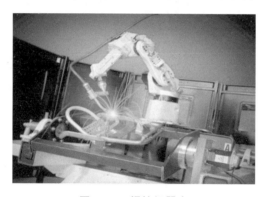

图1-14　焊接机器人

　　涂装机器人广泛应用在汽车、汽车零部件、铁路、家电、建材等行业。图1-15所示为涂装机器人。

图1-15　涂装机器人

装配机器人被广泛应用于各种电器的制造行业及流水线产品的组装作业,具有高效、精确、不间断作业的特点。图 1-16 所示为装配机器人。

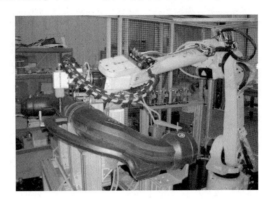

图 1-16　装配机器人

工业机器人
系统组成

任务二　工业机器人的组成及技术参数

工业机器人是一种功能完善、可独立运行的典型机电一体化设备,它有自身的控制器、驱动系统和操作界面,可进行手动操作、自动操作及对其编程,它能依靠自身的控制能力来实现所需要的功能。工业机器人包括本体、控制器和示教器(图 1-17)。

本体是用于完成各种作业任务的机械主体,包括机械结构、驱动装置、传动装置以及内部传感器等部分。

控制器是完成机器人控制功能的部分,是决定机器人功能和水平的关键部分。

示教器是机器人的人机交互接口,操作者通过它对机器人进行手动操纵和编程。

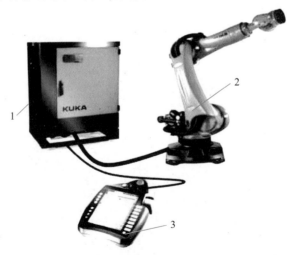

1—控制器;2—本体;3—示教器
图 1-17　工业机器人系统组成

从广义上讲,工业机器人是由图 1-18 所示的机器人及相关附加设备组成的完整系统,总体上可分为机械部件和电气控制系统两部分。

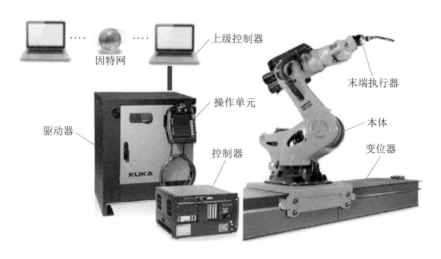

图 1-18 广义上工业机器人系统组成

机械部分包括机器人本体、末端执行器、变位器等,控制系统主要包括控制器、驱动器、操作单元、上位机(上级控制器)等。其中,本体、控制器、驱动器、操作单元、末端执行器是工业机器人必需的基本组成部件,所有机器人都应该配备。

一、机械部分

1.本体

机器人本体又称操作机,是用来完成各种作业的执行机构,包括机械结构、安装在机械结构上的驱动装置(电动机)、传动装置和内部传感器等。

(1)机械结构

机器人机械结构的形态各异,但绝大多数都是由若干关节和连杆连接而成。以常用的六轴串联机器人为例,其主要组成部分为基座、腰部、大臂、小臂、腕部、手部等,如图 1-19 所示。

基座是整个机器人的支撑部分;腰部用来连接大臂和基座,可以实现机器人整体回转,以改变机器人的作业方向;大臂用来连接小臂和腰部,可以围绕腰部摆动,实现手腕大范围的前后运动;小臂用来连接腕部和大臂,可以回绕大臂摆动,实现手腕大范围俯仰运动;腕部用来连接手部和小臂,起到支撑手部的作用;手部末端通常有一个连接法兰,用来安装末端执行器,例如,类人的手爪、吸盘、焊枪等。通常将机器人的基座、腰部、大臂和小臂统称为机身,机器人腕部和手部统称为手腕。

(2)驱动装置

驱动装置是本体运动的动力装置,为工业机器人各个部分的运动提供原动力。根据驱动源不同,可以分为电气驱动、液压驱动和气压驱动,如表 1-1 所示。在工业机器人驱动系统设计中需要重点考虑控制方式、作业环境和运行速度。在控制方式中,要求为低速重载荷时可以选用液压驱动方式;要求为中等载荷时可以选用电气驱动方式;要求为轻载荷时可以选用气压驱动方式。

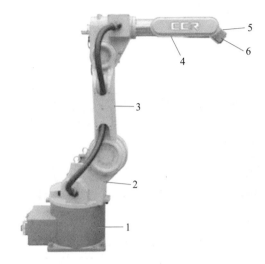

1—基座;2—腰部;3—大臂;4—小臂;5—手腕;6—连接法兰

图 1-19　工业机器人机械结构示意图

　　针对具体的作业环境,例如喷涂作业的机器人,选择驱动方式时必须考虑防爆的因素,一般采用电液伺服驱动系统或者兼具防爆功能的交流电动伺服驱动系统。如果在工作环境中存在腐蚀性物质、易燃易爆气体或者放射性物质,一般采用交流伺服驱动系统;如果工作环境的清洁要求较高,可采用电动机直接驱动。针对具体的操作系统,如果对点位重复精度和运行速度的要求较高时,可以采用交流、直流或者步进电动机伺服驱动系统,如果对运行速度和操作精度较高,大多采用电动机直接驱动系统。

　　伺服电动机是伺服控制系统中控制机械元件运转的电动机。它可以将电信号转化为转矩和转速用来驱动控制对象。工业机器人中伺服电动机作为执行元件可以把收到的电信号转换为电动机输出轴上的角位移或角速度。它可以分为直流伺服电动机和交流伺服电动机两大类。目前大多数工业机器人本体的每一个关节都是采用一个交流伺服电动机驱动。

表 1-1　电气、液压和气压驱动比较

驱动方式	特点	适用范围	成本
电气驱动	输出力较小,控制性能好,响应快,需要减速装置,体积小,可精确定位,但是控制系统复杂,维修不方便	高性能、运动轨迹要求严格的机器人	较高
液压驱动	压力、流量容易控制,可获得大的输出力,可无级调速,反应灵敏,实现连续轨迹控制,维修方便,输出相同力时,体积比气压驱动方式小,但易泄漏,管路复杂	中、小型及重型机器人	元件成本高
气压驱动	输出力较小,可高速运行,冲击较严重,阻尼效果差,低速不易控制,不易实现精确定位,维修简单,能够在高温、粉尘等恶劣条件下使用,一般体积较大	中、小型机器人	较低

（3）传动装置

当驱动装置不能直接与机械结构直接相连时，需要通过传动装置进行间接驱动，于是，传动装置就将驱动装置的运动传递至各个关节和动作部位，并使其运动性能满足实际运动要求，实现各部位规定的动作。工业机器人中驱动装置控制机械结构运动需要通过传动装置带动各轴产生运动，确保末端执行器能够实现目标位置、姿态和运动。常用的工业机器人传动装置有减速器、同步带和线性模组，如图 1-20 所示。

（a）减速器　　　　　　　（b）同步带　　　　　　　（c）线性模组

图 1-20　常用工业机器人传动装置

①减速器　供工业机器人使用的减速器应该具有功率大、传动链短、体积小、质量小和容易控制等特点。

关节型机器人上主要采用谐波减速器和 RV 减速器，如表 1-2 所示。这两种减速器能够使工业机器人伺服驱动器的伺服电动机在合适的速度下旋转，并且能够精确实现工业机器人各部位所需要的速度，提高机械结构的刚性并输出较大的转矩。

表 1-2　谐波减速器、RV 减速器对比表

类别	特点	应用场合	组成
谐波减速器	谐波减速器传动比特别大，单级的传动比可达 50～4 000；整体结构小，传动紧凑；可实现无侧隙的高精度啮合；承载能力高，同时能够保证了传动效率高，可达 92%～96%；运转安静且振动极小	常用于小臂、手腕等轻负载位置（主要用于 20 kg 以下的机器人关节）	1—刚轮；2—柔轮；3—波发生器
RV 减速器	传动比范围大、结构紧凑；刚性大，抗冲击性能好；传动效率高；可获得高精度和小间隙回差；传动平稳，使用寿命长	一般放置在机器人的基座、腰部、大臂等负载位置，主要用于 20 kg 以上的机器人关节	1—摆线轮；2—输出盘；3—太阳轮；4—行星轮；5—针轮；6—转臂

②同步带 同步带属于啮合带传动,依靠带与带轮上的齿相互啮合来传递运动。通常由主动轮、从动轮和环形同步带组成,如图1-21所示。

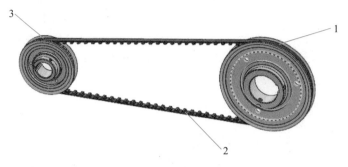

1—主动轮;2—同步带;3—从动轮

图1-21 同步带传动结构图

同步带无相对滑动,传动比恒定、准确,可用于速度较高的场合,传动时线速度可达40 m/s,传动比可达10,传动效率可达98%,结构紧凑,耐磨性好,传动平稳,能吸振,但是承载能力较小,被动轴的轴承不宜过载,制造和安装精度要求高,成本较高。由于同步带传动惯性小,且有一定的刚度,所以适合于机器人高速运动的轻载关节。

③线性模组 线性模组是一种实现直线传动的装置,主要形式有滚珠丝杠型(滚珠丝杠和直线导轨)和同步带型(同步带和同步带轮)。常用于直角坐标机器人中,以完成运动轴相应的直线运动。

a.滚珠丝杠型。该种线性模组主要由滚珠丝杠、直线导轨和轴承座等部分组成,如图1-22所示。该种线性模组具有高刚性、高精度、高效率、传动效率高(一般传动效率可以达到92%~96%)、体积小、重量轻、易安装、维护简单等特点。

1—驱动装置;2—滚珠丝杠;3—滑块;4—导轨;5—轴承座

图1-22 滚珠丝杠型线性模组结构图

b.同步带型。该种线性模组主要由同步带、驱动装置、支承座、直线导轨等组成,如图1-23 所示。该种线性模组与同步带传动结构类似,驱动装置的带轮是主动轮,驱动模组直线运动,而支承座的带轮是从动轮,有张紧装置。与滚珠丝杠型线性模组相比较,同步带型线性模组成本更低,加工难度也较低,性价比相对较高,使用广泛。

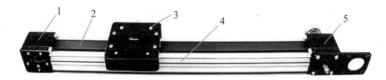

1—支承座;2—同步带;3—滑块;4—直线导轨;5—驱动装置

图 1-23　同步带型线性模组结构图

(4)内部传感器　内部传感器是用来确定工业机器人在其自身坐标系内的位姿,例如位移传感器、速度传感器、加速度传感器等。工业机器人中应用最广泛的内部传感器是编码器。

编码器是一种将信号或数据进行编制,转换为可用以通信、传输和存储的信号形式的设备。编码器是一种应用广泛的位移传感器,其分辨率能够满足工业机器人的技术要求。

目前工业机器人中应用最多的编码器是旋转编码器,如图 1-24 所示,一般安装在工业机器人各关节的伺服电动机内,用来测量各关节轴转过的角位移。

图 1-24　旋转编码器示意图

2.末端执行器

末端执行器又称工具,是安装在机器人手腕上(一般装在连接法兰上)用来完成机器人工作的作业机构,与工作对象和要求有关,种类繁多,一般需要由用户和机器人制造厂或社会企业共同设计、制造与集成。例如,用于装配、搬运、包装的机器人需要配置吸盘、手爪等用来抓取零件、物品的夹持器;加工类机器人需要配置焊枪、割炬、磨头等用于焊接、切割、打磨等的工具或刀具。如图 1-25 所示。

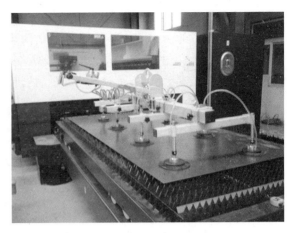

（a）夹持装置　　　　　　　　　　　（b）吸盘装置

图 1-25　常见末端执行器

3.变位器

变位器用于机器人或工件整体移动，是进行协同作业的附加装置，如图 1-26 所示。变位器可选配机器人生产厂家的标准部件，也可根据用户需要设计、加工。通过选配变位器可以增加机器人的自由度和工作空间；还可以实现与作业对象或其他机器人协同工作，增强机器人的作业能力。简单机器人系统的变位器一般由机器人控制器直接控制，多机器人复杂系统则需要由上级控制器进行集中控制。

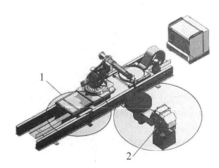

1—直线变位器;2—旋转变位器

图 1-26　变位器

根据用途，机器人变位器可以分为通用型和专用型。通用型变位器既可以用于机器人移动，也可以用于作业对象移动，是机器人常用的附件。根据运动特性可分为回转变位器（图 1-27）、直线变位器（图 1-28）。根据控制轴数可以分为单轴、双轴和三轴。专用型变位器一般用于作业对象的移动，需要根据实际工况进行设计、加工，结构各异，种类较多，本书不进行论述。

单轴回转变位器用于机器人或作业对象的垂直或水平旋转 360°，配置单轴变位器后，机器人可以增加一个自由度。

双轴变位器可实现一个方向的 360°旋转和另一个方向的局部摆动。配置双轴变位器后，机器人可以增加两个自由度。

在焊接机器人中经常使用三轴 R 型回转变位器,这种变位器有两个水平 360°回转轴和一个垂直方向的回转轴,可用于回转类工件的多方向焊接或自动交换。

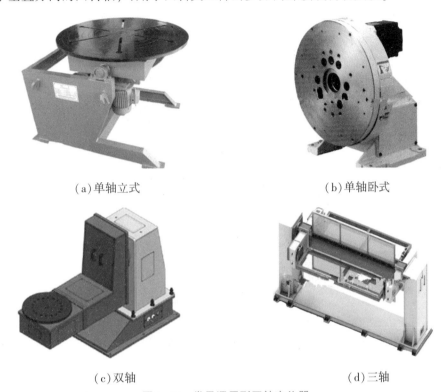

（a）单轴立式　　　　　　　　　　　　（b）单轴卧式

（c）双轴　　　　　　　　　　　　（d）三轴

图 1-27　常见通用型回转变位器

直线变位器可以实现机器人或作业对象水平或垂直移动,如图 1-28 所示。

图 1-28　水平移动直线变位器

控制系统

二、控制系统

机器人控制系统是根据机器人运动指令程序以及传感器反馈信号,指挥机器人本体完成规定运动和功能的装置。它是机器人的核心部分,相当于人的大脑,通过各种软硬件结合、并协调机器人与周边设备的关系,来完成机器人预期动作。

1.基本组成

按照功能不同,控制系统可以分为运动控制器、驱动器、通信模块、电源模块和辅助装置。以固高 G05 控制柜为例(如图 1-29 所示),说明其组成部分及功能。

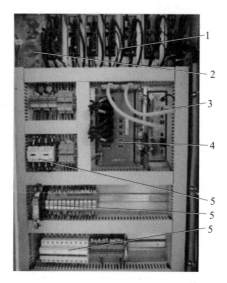

1—驱动器;2—电源模块;3—运动控制器;4—通信模块;5—辅助装置

图 1-29　固高 G05 控制柜组成图

(1)运动控制器

控制器是机器人系统的核心,用于机器人坐标轴位置和运动轨迹控制的装置,输出运动轴的插补脉冲,控制器的常用结构有工业计算机(又称工业 PC,personal computer)和PLC(programmable logic controller,可编程控制器)两种,如图 1-30 所示。

(a)工业 PC　　　　　　　　　　　(b)PLC 型

图 1-30　机器人控制器

工业 PC 型机器人控制器的主机和通用计算机并无本质区别,但是机器人控制器需要增加传感器、驱动器接口等硬件,这种控制器的兼容性好,软件安装方便、网络通信容易。

PLC 型控制器以类似 PLC 的 CPU 模块作为中央控制器,然后通过选配各种 PLC 模块,如位置测量、轴控制模块等,来实现对机器人控制,这种控制器的配置灵活,模块通用性好,可靠性高。

在控制系统中,可采用上级控制器实现机器人系统协同控制、管理附加设备,可以实现机器人与机器人、机器人与变位器、机器人与数控机床、机器人与自动化生产线上其他设备的集中控制,此外,还可以用于机器人的操作、编程与调试。上级控制器同样根据实际需要选配,在柔性加工单元、自动生产线等自动化设备上,上级控制器的功能也可直接由计算机数控系统、生产线控制用的 PLC 等承担。

本书中选用工业 PC 作为运动控制器,用于整个系统的控制、示教器的显示与操作、运动算法等,伺服反馈数据处理,将处理后的数据传送给驱动模块,控制机器人关节运动,同时进行相关数据处理与交换,实现机器人与外界环境的交换,是整个机器人系统的纽带,协调着整个系统的运作。

(2)驱动器

驱动器实际上是插补脉冲功率放大装置,实现驱动电机位置、速度、转矩控制,驱动器通常安装在控制柜内。驱动器的形式决定于驱动电机的类型,伺服电动机需要配套伺服驱动器,步进电机需要使用步进驱动器。

目前,机器人常用的驱动器以交流伺服驱动器为主,主要分为集成式、模块式和独立式,如图 1-31 所示。集成式驱动器的全部驱动模块集成于一体,电源模块可以独立或集成,这种驱动器的结构紧凑,生产成本低,是目前使用较为广泛的结构形式。模块式驱动器的电源模块为公用,驱动模块独立,驱动器需要统一安装。集成式驱动器、模块式驱动器不同控制轴的关联性强,调试、维修和更换比较麻烦。独立式驱动器的电源和驱动电路集成于一体,每一轴的驱动器可独立安装和使用,因此安装使用灵活、通用性好,其调试、维修和更换比较方便。

（a）集成式

（b）模块式

（c）独立式

图 1-31　驱动器

本书选用独立式驱动器来控制关节伺服电动机,接收来自运动控制器的控制指令,以驱动伺服电动机,从而实现机器人各个关节动作。

(3)通信模块

通信模块的主要部分是 I/O(input/output,输入/输出)单元,它的作用是完成模块之间的信息交换或控制指令,例如运动控制器与驱动器、运动控制器与示教器、驱动器与伺服电动机之间的数据传输与交换等。

（4）电源模块

电源模块主要包括系统供电单元和电源分配单元两部分,如图1-32所示,其主要作用是将220V交流电压转化成系统所需要的合适电压,并分配给各个配块。

（5）辅助装置

辅助装置是除了上述四部分之外的装置,例如散热风扇和热交换器、接触器、继电器等,如图1-33所示。

 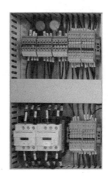 

图1-32　电源模块示意图　　　　　　　　图1-33　辅助装置示意图

2.基本功能

通过以上各组成部分,控制系统可以实现如下功能:记忆作业顺序、运动路径、运动方式、运动速度和与生产工艺有关的信息;在线示教和离线编程;通过输入和输出接口、通信接口、网络接口实现与外围设备联系;使用示教器、操作面板等完成人机交互;设定关节坐标系、机器人坐标系、直角坐标系、工具坐标系、用户自定义坐标系;通过传感器接口完成位置检测、视觉、触觉等信息获取;实现机器人多轴联动、运动控制、速度和加速度控制、位置补偿等位置伺服功能;在机器人运行时进行系统状态监视,在故障状态下进行安全保护和故障自诊断。

三、示教器

示教器也称为示教盒或示教编程器,主要由显示屏和操作按键组成。工业机器人的现场编程一般是通过示教操作实现的,对示教器的移动性能和手动性能要求较高,因此示教器以手持式为主,常见的有两种,如图1-34所示。

图1-34　示教器

四、工业机器人的基础知识

1.基础术语

（1）刚体

在任何力的作用下,体积和形状都不发生改变的物体称为刚体。在物理学上,理想的刚体是一个形状、尺寸变化可以不计的固体。不论是否受到力的作用,刚体上任意两点之间的距离不发生改变。在运动过程中,刚体上任意一条直线在各个时刻的位置都保持平行。

（2）坐标系

空间直角坐标系又称笛卡尔坐标系。它是以空间任意一点 O 为原点,建立三个两两相互垂直的轴,即 X、Y、Z 轴。机器人系统中常用的坐标系为右手坐标系,即三个轴的正方向符合右手定则,如图 1-35 所示,右手大拇指指向 X 轴正方向,食指指向 Y 轴正方向,中指指向 Z 轴正方向。如果无特殊说明,本书中的机器人坐标系默认为右手坐标系。

坐标系

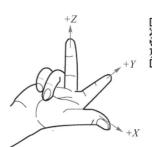

图 1-35   右手定则

常用的机器人运动坐标系有关节坐标系、世界坐标系、基坐标系、工具坐标系和工件坐标系。其中世界坐标系、基坐标系、工具坐标系和工件坐标系都属于空间直角坐标系,符合右手定则。

①关节坐标系是设定在机器人关节中的坐标系,如图 1-36 所示。在关节坐标系下,工业机器人各轴都能实现单独正向或反向运动。对于大范围运动,且不要求工具中心点(tool center point,TCP)姿态时,可选择关节坐标系。

②基坐标系是机器人工具坐标系和工件坐标系的参照基础,是工业机器人示教编程时经常使用的坐标系之一,如图 1-37(a)所示。工业机器人在出厂前,各个厂家已经完成基坐标系定义,用户不能够更改。各生产厂商对机器人的基坐标系定义各不相同,使用时需要参考相关技术手册。

③工具坐标系是用来定义工具中心点的位置和工具姿态的坐标系,其原点定义在工具中心点(TCP),如图 1-37(a)所示,对于 X、Y、Z 轴的方向,不同厂商设定不同。当未定义时,工具坐标系默认在连接法兰中心处,如图 1-37(a)所示。在安装工具后,需要重新定义工具坐标系,此时工具坐标系位置发生改变。

工具坐标系的方向会随着腕部的位置改变而发生变化,与机器人位置无关。因此,当进行相对于工件不改变工具姿态的平移操作时,最好选用工具坐标系。

④世界坐标系是机器人系统的绝对坐标系,是建立工作单元或工作站时的固定坐标系,用于确定机器人与周边设备之间或若干个机器人之间的位置,如图 1-37(b)所示。对于单个机器人来说,世界坐标系和基坐标系是重合的。

⑤工件坐标系又称为用户坐标系,是用户对每个工作空间进行定义的直角坐标系,如图 1-37(c)所示。该坐标系以基坐标系为参考,通常建立在工件或工作台上。当机器人配置多个工件或工作台时,选用工件坐标系更为方便。当工件位置不同,机器人运行相同轨迹时,只需要更新工件坐标系位置,不需要重新编程。

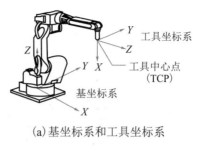

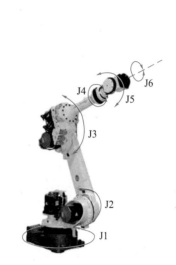

（a）基坐标系和工具坐标系

（b）世界坐标系

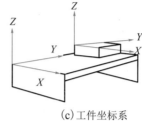

图1-36　关节坐标系

（c）工件坐标系

图1-37　坐标系示意图

（3）自由度

自由度是用来描述物体具有确定运动所需要的独立运动参数的数目。在三维空间中描述一个物体的位置和姿态需要有六个自由度，即沿空间直角坐标系 $OXYZ$ 的 X、Y、Z 轴的平移运动，绕空间直角坐标系 $OXYZ$ 的 X、Y、Z 轴的旋转运动，如图1-38所示。

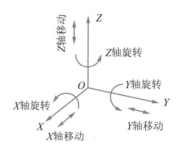

图1-38　刚体的六个自由度

物体在空间直角坐标系中运动时，如果某个或多个运动方向受到约束，则该物体就对应失去一个或多个自由度。如果既不能沿各轴移动，也不能绕各轴转动，则自由度为0，物体不能够运动。

（4）关节和连杆

关节又称为运动副，是允许工业机器人本体各零件之间发生相对运动的机构，是两个构件直接接触并产生相对运动的可动连接。

连杆是工业机器人本体上连接两个关节的刚体，其两端分别连接着主动构件和从动构件，用来传递运动和力。

工业机器人常用的关节有转动关节和移动关节。

转动关节又称为转动副，是指连接的两个构件中一个构件相对于另一个构件能够绕固定轴转动的关节，两个连杆之间只能做相对转动。根据轴线的方向，转动关节可以分为回转关节和摆动关节。回转关节是两连杆相对运动的转动轴线与连杆的纵轴线（沿连杆长度方向设置的中轴线)共轴的关节,旋转角度可达 360°以上,如图 1-39(a)所示。摆动关节是两连杆相对运动的转动轴线与两连杆的纵轴线垂直的关节,通常受到结构的限制,转动角度较小,如图 1-39(b)所示。

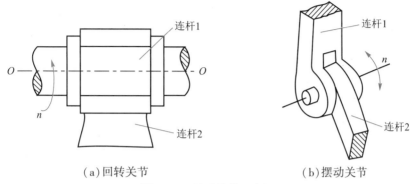

(a)回转关节　　　　　　　　(b)摆动关节

图 1-39　转动关节示意图

移动关节又称为移动副,是使两个连杆的组件中的一件相对于另一件做直线运动的关节,两个连杆之间只做相对移动,如图 1-40 所示。

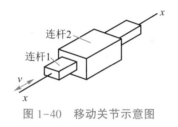

图 1-40　移动关节示意图

(5)运动轴

按照运动轴的功能,可以将其划分为机器人轴、基座轴和工装轴,如图 1-41 所示。机器人轴又称本体轴,是机器人本体的运动轴,属于机器人本身。例如:通用六自由度工业机器人的机器人轴数为 6。基座轴是移动机器人的轴的总称,主要是行走轴,例如移动滑台或导轨。工装轴是除了机器人轴、基座轴以外的轴的总称,能够使工装夹具、工件完成回转或翻转的轴,如回转台、翻转台等。基座轴和工装轴属于外部轴。

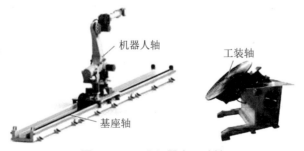

图 1-41　工业机器人运动轴

(6)工具中心点

工具中心点(TCP)是机器人系统的控制点。出厂时默认为最后一个运动轴或者法兰的中心。安装工具后,TCP 将变为工具末端的中心,如图 1-42 所示。

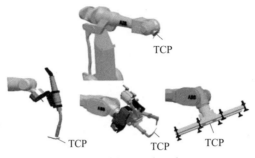

图 1-42　机器人工具中心点(TCP)

2.主要技术参数

由于机器人的结构、用途和要求不同,机器人的性能也不尽相同。一般而言,机器人的主要技术参数有控制轴数(自由度)、承载能力、工作范围(作业空间)、运动速度和位置精度。除此之外,还有安装方式、防护等级、环境要求、供电要求、机器人外形尺寸与质量等与使用、安装、运输相关的其他参数。如表 1-3 所示为某六轴垂直多关节工业机器人主要技术参数。

表 1-3　某六轴垂直多关节工业机器人主要技术参数

机械结构		六轴垂直多关节
最大负载/kg		6
最大伸展距离/mm		1 450
重复定位精度/mm		±0.06
质量/kg		150
运动范围/(°)	手臂旋转（JT1）	±180
	手臂前后（JT2）	+145～-105
	手臂上下（JT3）	+150～-163
	手腕旋转（JT4）	±270
	手腕弯曲（JT5）	±145
	手腕扭转（JT6）	±360
最大速度/[（°）/s]	手臂旋转（JT1）	250
	手臂前后（JT2）	250
	手臂上下（JT3）	215
	手腕旋转（JT4）	365
	手腕弯曲（JT5）	380
	手腕扭转（JT6）	700
保护等级		IP65

自由度、运动速度和位置精度是衡量机器人性能的重要指标。它们不仅反映了机器人作业的灵活性、效率和动作精度,而且也是衡量机器人性能与水平的标志。

(1)自由度

自由度是整个机器人运动链所能产生的独立运动数,包括直线、回转、摆动运动,但是不包括执行器本身的运动。原则上机器人的每一个自由度都需要一个伺服轴进行驱动,因此,在产品说明书中通常以控制轴数表示。

通常情况下,一个机器人在三维空间上具有六个自由度,如图1-43所示。可以分别沿着 X、Y、Z 轴方向的直线运动和绕 X、Y、Z 轴的回转运动。末端执行器可在三维空间上任意改变姿态,实现完全控制。在计算机器人的自由度数时,末端执行件(如卡爪)的运动自由度和工件(如钻头)的运动自由度是不计在内的。

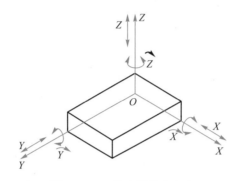

图1-43　三维空间的自由度

如果机器人的自由度超过六个,多余的自由度称为冗余自由度,冗余自由度一般用来躲避障碍物。

机器人的自由度与作业要求有关。自由度越多,末端执行器的动作就越灵活,适应性就越强,但是结构和控制也就越复杂。因此,对于作业要求不变的批量机器人来说,运动速度、可靠性是其重要的指标,自由度可在满足作业的情况下适当减少。而对于多品种、小批量作业的机器人来说,通用性、灵活性指标更为重要,机器人就需要有较多的自由度。目前工业生产中应用的机器人通常具有四至六个自由度。

除了运动自由度外,各个自由度的运动范围也是重要的技术参数。自由度的运动范围是指为机械结构所允许的最大运动极限。对于直线运动,自由度是指最大可移动的距离;对于旋转运动,自由度则是指最大转动角度。

(2)运动速度

运动速度决定了机器人的工作效率,是反映机器人性能的重要参数。一般是指机器人空载时,稳定运动时所能够达到的最大运动速度。

机器人的运动速度用参考点在单位时间内能够移动的距离(mm/s)、转过的角度或弧度[(°)/s 或 rad/s]来表示,它按运动轴分别进行标注。当机器人进行多轴同时运动时,其空间运动速度应是所有参与运动轴的速度合成。

机器人的实际运动速度与机器人的结构刚度、运动部件的质量和惯量、驱动电动机的功率、实际负载的大小等因素有关。对于多关节串联结构机器人,越靠近末端执行器的运动轴,运动部件的质量、惯量越小,因此,能够达到的运动速度和加速度也越大;而越靠近安装基座的运动轴,对结构部件的刚度要求就越高,运动部件的质量、惯量就越大,能够达到的运动速度和加速度就越小。

(3)位置精度

工业机器人的位置精度包括定位精度和重复定位精度。定位精度是指机器人末端参考点实际到达的位置与所需到达的理想目标位置之间的距离。重复定位精度是指机器人重复到达某一目标位置的差异程度,或在相同的位置指令下,机器人连续重复若干次其位置的分散情况。它是衡量一列误差值的密集程度,即重复度。图1-44(a)为重复定位精度的测定,图1-44(b)为具有正常定位精度和较高重复定位精度的情况;图1-44(c)为具有较高定位精度,但重复定位精度较差的情况;图1-44(d)为具有较低的定位精度和正常的重复定位精度的情况。

目前工业机器人的重复定位精度可达(±0.01～±0.5)mm。重复定位精度一般都要高于定位精度。此外,无论是定位精度还是重复定位精度,指的都是静态精度。

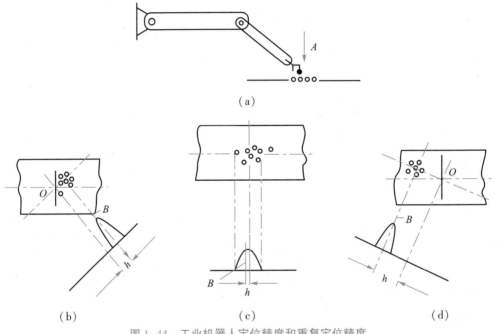

图1-44 工业机器人定位精度和重复定位精度

(4)工作范围

工作范围又称作业空间,是指机器人在未安装末端执行器时,其手腕参考点所能达到的空间。工作范围是衡量机器人作业能力的重要指标;工作范围越大,机器人的作业区域也越大。

机器人的工作范围决定于各关节运动的极限范围,它与机器人结构有关。工作范围应剔除机器人在运动过程中可能产生自身碰撞的干涉区;在实际使用时,还需要考虑安装末端执行器后可能产生的碰撞,因此,实际的工作范围还应该剔除执行器碰撞的干涉区。

机器人的工作范围还可能存在奇异点。所谓奇异点是由于结构的约束,导致关节失去某些特定方向自由度的点。奇异点通常存在工作范围的边缘,当机器人的臂端位于边界上时,相应的大臂和小臂处于完全伸展(即两者夹角为180°)或完全折合(夹角为0°)的状态,此时大臂杆的端点只可能沿切线方向运动,而不可能沿径向运动,出现了自由度退化现象。除了在工作范围的边缘,实际应用中的机器人还可能由于受到机械结构的限制,在工作空间内部也存在着臂端不能到达的区域,这部分区域被称为空洞或空腔。空腔是指工作范围内臂端不能到达的完全封闭空间;空洞则是指沿转轴周围全长小臂端不能到达的空间。因此,工作范围还需要剔除奇异点和空腔或空洞。

机器人的工作范围与机器人的结构形态有关,常见的典型结构机器人的工作范围如图1-45所示。

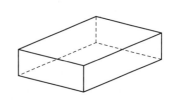

(a)直角坐标机器人

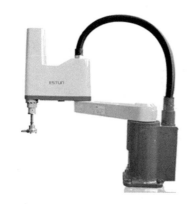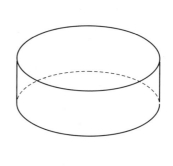

(b)水平串联机器人

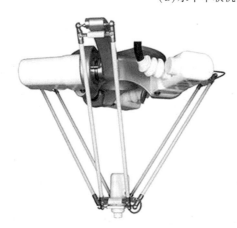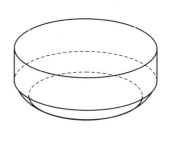

(c)并联机器人

图1-45 常见工业机器人工作范围

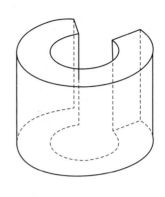

(d)圆柱坐标机器人

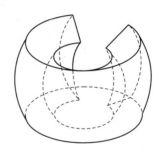

(e)球坐标机器人

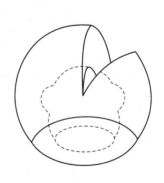

(f)垂直串联机器人

续图 1-45

(5)承载能力

承载能力是指机器人在工作范围内所能承受的最大负载,它一般用质量、力、转矩等技术参数表示。

搬运、装配、包装类机器人的承载能力是指机器人能抓取的物品质量,产品样本所提供的承载能力是指不考虑末端执行器、假设负载重心位于手腕参考点时,机器人高速运动可抓取的物品质量。

　　焊接机器人的承载能力是指所能安装的末端执行器的质量。切削加工类机器人需要承担切削力,其承载能力通常是指切削加工时所能够承受的最大切削进给力。

项目小结

　　本项目介绍了工业机器人的定义、发展和分类,详细介绍了工业机器人的组成和技术参数。工业机器人包括机器人本体、控制器和示教器。本体是用于完成各种作业任务的机械主体,包括机械结构、驱动装置、传动装置以及内部传感器等部分。控制器是完成机器人控制功能的部分,是决定机器人功能和水平的关键部分。示教器是机器人的人机交互接口,操作者通过它对机器人进行手动操纵和编程。

　　机器人的主要技术参数有控制轴数(自由度)、承载能力、工作范围(作业空间)、运动速度和位置精度。除此之外,还有安装方式、防护等级、环境要求、供电要求、机器人外形尺寸与质量等与使用、安装、运输相关的其他参数。

项目练习

1.填空题

　　(1)国际工业机器人技术日趋成熟,基本沿着两个路径发展:一是模仿人的_____,实现多维运动,在应用上比较典型的是点焊、弧焊机器人;二是模仿人的_____,实现物料输送、传递等搬运功能,例如搬运机器人。

　　(2)按照机器人的控制系统技术水平,可以将工业机器人分为_____机器人、_____机器人和_____机器人。

　　(3)目前在我国应用的工业机器人主要分为_____、_____和国产三种。

　　(4)工业机器人按照机械结构可以分为_____、_____、_____和_____。

2.简答题

　　(1)简述工业机器人的定义和特点。

　　(2)简述工业机器人的基本组成。

　　(3)简述工业机器人的主要技术参数。

　　(4)简述工业机器人的品牌,查阅资料简述"四大家族"和国产主要品牌的主要业务。

项目 2
工业机器人的本体结构

任务一　本体结构形式

工业机器人的形态各异,总体上讲其本体都是由若干关节和连杆通过不同的结构设计和机械连接所组成的机械装置。根据关节的连接形式,多关节工业机器人的典型结构主要有垂直串联、水平串联和并联三大类,如图 2-1 所示。

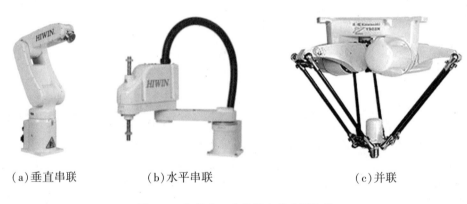

(a)垂直串联　　　　　(b)水平串联　　　　　(c)并联

图 2-1　多关节工业机器人的典型结构

垂直串联结构是工业机器人最常见的结构形态,机器人体部分一般由 5~7 个关节在垂直方向依次串联而成,可以模拟人类从腰部到手腕的运动,被广泛应用于加工、搬运、装配、包装等机器人。

水平串联结构的工业机器人多用于 3C(计算机 computer,通信 communication,消费电子 consumer electronic)行业的电子元器件安装和搬运作业;并联结构的工业机器人多用于电子电工、食品药品等行业的装配和搬运。这两种结构的工业机器人大多属于高速、轻载的机器人,其规格相对较少,机械传动系统形式单一,维修、调整容易。

一、垂直串联机器人

垂直串联结构的工业机器人的各个关节和连杆依次串联,机器人的每个自由度都需要一台伺服电动机驱动。因此,如何将机器人的本体结构进行分解,本体可以看作是由若干台伺服电动机经过减速器减速后驱动部件的机械运动机构的叠加和组合。垂直串联工业机器人的形式多样,结构复杂,维修、调整相对困难。

1.六轴垂直串联结构

工业机器人在生产中,一般需要配备符合自身性能特点要求的外围设备,如转动工件的工作台、移动工件的移动台等。这些外围设备的运动和位置控制都需要与工业机器人相配合并要求相应的精度。通常机器人运动轴按其功能可以划分为机器人轴、基座轴和工装轴。本书仅介绍基座轴。表 2-1 所示为工业机器人行业四大主流供应商的本体运动轴定义。

表 2-1 工业机器人行业四大主流供应商的本体运动轴定义

轴名称				动作说明
ABB	FAUNC	YASKAWA	KUKA	
轴 1	J1	S 轴	A1	本体旋转
轴 2	J2	L 轴	A2	大臂运动
轴 3	J3	U 轴	A3	小臂运动
轴 4	J4	R 轴	A4	手腕旋转运动
轴 5	J5	B 轴	A5	手腕上下运动
轴 6	J6	T 轴	A6	手腕圆周运动

本书以 YASKAWA(安川)六轴串联结构为例。如图 2-2 所示为六轴串联结构,该结构是垂直串联机器人的典型结构。机器人的六个运动轴分别为腰回转轴(S 轴)、下臂摆动轴(L 轴)、上臂摆动轴(U 轴)、腕回转轴(R 轴)、腕弯曲轴(B 轴)及手回转轴(T 轴)。如图 2-2 所示,用实线表示腰回转轴 S、腕回转轴 R、手回转轴 T,它们可进行 360°或接近 360°回转,称为回转轴;用虚线表示下臂摆动轴 L、上臂摆动轴 U、腕弯曲轴 B,它们一般只能进行小于 270°回转,称为摆动轴。

图 2-2 六轴垂直串联结构

六轴垂直串联机器人的末端执行器作业点的运动,由手臂、手腕和手的运动合成。其中,腰回转、下臂摆动、上臂摆动三个关节,可用来改变手腕基准点的位置,称为定位机构。通过腰回转轴 S 的运动,机器人可绕基座的垂直轴线回转,以改变机器人的作业面方向;通过下臂摆动轴 L 的运动,可使机器人的上部进行垂直方向的摆动,实现手腕参考点的前后运动;通过上臂摆动轴 U 的运动,可使机器人的上部进行水平方向的偏摆,实现手腕参考点的上下运动(俯仰)。

手腕部分的腕回转、腕弯曲和手回转三个关节,可用来改变末端执行器的姿态,称为定向机构。腕回转轴 R 可整体改变手腕方向,调整末端执行器的作业面;腕弯曲轴 B 可用来实现末端执行器的上下或前后、左右摆动,调整末端执行器的作业点;手回转轴 T 用来实现末端执行器回转控制,可改变末端执行器的作业方向。

六轴垂直串联结构机器人通过以上定位机构和定向机构的串联,较好地实现了三维空间内的任意位置和姿态控制。

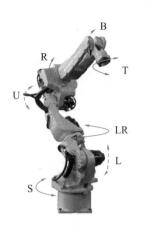

图2-3 七轴垂直串联结构

图2-4 五轴简化结构

2.七轴垂直串联结构

为了解决六轴垂直串联结构存在的下部、反向作业干涉问题,工业机器人有时也会采用七轴垂直串联结构,如图2-3所示。

七轴垂直串联结构在六轴结构的基础上增加了下臂回转轴LR,使定位机构扩大到腰回转、下臂摆动、下臂回转、上臂摆动四个关节,手腕基准点(参考点)的定位更加灵活。

例如,当机器人上部的运动受到限制时,它仍能通过下臂的回转,避让上部的干涉区,从而完成如图2-3所示的下部作业;在正面受到运动限制时,则通过下臂的回转,避让正面的干涉区,进行如图2-3所示的反向作业。

3. 其他垂直串联结构

机器人末端执行器的姿态与作业要求有关,在部分作业环境中,可以忽略1~2个运动轴,如图2-4所示,在水平作业中,搬运、包装为主的机器人,可省略腕回转轴R。这种结构既增加了刚性,也简化了结构。

为了减轻六轴垂直串联机器人的上部质量,降低机器人重心,提高运动稳定性和承载能力,大型重型的搬运、码垛机器人也常采用平行四边形连杆结构来实现上臂和腕部的摆动运动。如图2-5所示,采用平行四边形连杆结构驱动,不仅可以加长手臂、放大电动机驱动力矩、提高负载能力,而且将驱动机构的安装位置移至腰部以降低机器人的重心,增加运动稳定性。平行四边形连杆结构驱动的机器人结构刚度高、负载能力强。

图2-5 平行四边形连杆结构

二、水平串联机器人

水平串联结构是一种建立在圆柱坐标上的特殊机器人结构形式,又称为选择顺应性装配机器手臂(selective compliance assembly robot arm,SCARA)结构。

如图 2-6 所示为 SCARA 机器人的基本结构。这种机器人的手臂由 2~3 个轴线相互平行的水平旋转关节 C1、C2、C3 串联而成,以实现平面定位;整个手臂可通过垂直方向的直线移动轴 Z 进行升降运动。

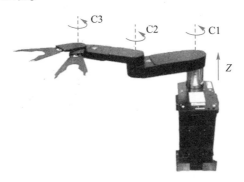

图 2-6　SCARA 机器人的基本结构

SCARA 机器人的结构简单、外形轻巧、定位精度高、运动速度快,特别适合用于平面定位、垂直方向装卸的搬运和装配作业。故首先被用于 3C 印刷电路板的器件装配和搬运作业,随后在光伏行业的 LED、太阳能电池安装,以及塑料、汽车、药品等行业的平面装配和搬运领域得到广泛应用。SCARA 机器人的工作半径通常为 100~1 000 mm,承载能力一般为 1~200 kg。

由于水平旋转关节 C1、C2、C3 的驱动电机均需要安装在基座的内部或侧边,其传动链较长,传动系统结构复杂;此外,垂直轴 Z 需要控制 3 个轴的整体升降,其运动部件质量较大、升降行程一般较小,因此,在实际使用时常采用如图 2-7 所示的执行器直接升降结构。

采用该结构的 SCARA 机器人将 C2、C3 驱动电机的位置前移,缩短了传动链,简化了传动系统结构,同时扩大 Z 轴升降行程、减轻升降部件的重量,提高手臂刚度和负载能力。但是,这种结构的机器人转臂的体积大,结构没有基本结构紧凑,因此,多用于垂直方向不受限制的平面搬运和部件装配作业。

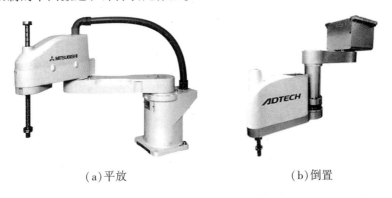

(a)平放　　　　　　　　　(b)倒置

图 2-7　具有升降机构的 SCARA 机器人

各厂商对水平串联机器人各关节轴的命名有所不同,如表 2-2 所示。

表 2-2　水平串联机器人各关节轴的命名

厂商	各轴名称				实物图
	第 1 轴	第 2 轴	第 3 轴	第 4 轴	
爱普生	J1	J2	J3	J4	
雅马哈	X 轴	Y 轴	Z 轴	R 轴	
ABB	轴 1	轴 2	轴 3	轴 4	

三、并联机器人

1. 基本结构

并联结构的工业机器人简称并联机器人(parallel robot),是一种多用于电子电工、食品药品等行业装配、包装、搬运的高速、轻载机器人。

1985 年,瑞士的 Clavel 博士发明了一种三自由度空间平移的并联机器人,并称之为 Delta 机器人,如图 2-8 所示。Delta 机器人一般将基座上置,采用悬挂式布置,手腕通过空间均布的 3 根并联连杆支撑。机器人可通过控制连杆摆动角来实现手腕在空间内的定位。

Delta 机器人具有结构简单、运动控制容易、安装方便等优点,因此成为目前并联机器人的基本结构。

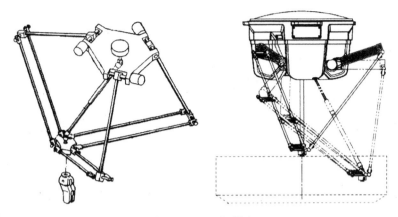

图 2-8　Delta 机器人

　　并联结构的机器人手腕和基座采用的是 3 根并联连杆连接,手部受力由 3 根连杆均匀分配,每根连杆只承受拉力或压力,不承受弯矩或扭矩。因此,从理论上说,这种结构具有刚度高、重量轻、结构简单、制造方便等优点。

　　并联机器人是一种高速、轻载的机器人,通常具有 3~4 个自由度,可以实现工作空间的 X、Y、Z 轴方向的平移和绕 Z 轴的旋转运动。其结构由静平台、主动臂、从动臂和动平台组成,如图 2-9 所示。静平台又称为基座,主要用于支撑整个机器人,减少机器人运动过程中的惯量。主动臂又称主动杆,其通过驱动电动机与基座直接相连,作用是改变末端执行器的空间位置。从动臂又称为连杆,是连接主动臂和动平台的机构,常用球铰链进行连接。动平台是连接从动臂和末端执行器的部分,用于支撑末端执行器,并改变其姿态。如果动平台上未装有绕 Z 轴旋转的驱动装置,则并联机器人有 3 个自由度,如图 2-9 所示;如果动平台上装有 Z 轴旋转的驱动装置,则并联机器人有 4 个自由度。

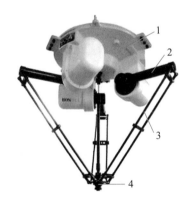

1—静平台;2—主动臂;3—从动臂;4—动平台
图 2-9　并联机器人结构图

　　常用的并联机器人具有 3~4 个轴,各厂家对并联机器人各个轴的命名方式有所不同,如表 2-3 所示。

表 2-3　各厂家对并联机器人各个轴的命名方式

厂商	各轴名称				实物图
	第 1 轴	第 2 轴	第 3 轴	第 4 轴	
FANUC	J1	J2	J3	J4	
YASKAWA	S 轴	L 轴	U 轴	T 轴	
ABB	轴 1	轴 2	轴 3	轴 4	

2. 变形结构

并联机器人有多种变形结构,其中最常见的为多自由度结构和直线驱动结构。

（1）多自由度结构

应用中发现标准 Delta 机器人只具有 3 个自由度,其作业灵活性受到限制,因此,在实际应用中 Delta 机器人也可采用如图 2-10(a)所示的结构,通过手腕回转和摆动,增加 1~3 个自由度,从而克服标准 Delta 机器人作业灵活性受到限制的不足。

（2）直线驱动结构

如图 2-10(b)所示为采用直线驱动结构的 Delta 机器人。这种机器人以伺服电动机和滚珠丝杠驱动的连杆伸缩直线运动代替摆动,一方面提高了机器人的结构刚度和承载能力,另一方面提高了定位精度,简化了结构设计,其最大承载力可达 1 000 kg。该种机器人结构刚度强,适合大型物品的搬运、分拣等要求。

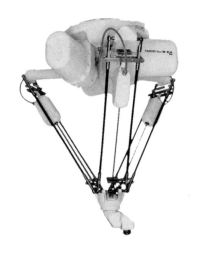

（a）多自由度结构 　　　　　　　　　　（b）直线驱动结构

图 2-10　并联机器人的变形结构

任务二　**垂直串联机器人的机械结构**

一、基本结构

1.前驱结构

虽然工业机器人的形态各异,但是在机械结构上,它们都是由关节和连杆、直线运动件（滚珠丝杠和导轨）、回转运动件等,通过不同的结构和机械连接设计所组成的机械运动装置。

垂直串联结构是目前应用最广、最具代表性的典型结构。垂直串联机器人广泛用于加工、搬运、装配、包装等场合。虽然垂直串联机器人的形式多样,但是,总体而言,它都是由关节和连杆依次串联而成的,而每一关节都由一台伺服电动机驱动。因此,如果将机器人分解,它便是由若干台伺服电动机经减速器减速后,驱动运动部件的机械运动机构的叠加和组合。为了进一步理解工业机器人的机械结构,现以常见小规格垂直串联机器人为例进行介绍。

常用的小规格、轻量级六轴垂直串联机器人的所有伺服电动机、减速器及相关传动部件均安装于机器人内部,外形简洁、防护性能好;传动系统结构简单、传动链短、传动精度高、刚度好,是中小型机器人使用较广的基本结构,外形和参考结构如图 2-11(a)所示。

机器人的每一个运动都需要有相应的电动机驱动,交流伺服电动机是目前最常用的驱动电动机。交流伺服电动机是一种用于机电一体化设备控制的通用电动机,它具有恒转矩输出特性,其最高转速一般为 3 000~6 000 r/min,额定输出转矩通常在 30 N·m 以下。但是机器人的关节回转和摆动的负载惯量大、回转速度低(通常为 25~100 r/min),加减速时的最大动转矩(动载荷)需要达到数百甚至数万牛·米。因此,机器人的所有运动轴原则上都必须配套结构紧凑、传动效率高、减速比大、承载能力强、传动精度高的减速器,以降低转速、提高输出转矩。RV 减速器、谐波减速器是机器人最常用的两种减速器,它是工业机器人最为关键的核心机械部件。

垂直串联机器人的运动主要包括腰回转(S 轴)、下臂摆动(L 轴)、上臂摆动(U 轴)、腕回转(R 轴)、腕弯曲(B 轴)及手回转(T 轴)。在图 2-11(b)所示的基本结构中,所有关节的伺服电动机、减速器等部件都安装在各自的回转或摆动部位,除了腕弯曲使用了同步带之外,其他关节都没有其他传动部件。腕弯曲的伺服电动机 9 安装在上臂的前端,通过同步带将运动传送至腕部的减速器的输入轴上。手回转轴 T 的伺服电动机 10 直接安装在工具安装法兰后侧,这种腕弯曲、手回转的伺服电动机均安装在上臂前端的结构被称为前驱结构。为了能够在上臂前端安装电动机和减速器,这种结构需要有足够

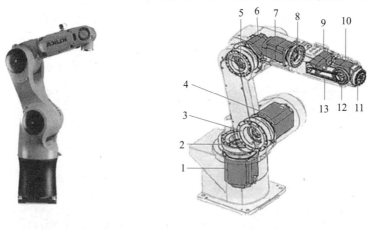

(a)外观   (b)参考结构

1、4、6、7、9、10—伺服电动机;2、3、5、8、11、12—减速器;13—同步带

图 2-11   垂直串联机器人基本结构

的空间,因此增加了上臂和手部的体积和质量,不利于进行高速运动,影响手运动的灵活性。同时,腕弯曲时,需要带动手部伺服电动机 10 和减速器 11 一起运动,因此,实际使用时通常将手回转的伺服电动机也安装在上臂的内腔,然后,通过同步带、锥齿轮等传动部件传送至手部的减速器输入轴上,以减小手部的体积和质量。

该结构的机器人的内部空间小、散热条件差,又限制了伺服电动机和减速器的规格,电动机和减速器检测、维护、保养都比较困难。因此,常用于承载能力在 10 kg 以下、工作范围 1 m 以内的小规格、轻量级的机器人。

2.后驱结构

为了保证机器人作业的灵活性和运动稳定性,应尽可能减小上臂的体积和质量。对于大中型垂直串联机器人采用手腕伺服电动机后置式结构,简称后驱结构,如图 2-12 所示。

后驱结构是将上臂回转、腕弯曲和手回转的伺服电动机全部安装在上臂的后部,伺服电动机通过安装在上臂内腔的传动轴,将动力传送至手腕前端。这样不仅解决了前驱结构所存在的伺服电动机和减速器安装空间小及检测、维护、保养困难等问题。而且还使上臂结构紧凑、重心靠近回转中心,机器人的重力平衡性更好,运动更稳定;此外,也不存在大型搬运、码垛机器人的上臂和手腕结构松散、手腕不能整体回转等问题。其承载能力强、运动稳定性好,机器人安装维修方便,是一种广泛用于加工、搬运、装配、包装等各种用途机器人的结构形式。

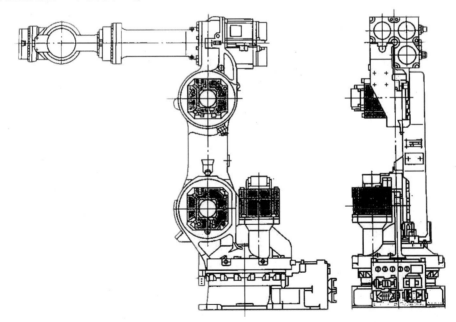

图 2-12　后驱结构示意图

后驱结构中手腕伺服电动机后置需要在上臂内部布置腕回转、腕弯曲和手回转的传动部件,其内部结构较为复杂。

3.连杆驱动结构

用于大型零件重载搬运、码垛的机器人,由于负载的质量和惯性大,驱动系统必须能提供足够大的输出转矩,才能驱动机器人运动,故需要配套大规格的伺服电动机和减速器。此外,为了保证机器人运动稳定、可靠,就需要降低重心、增强结构稳定性,并保证机械结构件有足够的体积和刚性,因此,一般不能采用直接传动结构。

图 2-13 所示为大型重载搬运和码垛的机器人常用的结构。大型机器人的上、下臂和手腕的摆动一般采用平行四边形连杆机构进行驱动,其上、下臂摆动的驱动机构安装在机器人的腰部;腕弯曲的驱动机构安装在上臂的摆动部位;全部伺服电动机和减速器均为外置;它可以较好地解决上述前驱结构所存在的传动系统安装空间小、散热差,伺服电动机和减速器检测、维修、保养困难等问题。

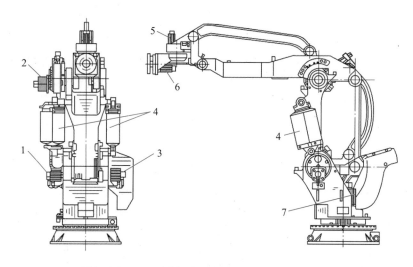

1—下臂摆动电机;2—手腕摆动电机;3—上臂摆动电机;4—平行缸;
5—手腕回转电机;6—手回转电机;7—腰部回转电机

图 2-13 六轴大型机器人的结构示意图

采用平行四边形连杆机构驱动,不仅可以加长上、下臂和腕弯曲的驱动力臂、放大驱动力矩,同时,由于驱动机构安装位置下移,也可降低机器人重心、提高运动稳定性,因此,它较好地解决了直接传动所存在的上臂质量大、重心高、高速运动稳定性差的问题。

采用平行四边形连杆机构驱动的机器人刚性好、运动稳定、负载能力强,但是,其传动链长、传动间隙较大、定位精度较低,因此,适合于承载能力超过 100 kg、定位精度要求不高的大型、重载搬运机器人或码垛机器人。

平行四边形的连杆的运动可直接使用滚珠丝杠等直线运动部件驱动;为了提高重载稳定性,机器人的上、下臂通常需要配置液压(或气动)平衡系统。

对于要求固定作业的大型机器人,有时也采用如图 2-14 所示的五轴结构,这种机器人的结构特点是除了手回转驱动机构外,其余轴的驱动机构全部放置在腰部,因此,它的稳定性更好,但是由于机器人手腕不能回转,故多适合用于平面搬运、码垛作业。

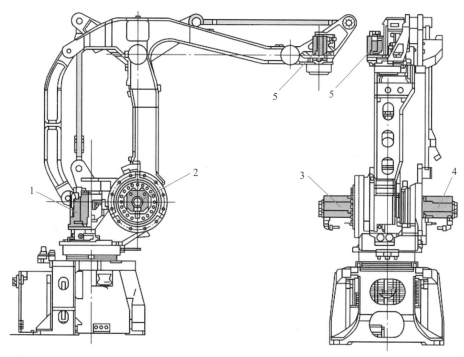

1—腰回转电动机;2—下臂摆动电动机;3—上臂摆动电动机;4—手腕弯曲电动机;5—手回转电动机

图2-14 五轴大型机器人结构示意图

二、本体结构

1.机身结构

六轴垂直串联机器人的腰回转、下臂和上臂摆动3个关节是用来改变手腕基准点位置的定位机构,它们与安装基座一起被称为工业机器人机身。

六轴垂直串联机器人机身的回转摆动关节如图2-15所示。

（a）腰回转

（b)臂摆动

图2-15 腰回转和臂摆动关节

垂直串联机器人的机身关节结构单一,传动简单,实际上只是若干电动机带动减速器再驱动连杆回转摆动的机构组合,腰回转和上、下臂摆动只是运动方向和回转范围上的不同,其机械传动系统的结构并无本质区别。

机身运动负载转矩大,运动速度低,它要求机械传动系统有足够的刚度和驱动转矩,因此,大多数机器人都采用输出转矩大、结构刚度好的 RV 减速器进行减速。

2.手腕

(1)基本特点

安装在上臂上的腕回转、腕弯曲和手回转 3 个关节是用来改变末端执行器姿态、进行工具作业点定位的运动机构,一般称为定向机构或机器人手腕部件。它是决定机器人作业灵活性的关键部件。

垂直串联机器人的手腕一般由手部和腕部组成,腕部用来连接上臂和手部,手部用来安装末端执行器(作业工具)。手腕回转部件与上臂同轴安装,通常采用如图 2-16 所示的方法。

(a)前驱   (b)后驱

1—下臂;2—上臂;3—腕部;4—手部

图 2-16　手腕安装

相对于交流伺服电动机而言,机器人的手腕同样属于低速、大转矩负载,因此,它也需要安装大比例的减速器。由于手腕结构紧凑、运动部件的质量相对较小,故对驱动转矩、结构刚度的要求低于机身,因此,常用结构紧凑、减速比大的谐波减速器减速。

(2)手腕结构形式

垂直串联机器人的手腕结构形式主要有 3 种。如图 2-17 所示。回转轴能够在四象限进行 360°或接近 360°回转,称为 R 轴;摆动轴一般只能在三象限以下进行小于 270°的回转,称为 B 轴。

图 2-17(a)所示中由 3 个回转轴组成的手腕称为 3R(RRR)结构手腕。3R 结构的手腕一般采用锥齿轮传动;3 个回转轴的回转范围通常不受限制。这种机器人结构紧凑、动作灵活、密封性好,但由于 3 个回转轴的中心线互不垂直,其控制难度较大,因此,多用于对密封防护性能要求高、定位精度要求低的油漆、喷漆等涂装作业机器人,在通用型工业机器人上较少使用。

如图 2-17(b)所示为"摆动轴+摆动轴+回转轴"或"摆动轴+回转轴+回转轴"组成的手腕,称为 BBR 或 BRR 结构手腕。BBR 或 BRR 手腕的回转中心线相互垂直,并和三维空间的坐标轴一一对应,其操作简单、控制容易,但是结构松散;因此,多用于大型、重载机器人,并且还常被简化为 BR 结构的二自由度手腕。

如图 2-17(c)所示为"回转轴+摆动轴+回转轴"组成的手腕,称为 RBR 结构手腕。RBR 手腕的回转中心相互垂直,并和三维空间的坐标轴一一对应,它不仅操作简单、控制容易;而且结构紧凑、动作灵活;因此,它是垂直串联工业机器人使用最为广泛的结构形式。

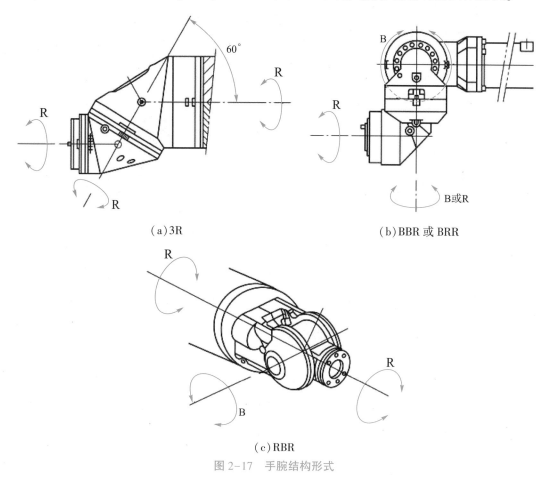

（a）3R   （b）BBR 或 BRR

（c）RBR

图 2-17　手腕结构形式

任务三　工业机器人结构实例

虽然,工业机器人有不同的结构形式,但是相近规格的同类机器人的机械结构大多相似,部分产品只是结构件外形的区别,其机械传动系统几乎完全一致。因此,全面了解一种典型产品的结构,就可以为此类机器人的机械结构设计、维护维修奠定基础。

一、RA010NA 机器人简介

某品牌串联机器人（RA010NA）外观如图 2-18 所示,它采用了小规格工业机器人最常用的六轴典型结构,产品配备了固高 GHD400 机器人运动控制器和示教器。该产品被广泛应用于焊接、码垛搬运、机床上下料等。

43

六轴串联机器人（RA010NA）的主要技术参数如表 2-4 所示,机器人的本体结构如图 2-18 所示,可以分为机身和手腕两大部分。

图 2-18　六轴串联机器人 RA010NA

表 2-4　RA010NA 机器人性能参数表

型号		RA010NA
最大伸展距离/mm		1 450
重复定位精度/mm		±0.06
质量/kg		150
运动范围/（°）	手臂旋转（JT1）	±180
	手臂前后（JT2）	+145～-105
	手臂上下（JT3）	+150～-163
	手腕旋转（JT4）	±270
	手腕弯曲（JT5）	±145
	手腕扭转（JT6）	±360
最大速度 /[（°）/s]	手臂旋转（JT1）	250
	手臂前后（JT2）	250
	手臂上下（JT3）	215
	手腕旋转（JT4）	365
	手腕弯曲（JT5）	380
	手腕扭转（JT6）	700
保护等级		IP65

1.机身及驱动部件

机器人的机身通常由基座、定位机构和行走机构组成。工业机器人由于作业环境固定不变,多数不需要行走,其通常只有基座和定位机构。

RA010NA 机器人的机身如图 2-19 所示,由基座、下臂、上臂 3 个关节构成。基座是整个机器人的支撑部分,用于机器人的安装与固定。腰部、下臂、上臂 3 个部分是用来改变手腕基准点的位置的定位机构。

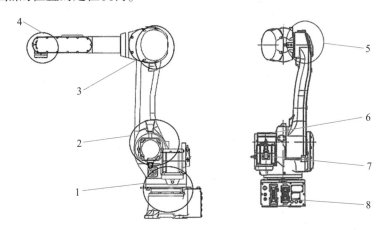

1—基座及腰部回转;2—下臂摆动;3—腕回转;4—腕弯曲与手回转;5—上臂摆动;
6—下臂摆动驱动电动机;7—腰部回转驱动电动机;8—电气连接板

图 2-19 RA010NA 机器人本体机械结构

RA010NA 机器人的腰回转、下臂摆动、上臂摆动,分别由伺服电动机通过 RV 减速器减速驱动,各运动轴的运动范围见表 2-4。

2.手腕及驱动部件

RA010NA 机器人手腕采用了典型的前驱结构。连接手部和上部的腕部和上臂同轴安装,可视为上臂的延长部分;手臂可通过标准工具安装法兰和作业工具。

为了实现末端执行器的 6 个自由度完全控制。RA010NA 机器人的手腕采用腕回转轴 R、腕弯曲轴 B 和手回转轴 T 共 3 个关节。腕回转轴 R 由安装在上臂后端的伺服电动机通过谐波减速器减速驱动;腕弯曲轴 B、手回转轴 T 的伺服电动机均安装在上臂前端的内腔,通过圆柱齿轮、锥齿轮等传动部件与 B 轴、T 轴的谐波减速器连接,驱动 B 轴、T 轴低速摆动及回转。

RA010NA 机器人手腕各运动轴的工作范围见表 2-4。

3.机器人安装

机器人可通过基座底部的安装孔来固定机器人。由于机器人的工作范围较大,但基座的安装面较小,当机器人直接安装于地面时,为了保证安装稳固,减小地面压强,一般需要在地面和底座间安装底板,如图 2-20 所示。

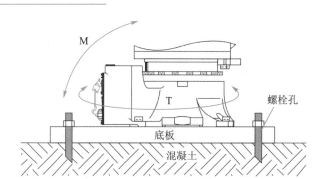

图 2-20　地面安装

基座安装过底板后,底板相当于基座的一部分,因此,它需要有一定的厚度和面积(尺寸是 750 mm×750 mm×25 mm),以保证刚度、减小地面压力。

为了保证安装稳固,安装时需要用地脚螺栓将底板连接在水泥地或铁板地上。安装机器人的地基需要有足够的深度和面积。

4.基座及腰部结构

（1）基座

基座是整个机器人的支撑部分,它既是机器人的安装和固定部位,也是机器人的电线电缆、气管油管输入连接部位。其结构如图 2-21 所示。

基座的底部是机器人安装固定板;基座内侧上方的凸台用来固定腰部回转轴 S 的 RV 减速器针轮,RV 减速器的输出轴用来安装腰体。基座的后侧面安装有机器人的电线电缆、气管油管连接用的管线连接盒,连接盒的正面布置有电线电缆插座、气管油管接头连接板。

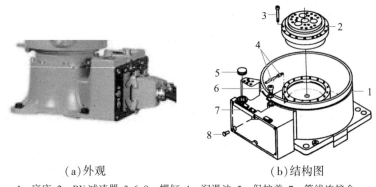

（a）外观　　　　　　　　（b）结构图

1—底座;2—RV 减速器;3、6、8—螺钉;4—润滑油;5—保护盖;7—管线连接盒

图 2-21　基座结构图

为了简化结构、方便安装,腰回转(S 轴)由伺服电动机通过 RV 减速器驱动,RV 减速器采用了输出轴固定、针轮(壳体)回转的安装方式,由于针轮(壳体)被固定安装在底座上,因此,实际进行回转运动的是 RV 减速器的输出轴,即腰体和驱动电动机部件。

（2）腰部结构

腰部是连接基座和下臂的中间体,可以和下臂及后端部件一起在基座上回转,以改变整个机器人的作业方向。腰部是机器人的关键部件,其结构刚度、回转范围、定位精度等都直接决定了机器人的技术性能。

　　RA010NA 机器人腰部的组成如图 2-22 所示。腰体 3 的侧上方安装有腰部回转的伺服电动机 1；伺服电动机 1 的输出轴通过圆柱齿轮 2 将动力传递给 RV 减速器 4 的输入轴。腰体内部安装线缆管；上部突耳 5 的两侧用来安装下臂及其驱动电动机。机器人的腰以上部分均可随着腰部回转。

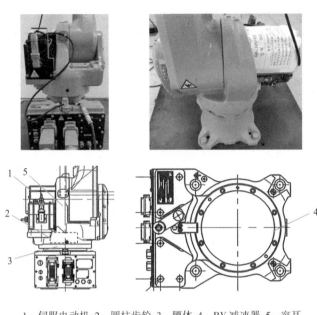

1—伺服电动机；2—圆柱齿轮；3—腰体；4—RV 减速器；5—突耳

图 2-22　腰部的组成

5. 上、下臂结构

（1）下臂结构

　　下臂是连接腰部和上臂的中间体，下臂可以连同上臂及后端部件在腰上摆动，以改变参考点的前后及上下位置。

　　RA010NA 机器人下臂的组成如图 2-23 所示。下臂体和回转摆动的 L 轴伺服电动机分别安装在腰体上部突耳的左右两侧；RV 减速器安装在腰体上，伺服电动机通过减速器驱动下臂摆动。上臂及后端部件的线缆管布置在下臂内腔。

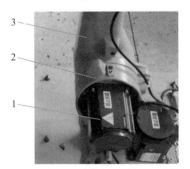
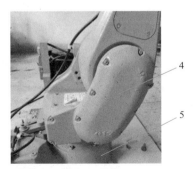

1—伺服电动机；2—突耳；3—下臂体；4—突耳；5—基座

图 2-23　下臂组成

（2）上臂结构

上臂是连接下臂和手腕的中间体,可以和手腕及后端部件一起摆动,改变参考点的上下及前后位置。

RA010NA 机器人上臂的组成如图 2-24 所示。上臂安装在下臂的左上侧,上臂回转摆动的 U 轴伺服电动机、RV 减速器安装在上臂关节左侧;电动机、减速器的轴线和上臂回转轴线同轴;伺服电动机的连接线全部从下臂内部穿过。电动机旋转时,电动机、减速器将和上臂在下臂上摆动。

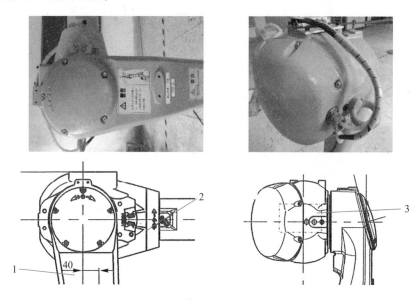

1—下臂;2—上臂;3—伺服电动机

图 2-24　上臂组成

（3）手腕

RA010NA 机器人手腕如图 2-25 所示,包括手部和腕部,它采用 RBR 结构。手部用来安装末端执行器;腕部用来连接手部和上臂。手腕的主要作用是改变末端执行器的姿态(作业方向),它是决定机器人作业灵活性的关键部分。

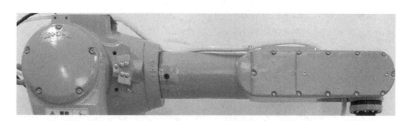

图 2-25　手腕外观

为了能够对末端执行器进行 6 个自由度的完全控制,RA010NA 机器人的手腕有腕回转(R 轴,又称上臂回转)、腕弯曲(B 轴)和手回转(T 轴)3 个关节,如图 2-26 所示。腕回转(R 轴)由伺服电动机通过谐波减速器驱动;腕弯曲(B 轴)的伺服电动机安装在上臂内部,电动机通过齿轮传动将动力传递至手腕关节的谐波减速器上,驱动手腕摆动;手回转(T轴)的伺服电动机安装在上臂内部,电动机通过齿轮传动将动力传至腕关节上,然后,再利用锥齿轮将动力传送至手部的谐波减速器上,驱动手部回转。

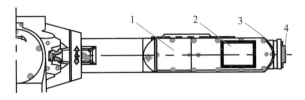

1—腕部伺服电动机;2—手部伺服电动机;3—腕部;4—手部

图2-26　手腕组成

　　RA010NA机器人的末端执行器安装法兰,如图2-27所示。法兰的中间有中心基准孔;法兰端面布置有定位销孔和安装螺孔。

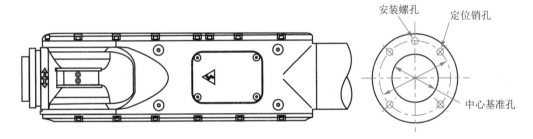

图2-27　RA010NA末端执行器安装法兰

任务四　SCARA 机器人

一、SCARA 机器人

1.结构特点

　　选择顺应性装配机器手臂(selective compliance assembly robot arm,SCARA)结构是日本山梨大学在1978年发明的一种建立在圆柱坐标上的特殊机器人结构形式。这种机器人通过2~3个轴线相互平行的水平旋转关节串联实现平面定位,其垂直升降有如图2-28所示的末端执行器升降和手臂整体升降两种形式。总体来说,SCARA机器人结构简单、外形轻巧、定位精度高、运行速度快。特别适合用于平面定位、垂直方向装卸的搬运和装配作业;因此,首先被应用于3C行业中印制电路板的器件装配和搬运作业;之后在光伏行业的LED、太阳能电池安装,以及塑料、汽车、药品、食品等行业的平面装配和搬运领域得到了较为广泛的应用。

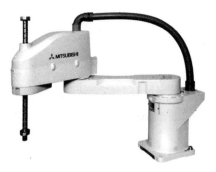
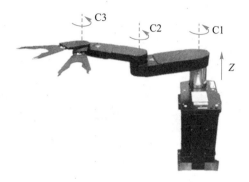

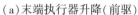

（a）末端执行器升降（前驱）　　　　　　　（b）手臂整体升降（后驱）

图 2-28　SCARA 结构形式

从机械结构上来看,SCARA 机器人类似水平放置的垂直串联机器人,其手臂轴为沿水平方向串联延伸、轴线相互平行的摆动关节;驱动摆动臂回转的伺服电动机可前置在关节部位(前驱),也可以统一后置在基座部位(后驱),如图 2-28 所示。

前驱 SCARA 机器人的垂直升降多采用末端执行器升降结构,它通常用于上部作业空间不受限制的平面装配、搬运和电气焊接等作业,其机械传动系统结构简单、层次清晰、安装方便、维修容易。但是,机器人的悬伸摆臂需要承担伺服电动机的重量,它对手臂的刚度有一定的要求,因此,多数采用 2 个水平旋转关节串联,其外形体积、手臂质量等均较大,整体结构相对松散。

后驱 SCARA 机器人的垂直升降一般通过手臂调整升降实现,悬伸摆臂都呈现平板状,这种机器人除了作业区域外,几乎不需要额外的安装空间,它可在上部空间受到限制的情况下,进行平面装配、搬运和电气焊接等作业。此类机器人的安装空间小、结构轻巧、定位精度高、运动速度快,但其机械传动系统相对复杂,承载能力一般较小。

2.前驱 SCARA 机器人

本书主要介绍前驱 SCARA 机器人结构(国产某品牌 RS4550-01)。RS4550-01 机器人的主要技术参数见表 2-5。

表 2-5　RS4550-01 机器人主要技术参数

项目	参数
产品型号	RS4550-01
额定负载/kg	3
最大负载/kg	5
最大工作半径/mm	500
标准周期时间/s（2 kg 负载） （水平方向 300 mm,垂直方向 25 mm）	0.6

续表 2-5

项目			参数
轴规格	X 轴	手臂长度/mm	250
		旋转范围/(°)	±140
	Y 轴	手臂长度/mm	250
		旋转范围/(°)	±140
	Z 轴	行程/mm	150
	R 轴	旋转范围/(°)	360
最高速度	X、Y 轴合成/(m/s)		5.6
	Z 轴/(m/s)		1.1
	R 轴/[(°)/s]		960
重复定位精度 (周围温度一定)	X、Y 轴/mm		±0.02
	Z 轴/mm		±0.01
	R 轴/(°)		±0.005
用户配管			3 根(ϕ4 mm×2 mm,ϕ6 mm×1 mm)
R 轴最大允许惯性力矩			0.05 kg·mm²(5 kg 有效负载内)
周围环境	温度/℃		0~40
	湿度		20%~80%以下(无结露)
	其他		室内,无阳光直射,无腐蚀性可燃易爆雾气尘埃
本体质量(不含控制柜)/kg			18.5

如图 2-29 所示为 RS4550-01 机器人的结构。这种机器人由底座、基座、大臂、小臂组成。具有大臂旋转、小臂旋转、执行器直线运动、旋转运动 4 个自由度。

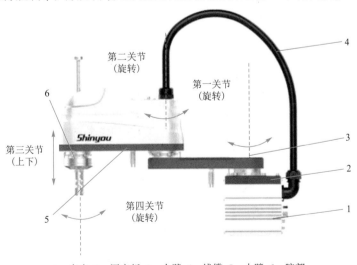

1—底座;2—固定板;3—大臂;4—线缆;5—小臂;6—腕部
图 2-29　前驱 SCARA 机器人的结构

（1）底座

底座是整个机器人的支撑部分，既是机器人的安装和固定部位，也是机器人的电线电缆，气管油管输入的连接部位。

RS4550-01 机器人的底座外观及内部机械结构如图 2-30 所示。底座的上部为大臂电动机的固定板，大臂电动机倒置安装于固定板上，电动机输出轴直接将运动传送至谐波减速器，谐波减速器输出轴连接大臂。底座后端布置有机器人的电线电缆连接用的接头连线接口，并通过线缆将控制系统中各轴的电线电缆送至电动机所在位置。

  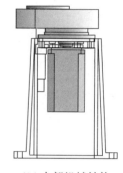

（a）外观 （b）内部机械结构

图 2-30　底座的外观及内部机械结构

（2）第一关节

第一关节是连接底座和大臂的中间体，可以连同大臂及后段部件在底座上回转，以改变整个机器人的作业面方向。

RS4550-01 机器人第一关节组成如图 2-31 所示。第一关节由伺服电动机、谐波减速器和大臂组成。驱动第一关节回转的伺服电动机安装在底座上的固定板上，电动机输出轴直接与谐波减速器的输入轴相连接。谐波减速器输出轴固定在大臂上，当电动机旋转时，减速器的输出轴将带动大臂及后段部件在底座上回转。

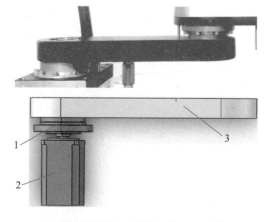

1—谐波减速器;2—伺服电动机;3—大臂

图 2-31　第一关节组成示意图

（3）第二关节

第二关节是连接大臂和小臂的中间体，可以连同小臂及后段部件在大臂上旋转，以改变机器人的运动范围及方向。

RS4550-01机器人第二关节组成如图2-32所示。第二关节由伺服电动机、谐波减速器和小臂组成。驱动第二关节回转的伺服电动机安装在小臂上，谐波减速器安装在大臂的末端。电动机输出轴直接与谐波减速器的输入轴相连接。谐波减速器输出轴固定在小臂上，当电动机旋转时，减速器的输出轴将带动小臂及后段部件在底座上回转。

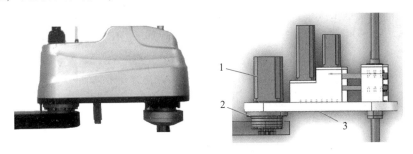

1—伺服电动机；2—谐波减速器；3—小臂

图2-32　第二关节组成示意图

（4）第三和第四关节

第三和第四关节共同组成了机器人的腕部，连接着小臂和末端执行器，以改变机器人末端的方向和位置。

RS4550-01机器人第三、第四关节组成如图2-33所示。第三和第四关节由伺服电动机、同步带、花键滚珠丝杠、谐波减速器等共同组成。第三关节的伺服电动机1通过固定架安装在小臂上，电动机的输出轴与同步带3相连接，通过同步带3带动花键滚珠丝杠6完成上下移动。第四关节的驱动电动机2通过固定架安装在小臂上，电动机的输出轴与同步带4相连接，同步带4的输出轴与固定在小臂末端的谐波减速器5的输入轴相连接，谐波减速器5的输出轴带动花键滚珠丝杠旋转，完成第四关节的旋转运动。

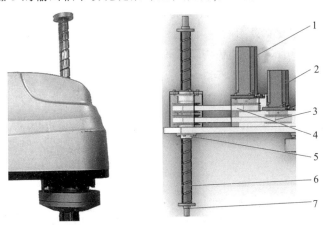

1—三轴电动机；2—四轴电动机；3、4—同步带；5—谐波减速器；6—花键滚珠丝杠；7—安装法兰

图2-33　第三、第四关节组成示意图

项目小结

本项目详细介绍了工业机器人的本体结构。根据关节的连接形式,多关节工业机器人的典型结构主要有垂直串联、水平串联和并联三大类。介绍了三大类常见的本体结构形式,分别选取某品牌六轴垂直串联型机器人和某品牌前驱 SCARA 作为实例,详细介绍了垂直串联型和水平串联型的结构。

从总体上讲,交流伺服电动机是目前最常用的驱动电动机。RV 减速器、谐波减速器是机器人最常用的两种减速器,它是工业机器人最为关键的机械核心部件。

项目练习

1.填空题

(1)RA010NA 机器人的腕部传动采用_____减速器,腰部传动采用_____减速器。

(2)根据关节的连接形式,多关节工业机器人的典型结构主要有_____、_____和_____。

(3)_____是目前最常用的驱动电动机。

(4)垂直串联型六自由度机器人的机械结构包括_____、_____、_____、_____、和_____。

(5)码垛机器人采用的机械结构是_____。

2.思考题

(1)垂直串联型机器人机械结构可以分为哪几类?

(2)什么是前驱?什么是后驱?

(3)简述六自由度机器人(RA010NA)的结构。

(4)简述 SCARA 机器人(RS4550-01)的结构。

项目 3
工业机器人的基本操作

前两个项目中,了解了工业机器人的发展和性能指标,认识了常见工业机器人的结构组成。或许,你已经迫不及待地想操作机器人了吧,让机器人动起来! 接下来的项目能实现你的小愿望,我们将会学到工业机器人如何开机、关机,如何使用示教器,如何让机器人单关节运动,如何标定机器人的坐标系。

任务一　工业机器人的单关节运动

工业机器人的单关节运动,就是操作机器人使其每个关节单独运动,这是操作机器人的基础。为了使工业机器人的每个关节动起来,需要学习工业机器人的开机、关机以及示教器的使用。

一、开机

工业机器人的开机步骤如下:
①如果控制柜上的【系统急停】按钮被按下,顺时针旋转该按钮,解除急停;否则,跳过此步骤。
②如果示教器上的【急停】按钮被按下,顺时针旋转该按钮,解除急停;否则,跳过此步骤。
③将控制柜上的电源开关旋钮旋到"I-ON"位置。
④按下控制柜上的【伺服启动】按钮,【伺服启动】绿灯亮起,伺服开启。
⑤机器人系统按照设定,慢慢开机,待示教器上显示主界面时,机器人开机完成。

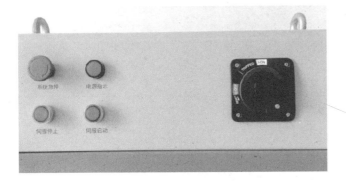

图 3-1　控制柜上旋钮布局图

开机自动进入机器人控制程序界面。如图 3-2 所示。

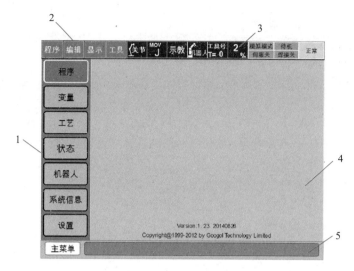

1—主菜单区;2—菜单区;3—状态显示区;4—通用显示区;5—人机交互区

图 3-2　机器人示教器软件界面

界面的每个分区功能如表 3-1 所示。

表 3-1　示教器软件界面功能区介绍

序号	功能区名称	功能
1	主菜单区	每个菜单和子菜单都显示在主菜单区,通过按下手持操作示教器上的【主菜单】键,或点击界面左下角的【主菜单】按钮,显示主菜单
2	菜单区	快速进入程序内容、工具管理功能等操作界面
3	状态显示区	显示机器人和电控柜当前状态,显示的信息如下: 坐标系显示 插补方式 工作模式 机器人/变位机 当前工具号 速度显示
4	通用显示区	可对程序文件、设置等进行显示和编辑
5	人机交互区	进行错误和操作提示或报警; 机器人运动时实时显示机器人各轴关节和末端点的运动速度; 常规状态时采用英文显示提示和报警,点击界面中人机对话显示区可弹出中文对照说明

二、示教器的布局及按键功能

手持操作示教器,简称示教器,是工业机器人与操作员交互的设备。通过示教器,可以操作机器人运动、编写机器人程序、设置机器人系统参数等。

示教器的布局如图 3-3 所示。

1—启动键；2—暂停键；3—模式旋钮；4—急停键；5—功能键区

图 3-3　示教器的布局图

示教器的功能区按键如图 3-4 所示。

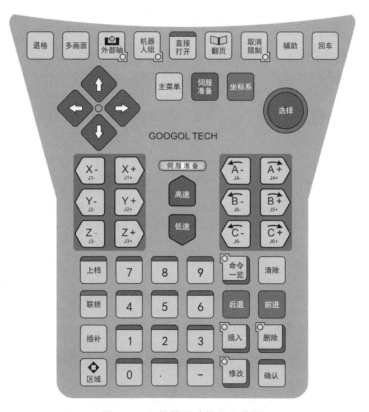

图 3-4　示教器的功能区示意图

示教器的按键功能说明如表 3-2 所示。

表 3-2　示教器上按键功能说明

序号	按键	功能
1	急停键	按下此键,伺服电源切断。 切断伺服电源后,手持操作示教器的【伺服准备】指示灯熄灭,屏幕上显示急停信息。故障排除后,可打开急停键,急停旋钮打开后方可继续接通伺服电源。 打开急停键的方法:顺时针旋转至急停键弹起,伴随"咔"的声音,此时表示急停键已打开
	模式旋钮	可选择示教模式、回放模式或远程模式。 示教模式:可用手持操作示教器进行轴操作、编程、设置控制器参数等。 回放模式:可对示教完的程序进行回放运行。 远程模式:可通过外部 TCP/IP 协议、I/O 进行启动示教程序操作
	启动键	按下启动键,机器人开始回放运行。 按下启动键前必须把模式旋钮设定到回放模式,确保示教器【伺服准备】指示灯亮起
	暂停键	按下暂停键,机器人暂停运行。 暂停键在任何模式下均可使用。 示教模式下:暂停键被按下时灯亮,此时机器人不能进行轴操作。 回放模式下:暂停键按下一次后即可进入暂停模式,此时暂停指示灯亮起,机器人处于暂停状态。按下手持操作示教器上的启动键,可使机器人继续工作
	三段开关	轻握三段开关,伺服电源接通。 操作前必须先把模式旋钮设定在示教模式→点击手持操作示教器上【伺服准备】(【伺服准备】指示灯处于闪烁状态)→轻轻握住三段开关,伺服电源接通(【伺服准备】指示灯处于常亮状态)。此时若用力握紧,则伺服电源切断。如果不按手持操作示教器上的【伺服准备】,即使轻握三段开关,伺服电源也无法接通
2	退格	输入字符时,按退格键可删除输入的最后一个字符
3	外部轴	按此键时,在焊接工艺中可控制变位机的回转和倾斜。 当需要控制的轴数超过 6 时,按下此键(按钮右下角的指示灯亮起),此时控制 1 轴即为控制 7 轴,2 轴即为 8 轴,以此类推
4	移动键	按此键时,光标朝箭头方向移动。 此键组必须在示教模式下使用。根据画面的不同,光标的可移动范围有所不同。 在子菜单和指令列表操作时可打开下一级菜单和返回上一级菜单
5	轴操作键	对机器人各轴(关节)进行操作的键。 此键组必须在示教模式下使用。可以同时按住两个或更多的键,操作多个轴。 机器人按照选定坐标系和手动速度运行,在进行轴操作前,请务必确认设定的坐标系和手动速度是否适当。 操作前需确认机器人手持操作示教器上的【伺服准备】指示灯亮起

续表 3-2

序号	按键	功能
6	手动速度键	手动操作时,机器人运行速度的设定键。 此键组必须在示教模式下使用。此时设定的速度在使用轴操作键时有效。 手动速度有 8 个等级:微动 1%、微动 2%、低 5%、低 10%、中 25%、中 50%、高 75%、高 100%。 被设定的速度显示在状态区域
7	上档	可与其他键同时使用。 此键必须在示教模式下使用。 【上档】+【联锁】+【清除】:可退出机器人控制软件,进入操作系统界面。 【上档】+【2】:可实现在程序内容界面下查看运动指令的位置信息,再次按下可退出指令查看功能。 【上档】+【9】:可实现机器人快速回初始位置
8	联锁	辅助键,与其他键同时使用。 此键必须在示教模式下使用。 【联锁】+【前进】:在程序内容界面下按照示教的程序点轨迹进行连续检查
9	插补	机器人运动插补方式的切换键。 此键必须使用在示教模式下。所选定的插补方式显示在状态显示区。 每按一次此键,插补方式做如下变化:MOVJ→MOVL→MOVC→MOVP→MOVS
10	数值键	按数值键可输入键的数值和符号。 此键组必须在示教模式下使用
11	回车	在操作系统中,按下此键表示确认,能够进入选择的文件夹或打开选定的文件
12	取消限制	运动范围超出限制时,取消范围限制,使机器人继续运动。 此键必须在示教模式下使用。取消限制有效时,按钮右下角的指示灯亮起,当运动至范围内时,指示灯自动熄灭。若取消限制后仍存在报警信息,请在指示灯亮起的情况下按下【清除】,待运动到范围内继续下一步操作
13	翻页	按下此键,实现在选择程序和程序内容界面中显示下一页的功能。 此键必须在示教模式下使用
14	直接打开	在程序内容页,按下此键可直接查看运动指令的示教点信息。 此键必须在示教模式下使用
15	选择	软件界面菜单操作时,可选中"主菜单""子菜单"。 指令列表操作时,可选中指令。 此键必须在示教模式下使用

续表 3-2

序号	按键	功能
16	坐标系	手动操作时,机器人的动作坐标系选择键。可在关节坐标系、机器人坐标系、世界坐标系、工件坐标系、工具坐标系中切换选择。 此键每按一次,坐标系按以下顺序变化:关节→机器人→世界→工具→工件1→工件2,被选中的坐标系显示在状态区域 此键必须在示教模式下使用。
17	伺服准备	按下此键,伺服电源有效接通。 由于急停等原因伺服电源被切断后,用此键有效地接通伺服电源。回放模式和远程模式时,按下此键后,【伺服准备】指示灯亮起,伺服电源被接通。 示教模式时,按下此键后,【伺服准备】指示灯闪烁,此时轻握手持操作示教器上的【三段开关】,【伺服准备】指示灯亮起,表示伺服电源被接通
18	主菜单	显示主菜单。 此键必须在示教模式下使用
19	命令一览	按此键后显示可输入的指令列表。 此键必须在示教模式下使用,使用此键前必须先进入程序内容界面
20	清除	清除"人机交互信息"区域的报警信息。 此键必须在示教模式下使用
21	后退	伺服电源接通状态下,按住此键时,机器人按示教的程序点轨迹逆向运行。 此键必须在示教模式下使用
22	前进	伺服电源接通状态下,按住此键时,机器人按示教的程序点轨迹单步运行。 同时按下【联锁】+【前进】时,机器人按示教的程序点轨迹连续运行。 此键必须在示教模式下使用
23	插入	按下此键,可插入新程序点。 在【伺服准备】指示灯常亮时,按下此键,按键左上角的指示灯亮起,按下【确认】,插入完成,指示灯熄灭。 此键必须在示教模式下使用
24	删除	按下此键,删除已输入的程序点。按下此键,按键左上角的指示灯亮起,按下【确认】,删除完成,指示灯熄灭。 此键必须在示教模式下使用
25	修改	按下此键,修改示教的位置数据、指令参数等。 按下此键,按键左上角的指示灯亮起,按下【确认】,修改完成,指示灯熄灭

续表 3-2

序号	按键	功能
26	确认	配合【插入】、【删除】、【修改】按键使用。 当【插入】、【删除】、【修改】指示灯亮起时,按下此键完成插入、删除、修改等操作的确认
27	伺服准备指示灯	【伺服准备】按钮的指示灯。 在示教模式下,按下【伺服准备】,此时指示灯闪烁。轻握【三段开关】后,指示灯亮起,表示伺服电源接通。 在回放和远程模式下,按下【伺服准备】,此灯亮起,表示伺服电源接通

三、工业机器人的单关节运动

机器人的单关节运动,就是使用示教器控制机器人的每个关节单独运动。

使用示教器操作机器人单关节运动的步骤如下:

①【模式旋钮】选择"示教",【坐标系】选择关节坐标系,操作手动速度键组,选择"25%",按下【伺服准备】。

②轻轻握住【三段开关】,伺服电源接通,再按下轴操作键,观察机器人各轴的运动范围、运动方向、运动速度。

在操作机器人时一定要注意:

①操作人员站在机器人的工作范围外,并保证机器人的工作范围内没有其他人员或障碍物。

②请注意关节运动速度状态,通过【高速】/【低速】调节至适当速度。

四、关机

①在示教模式下,轻轻握住【三段开关】,同时按下【上档】+【9】,直至机器人回到初始位置。

②在机器人控制柜上按下【伺服停止】,【伺服停止】红灯亮起,伺服停止;将电源开关旋至"O-OFF"位置。

五、错误信息处理

错误是指使用示教器操作机器人时,因为错误的操作方法,告诫操作者不要进行下面操作的警告。错误信息显示在示教器界面的人机交互区。错误发生时,在确认错误内容后,需进行错误解除。解除错误的方法,有如下两种:①按手持操作示教器的【清除】键。②在示教器软件界面依次选择:机器人→异常处理→初始化运动控制器。

手动操作机器人时,最容易出现以下两种错误:

(1)机器人超出工作空间

错误代码:1200

错误信息：Axis[x] out of axis workspace

错误分析：机器人超出工作空间。

解决办法：按下【取消限制】，【取消限制】灯亮起；再按下【清除】，清除报警；按下【伺服准备】，再操作轴操作键组，使机器人运动至工作空间范围内。

（2）机器人处于奇异位置

错误代码：1208

错误信息：Singular point error. The pose is a dangerous pose

错误分析：机器人处于奇异位置。此时六轴关节机器人的第五关节趋近零度，导致四轴和六轴中心共线，在这种情况下，机器人失去了一个运动自由度，导致运动异常，此时不能在笛卡尔坐标系下进行运动。

解决办法：按下【清除】，清除报警；坐标系切换到关节坐标系下，按下【伺服准备】，再操作轴操作键组，使机器人偏离奇异位置。

任务二　工业机器人的坐标系及标定

机器人的坐标系是操作机器人和编程的基础。无论是操作机器人运动，还是对机器人进行编程，都需要首先选定合适的坐标系。机器人的坐标系分为关节坐标系、机器人坐标系、工具坐标系、世界坐标系和工件坐标系。通过本任务的学习，掌握这几种坐标系的含义及其标定方法。

一、机器人的坐标系分类

对机器人进行轴操作时，可以使用以下几种坐标系：

（1）关节坐标系——ACS(axis coordinate system)

关节坐标系是以各轴机械零点为原点所建立地坐标系。机器人的各个关节可以独立运动，也可以一起联动。

（2）运动学坐标系——KCS(kinematic coordinate system)

运动学(机器人)坐标系，是建立机器人运动学模型时所采用的坐标系，它是机器人的基础笛卡尔坐标系，也可以称为机器人基础坐标系或直角坐标系，机器人工具末端在该坐标系下可以进行沿坐标系 X 轴、Y 轴、Z 轴的平移运动，以及绕坐标系轴 X 轴、Y 轴、Z 轴的旋转运动。

（3）工具坐标系——TCS(tool coordinate system)

将机器人腕部法兰盘所持工具的有效方向作为工具坐标系 Z 轴，并把工具坐标系的原点定义在工具的尖端点(或中心点，即 TCP，tool center point)。

但当机器人末端未安装工具时，工具坐标系建立在机器人的法兰盘端面中心点上，Z 轴方向垂直于法兰盘端面指向法兰面的前方。

当机器人运动时，随着工具尖端点(TCP)的运动，工具坐标系也随之运动。可以选择在工具坐标系下进行示教运动。该坐标系下的示教运动包括沿工具坐标系的 X 轴、Y

轴、Z轴的移动运动,以及绕工具坐标系的 X 轴、Y 轴、Z 轴的旋转运动。

(4)世界坐标系——WCS(world coordinate system)

世界坐标系是空间笛卡尔坐标系。运动学坐标系和工件坐标系的建立都是参照世界坐标系建立的。在没有示教配置的情况下,默认的世界坐标系和机器人运动学坐标系重合。在世界坐标系下,机器人工具末端可以沿坐标系 X 轴、Y 轴、Z 轴进行移动运动,以及绕坐标系轴 X 轴、Y 轴、Z 轴进行旋转运动。

(5)工件坐标系——PCS(piece coordinate system)

工件坐标系是建立在世界坐标系下的一个笛卡尔坐标系。机器人沿所指定的工件坐标系各轴平移或旋转。

上述五种坐标系中,关节坐标系和运动学坐标系是系统定义的,无法更改;其他坐标系需要根据使用场景,标定相应的坐标系才能使用。机器人的运动学坐标系、世界坐标系、工件坐标系、工件坐标系如图3-5所示。

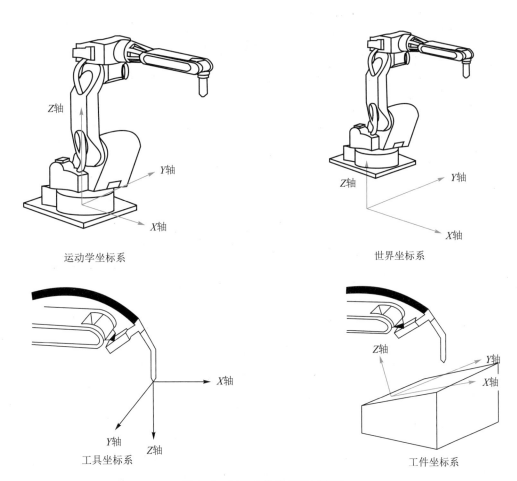

运动学坐标系

世界坐标系

工具坐标系

工件坐标系

图3-5 机器人的坐标系示意图

二、机器人在运动学坐标系下的运动

坐标系设定为运动学坐标系时,机器人工具末端 TCP 沿运动学坐标系的 X、Y、Z 轴平移和绕运动学坐标系的 X、Y、Z 轴旋转。按下示教器上轴操作键按钮时,各轴的动作参照表 3-3。

使用示教器操作机器人在运动学坐标系下运动的步骤如下:

①机器人开机。

②【模式旋钮】选择"示教",【坐标系】选择运动学坐标系,操作手动速度键组选择"25%",按下【伺服准备】。

③轻轻握住【三段开关】,按下轴操作键,观察机器人末端的运动。

表 3-3 运动学坐标系 KCS 的轴动作参照

轴名称		操作键	动作
移动轴	X 轴	X- (J1-) X+ (J1+)	沿 KCS 坐标系的 X 轴平移运动
	Y 轴	Y- (J2-) Y+ (J2+)	沿 KCS 坐标系的 Y 轴平移运动
	Z 轴	Z- (J3-) Z+ (J3+)	沿 KCS 坐标系的 Z 轴平移运动
旋转轴	X 轴	A- (J4-) A+ (J4+)	绕 KCS 坐标的 X 轴旋转运动
	Y 轴	B- (J5-) B+ (J5+)	绕 KCS 坐标的 Y 轴旋转运动
	Z 轴	C- (J6-) C+ (J6+)	绕 KCS 坐标的 Z 轴旋转运动

若同时按下两个以上轴操作键时,机器人按合成动作运动。如果同时按下同轴反方向两键,轴不动作,如【X-】+【X+】。

三、机器人世界坐标系的标定及其运动

1.世界坐标系的标定

坐标系的标定是通过一定的方法确定一个坐标系的位置和姿态。世界坐标系的标定过程如下。

(1)示教器上世界坐标系(WCS)标定管理主界面如图3-6所示,可通过菜单【机器人】下的子菜单【坐标系管理】来进入该标定管理界面,也可以通过主界面上的【工具】按钮快捷进入坐标系标定管理界面。

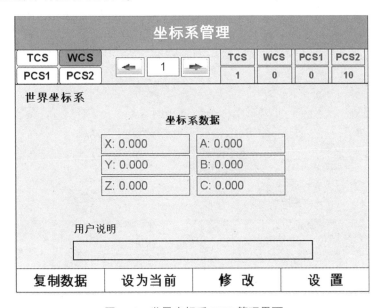

图3-6 世界坐标系 WCS 管理界面

通过坐标系管理界面的坐标系选项卡来选择需要的 TCS(工具坐标系)、WCS(世界坐标系)、PCS1(工件坐标系1)、PCS2(工件坐标系2)坐标系类型。每种坐标类型都包含32个坐标系,如 WCS0,WCS1,……,WCS31。通过坐标系索引号进行选择,默认索引号为0,索引号1-31的坐标系允许更改。选定的坐标系索引号显示在坐标系选项卡右端。

坐标系管理界面的中间部分显示选中序号的坐标系数据。如图3-6所示为 WCS 中1号坐标系的坐标系数据:X=0,Y=0,Z=0,A=0,B=0,C=0。

坐标系管理界面的底部并排放置四个功能图标。

【复制数据】用于复制所选中的坐标系的(X、Y、Z、A、B、C)数据,数据复制成功后,可以在坐标系手动修改界面进行数据粘贴操作。

【设为当前】用于修改机器人系统的当前坐标系。长按【设为当前】图标1 s,可以将当前正在操作的坐标系设置为机器人使用的坐标系。

【修改】用于手动修改坐标系数据。坐标系手动修改操作界面如图3-7所示。

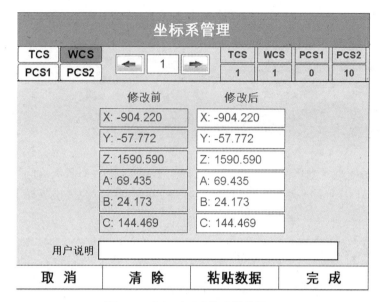

图 3-7　坐标系手动修改操作界面

在图 3-7 所示的界面上可以对坐标系数据进行编辑。点击【完成】图标,即可实现坐标系数据的刷新。点击【取消】按钮,取消对坐标系数据的手动修改。

(2)点击坐标系管理主界面上的【设置】图标,进入坐标系示教标定管理界面,如图 3-8 所示。

开始坐标系标定时,首先要选择标定方法。

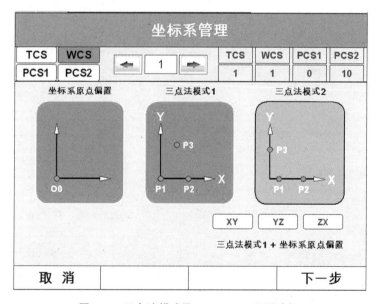

图 3-8　三点法模式及 $XY/YZ/ZX$ 平面选择

使用【三点法模式 1】,示教三个点为:坐标系的原点 P1,X 轴(Y 轴或 Z 轴)正轴方向上的一点 P2,XY 平面(YZ 平面或 ZX 平面)上的一点 P3。用这种方法示教的坐标系的原点位于 P1 点,X 轴(Y 轴或 Z 轴)的正方向从 P1 点指向 P2 点,P3 点位于 Y 轴(Z 轴或 X 轴)正方向一侧。

使用【三点法模式 2】,示教三个点为:X 轴(Y 轴或 Z 轴)上的一个点 P1 和另一个点 P2,在 Y 轴(Z 轴或 X 轴)上示教第三个点 P3。过 P3 点做 P1 与 P2 连线的垂线,垂足处即为坐标系的原点。用这种方法示教的坐标系的 X 轴(Y 轴或 Z 轴)正方向从 P1 点指向 P2 点,P3 点位于 Y 轴(Z 轴或 X 轴)的正半轴上。

此外,还可以再增加记录一个坐标系原点偏置位置点 O0 点。这个位置点是可选项,当使用该功能的时候,可以将采用上述两种方法示教的坐标系偏移到示教记录的 O0 位置点处。或者,也可以选择只记录一个坐标系原点偏置位置点 O0 点。这样可以将要设置的坐标系原点偏移到示教记录的 O0 位置点处,而坐标系的姿态保持不变。

通过按下界面上的【XY】、【YZ】、【ZX】按钮可以选择示教的坐标系平面。在完成示教方法选择后,点击【下一步】按钮,进入坐标点记录界面,如图 3-9 所示。

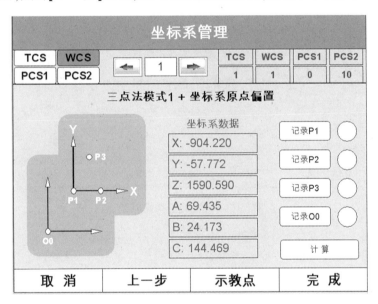

图 3-9　坐标系示教记录点界面

根据所选择的示教方法的不同,在这个界面上可能会出现一个记录按钮、三个记录按钮或者四个记录按钮。系统要求所有的记录按钮旁边的指示灯变为绿色时,才可以进行坐标系计算操作。否则,【计算】按钮不会出现。

在记录位置点数据时,需保证处于伺服电源接通的状态,并按下相应记录按钮持续 2 s 以上,直到该记录按钮旁的指示灯变为绿色。如果 P 位置点已记录,在伺服的状态下按下相应的按钮【记录 P】,当按下的时间达到 2 s 后,则 P 点记录的数据将会清除,P 按钮旁的指示灯也变成灰色,P 点的数据需要重新记录(此处 P 表示 P1、P2、P3 或 O0 的任意一点)。

(3)选择【三点法模式 1】,以世界坐标系 WCS 的 7 号坐标系为例,世界坐标系的标定步骤如下:

第一步,从坐标系选项卡选择 WCS 坐标系,并选中 7 号坐标系,如图 3-10 所示。然后点击【设置】按钮,进入坐标系标定设置界面。

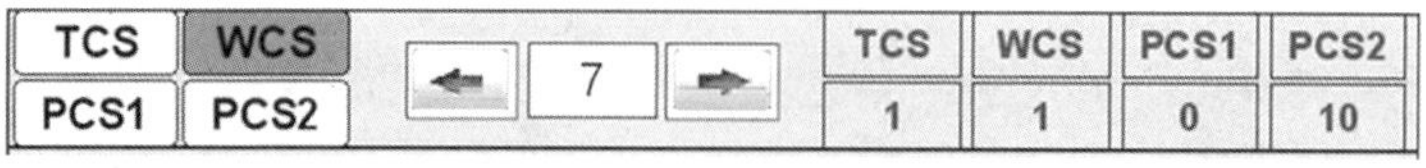

TCS
WCS
PCS1
PCS2
7
TCS
WCS
PCS1
PCS2
1
1
0
10

图 3-10　坐标系选项卡

第二步:确保【三点法模式 1】处于被选中的状态,而且原点偏置功能未使用;使用 *XY* 平面法,如图 3-11 所示。点击【下一步】,进入位置点记录界面。

坐标系管理
TCS
WCS
PCS1
PCS2
7
TCS
WCS
PCS1
PCS2
1
1
0
10
坐标系原点偏置
三点法模式1
三点法模式2
O0
Y
P3
X
P1
P2
Y
P3
X
P1
P2
XY
YZ
ZX
三点法模式1
取 消
下一步

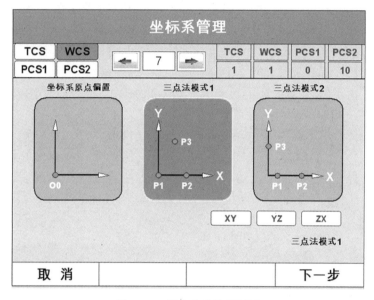

图 3-11　标定方法选择界面

第三步:将工具尖端移动到要设定的坐标系原点,并保持伺服电源接通状态,点击【记录 P1】按钮并保持不变,直到 P1 点旁的记录完成指示灯变为绿色,如图 3-12 所示,记录该点为 P1 位置点。

Xp
Yp
记录P1
记录P2
记录P3

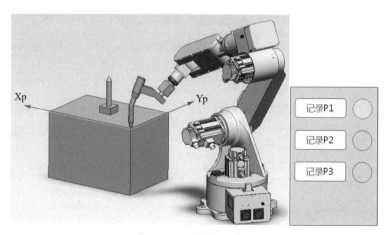

图 3-12　记录 P1 点

第四步:将工具尖端移动到要设定的坐标系上的 X 轴正方向上,并保持伺服电源接通状态,点击【记录P2】按钮并保持不变,直到P2点旁的记录完成指示灯变为绿色,如图3-13所示,记录该点为P2位置点。

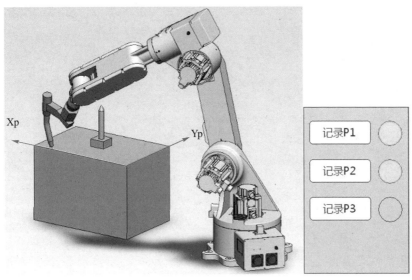

图 3-13　记录 P2 点

第五步:将工具尖端移动到要设定的坐标系上的 XY 平面上 Y 正方向侧的一点,并保持伺服电源接通状态,点击【记录P3】按钮并保持不变,直到P3点旁的记录完成指示灯变为绿色,如图3-14所示,记录该点为P3位置点。P3点记录成功后,【计算】按钮出现并可操作。

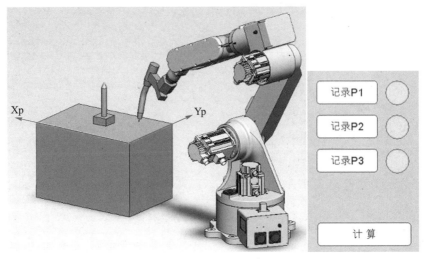

图 3-14　记录 P3 点

第六步:点击【计算】按钮,完成坐标系数据计算,如图3-15所示。

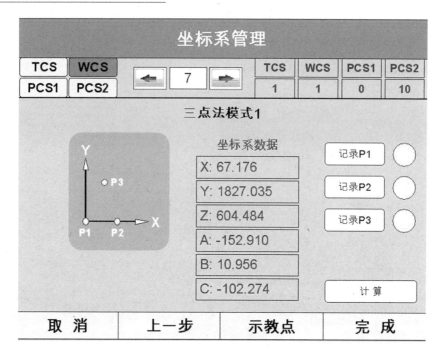

图 3-15　标定完成

第七步:点击【完成】按钮,保存记录的示教位置点坐标及计算的坐标系数据,返回到坐标系管理主界面。

在位置点记录界面上,点击【示教点】按钮,进入示教点管理界面,如图 3-16 所示。

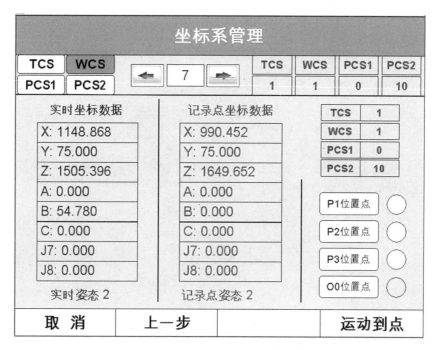

图 3-16　示教点管理界面(伺服使能)

在这个界面上,可以查看记录的位置点数据,并可以使机器人运动到指定的记录点。例如运动到【P1 位置点】,首先使机器人处于伺服使能的状态,然后,【运动到点】出现,手动点击该按钮,机器人按直线运动的模式朝着指定的位置点运动。

当机器人系统处于未伺服使能的状态时,示教点管理界面底部的按钮变为如图 3-17 所示。

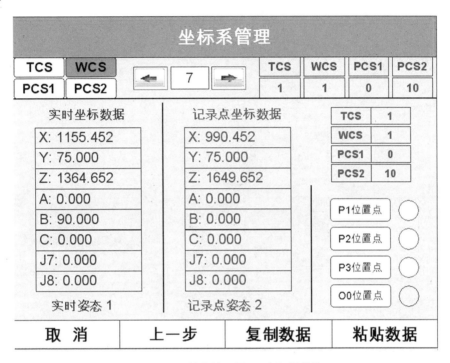

图 3-17   示教点管理界面(未伺服使能)

当选定一个已标定记录的位置点时,点击【复制数据】,可以将选中的位置点坐标复制一个备份;当点击【粘贴数据】时,可以将复制的位置点数据粘贴到指定的位置点。

至此,完成了世界坐标系 WCS 的第 7 号坐标系的全部设置工作,此时即可实现机器人在 WCS7 坐标系下的运动。

注意:为了提高示教的世界坐标系精度,示教的 P1、P2、P3 点的姿态应保持不变,即这三个位置点只用笛卡尔空间下的平移运动示教(即只走 KCS、WCS、PCS1、PCS2、TCS 下的 X、Y、Z 轴的移动运动,而不进行绕 X、Y、Z 轴的旋转运动或单个关节转动运动来示教)。另外,P1、P2、P3 三个位置点应尽可能相隔较远,这样示教的坐标系能尽可能精确地反映实际的坐标系。在 PCS1 和 PCS2 坐标系示教的时候也有同样的要求。

2.机器人在世界坐标系下的运动

在示教模式下,坐标系设定为世界坐标系 WCS 时,机器人工具末端 TCP 沿 WCS 坐标系的 X、Y、Z 轴平移运动和绕 WCS 坐标系的 X、Y、Z 轴旋转运动。按住轴操作键时,各轴的动作参照表 3-4。

表 3-4　世界坐标系 WCS 的轴动作

轴名称		操作键	动作
移动轴	X 轴	X- J1-　X+ J1+	沿 WCS 坐标系 X 轴平移运动
	Y 轴	Y- J2-　Y+ J2+	沿 WCS 坐标系 Y 轴平移运动
	Z 轴	Z- J3-　Z+ J3+	沿 WCS 坐标系 Z 轴平移运动
旋转轴	X 轴	A- J4-　A+ J4+	绕 WCS 坐标的 X 轴旋转运动
	Y 轴	B- J5-　B+ J5+	绕 WCS 坐标的 Y 轴旋转运动
	Z 轴	C- J6-　C+ J6+	绕 WCS 坐标的 Z 轴旋转运动

　　若同时按下两个以上轴操作键时,机器人按合成动作运动。如果同轴反方向两键同时按下,轴不动作,如【X-】+【X+】。

　　四、机器人工件坐标系的标定及其运动

　　1.工件坐标系的标定

　　实际应用中,我们经常需要标定工件坐标系来方便操作:有多个夹具台时,如使用设定在各夹具台的工件坐标系,则手动操作更为简单;当进行排列或码垛作业时,如在托盘上设定工件坐标系,则平行移动时,设定偏移量的增量变得更为简单;传送同步运行时可指定传送带的移动方向为工件坐标系的轴的方向。

　　工件坐标系 PCS1(PCS2)标定管理主界面如图 3-18 所示,通过菜单【机器人】下的子菜单【坐标系管理】来进入该标定界面,并选择 PCS1(或 PCS2)选项卡。工件坐标系

PCS1(或 PCS2)的标定过程与世界坐标系 WCS 的标定过程完全一致,具体标定操作同世界坐标系的标定。

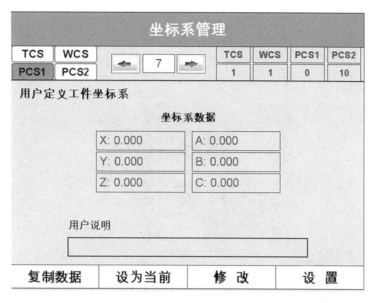

图 3-18　工件坐标系标定管理

2.机器人在工件坐标系下的运动

在示教模式下,坐标系设定为工件坐标系 PCS1(PCS2)时,机器人工具末端 TCP 沿 PCS1(PCS2)坐标系的 X、Y、Z 轴平移运动和绕 PCS1(PCS2)坐标系的 X、Y、Z 轴旋转运动,按住轴操作键时,各轴的动作参照表 3-5。

表 3-5　工件坐标系 PCS 的轴动作

轴名称		操作键	动作
移动轴	X 轴	X - (J1-) 　 X + (J1+)	沿 PCS1(PCS2)坐标系 X 轴平移运动
	Y 轴	Y - (J2-) 　 Y + (J2+)	沿 PCS1(PCS2)坐标系 Y 轴平移运动
	Z 轴	Z - (J3-) 　 Z + (J3+)	沿 PCS1(PCS2)坐标系 Z 轴平移运动

续表 3-5

轴名称		操作键	动作
旋转轴	X 轴	A-（J4-） A+（J4+）	绕 PCS1（PCS2）坐标系的 X 轴旋转运动
	Y 轴	B-（J5-） B+（J5+）	绕 PCS1（PCS2）坐标系的 Y 轴旋转运动
	Z 轴	C-（J6-） C+（J6+）	绕 PCS1（PCS2）坐标系的 Z 轴旋转运动

五、机器人工具坐标系的标定及其运动

1.工具坐标系的标定

工具坐标系把机器人腕部法兰盘所握工具的有效方向定为 Z 轴,把坐标系原点定义在工具尖端点或中心点 TCP,所以工具坐标系的位姿随腕部的运动而发生变化。

沿工具坐标系的移动,以工具的有效方向为基准,与机器人的位置、姿态无关,所以进行相对于工件不改变工具姿势的平行移动操作时最为适宜。

工具坐标系 TCS 标定管理主界面如图 3-19 所示。

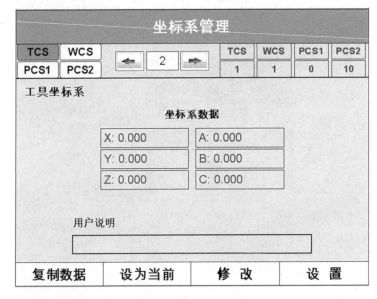

图 3-19　工具坐标系 TCS 管理主界面

点击【设置】按钮,进入工具坐标系标定设置操作界面。

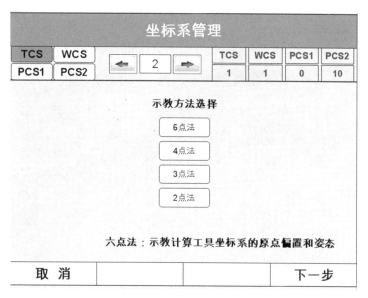

图 3-20　工具坐标系示教方法选择

　　根据不同的机器人类型,工具坐标系标定方法有 2 点法、3 点法、4 点法和 6 点法四种方法可供选择。SCARA 四轴机器人、Delta 三轴(或四轴)机器人一般只能使用 2 点法来标定其法兰盘末端安装的工具,而常规的六轴机器人可以使用所有的四种方法来进行工具坐标系的标定。

　　6 点法可以综合示教六轴关节机器人末端工具 TCP 的位置偏移和姿态向量;4 点法只能计算六轴机器人工具末端的 TCP 位置偏移值,不能计算工具的姿态向量;3 点法只能计算六轴机器人工具末端的 TCP 姿态向量,不能计算工具末端 TCP 的位置偏移值。6 点法实际上是 4 点法和 3 点法的综合使用,6 点法中记录的前四个位置点使用 4 点法计算工具末端 TCP 的位置偏移,后三个位置点使用 3 点法计算工具的 TCP 姿态向量。

　　2 点法是一种快捷方便的示教工具末端 TCP 位置和姿态的方法,采用两点法示教时,首先使用一个已知的工具(或者不使用工具)将 TCP 移到一个已知确定的位置和姿态,并且记录该实际已知的位置和姿态值为 P1 位置点;然后将要校准标定的工具安装在机器人法兰盘端面,将该未标定的工具末端移动到前面记录的 P1 点,并且该未标定的工具的姿态和前面已知安装的工具的姿态(P1 点的姿态)完全一致,记录该点为 P2 点,然后系统自动根据这两个位置点计算出未标定的工具相对于机器人法兰盘的位置偏移和姿态向量。

　　机器人末端法兰盘坐标系及其上面安装的工具如图 3-21 所示。

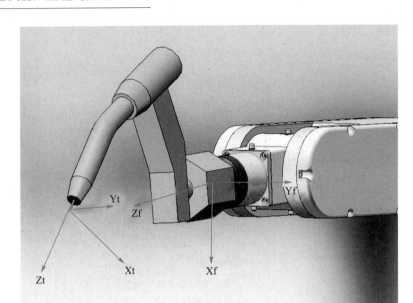

图 3-21　机器人末端法兰盘及其工具安装示意图

2 点法操作及原理比较简单,不再详细介绍,下面介绍六轴机器人中常见的 4 点法、3 点法和 6 点法标定步骤。

(1)4 点法

使用 4 点法标定时,用待测工具的 TCP 从四个任意不同的方向靠近同一个参照点,参照点可以任意选择,但必须为同一个固定不变的参照点。机器人控制器从四个不同的方向计算出 TCP。机器人 TCP 运动到参考点的四个方向必须分散开足够的距离,才能使计算出来的 TCP 尽可能精确。

4 点法示意图如图 3-22 所示。

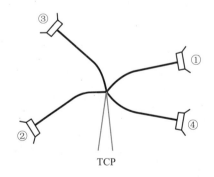

图 3-22　4 点法图示

4 点法示教并计算工具中心点 TCP 的位置的步骤如下:

第一步:选择要标定的坐标系索引号,本例中为第 7 号工具坐标系,如图 3-23 所示,选择 4 点法示教模式。

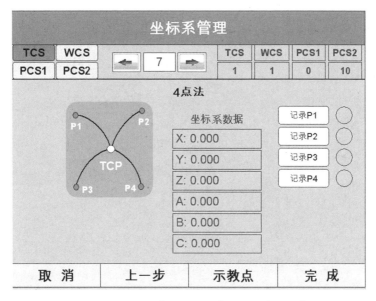

图 3-23　使用 4 点法需要保存记录 4 个位置点

第二步:将待测工具的尖端点 TCP 从第一个方向靠近一个固定参照点。在伺服电源接通的情况下点击【记录 P1】按钮,记录第一个位置点。记录按钮为延时触发型按钮,需要保持按下状态约 2 s 的时间,记录按钮才会生效。P1 点记录完成后【记录 P1】按钮旁边的指示灯会由灰色转变为绿色,如图 3-24 所示。如果是重新记录 P1 点,则该指示灯由绿色变为灰色,再变为绿色。

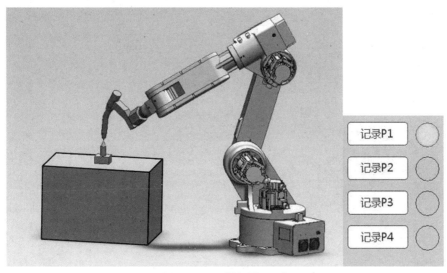

图 3-24　示教记录 P1 点

第三步:将待测工具的尖端点 TCP 从第二个方向靠近同一个固定参照点。在伺服电源接通的情况下点击【记录 P2】记录按钮,记录第二个位置点,如图 3-25 所示。

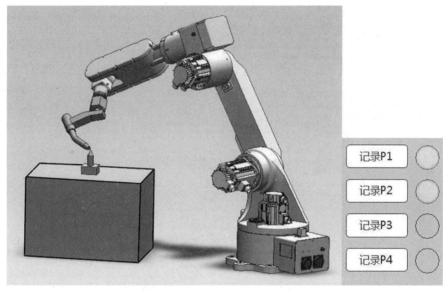

图 3-25　示教记录 P2 点

第四步:将待测工具的尖端点 TCP 从第三个方向靠近同一个固定参照点。在伺服电源接通的情况下点击【记录 P3】按钮,记录第三个位置点,如图 3-26 所示。

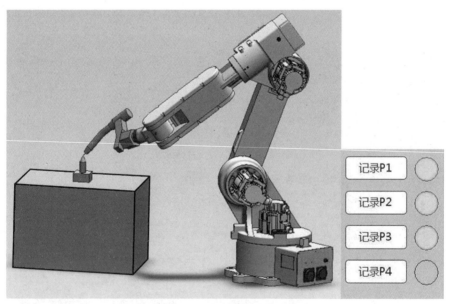

图 3-26　示教记录 P3 点

第五步:将待测工具的尖端点 TCP 从第四个方向靠近同一个固定参照点。在伺服电源接通的情况下点击【记录 P4】按钮,记录第四个位置点,如图 3-27 所示。

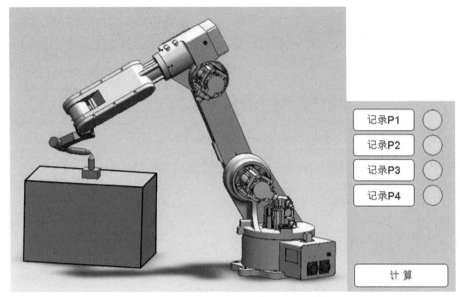

图 3-27　示教记录 P4 点

第六步：4 点法所需的四个位置点记录完成，【计算】按钮出现并可以操作。点击【计算】按钮，自动计算 TCP 位置点数据并显示计算结果。【计算】按钮为延时触发型按钮，需要保持按下状态约 2 s 的时间，【计算】按钮才会生效。

注意：如果 4 点法中记录了两个或多个相同的位置点或四个点的位值误差较大，则计算不能成功，程序会报告错误。

第七步：点击【完成】按钮，保存记录的示教位置点坐标及计算的坐标系数据，返回到坐标系管理主界面。

第八步：点击【设为当前】按钮，将新计算的 TCP 工具作为法兰末端工具。到此为止，已完成从工具坐标系计算到切换新计算出来的工具为当前使用的工具的所有步骤。工具坐标系计算并切换成功，现在可以在新的工具下进行机器人的各种运动。

注意：使用 4 点法只能确定工具尖端（中心）点 TCP 相对于机器人末端法兰安装面的位置偏移值，当需要示教确定工具姿态分量时，需要额外再使用 3 点法，或者直接使用 6 点法。

（2）3 点法

3 点法示教并计算工具坐标系 TCS 的姿态分量的步骤如下：

第一步：选择需要修改或刷新的工具坐标系的序号，例如第 7 号工具坐标系；并选择 3 点法工作模式。在 3 点法工作模式下，需要记录三个位置点，即 P1 点、P2 点、P3 点。此外，还需要选择示教点所在的平面，如图 3-28 所示，选择 XY 平面。即示教的 P1 点和 P2 点用来确定工具坐标系的 X 轴的方向，P3 点在工具坐标系 XY 平面的 Y 轴正方向一侧。由于三点法只是确定工具坐标系 TCP 的姿态分量，所以示教的 XY 平面只要求平行于实际工具坐标系 TCS 的 XY 平面即可，并不要求一定是 TCS 的 XY 平面，P1 点是选定的 XY 示教平面的坐标系 X 轴上的一点，并不要求必须是工具尖端（中心）点 TCP（工具坐标系的原点），P2 点和 P3 点也是如此要求。

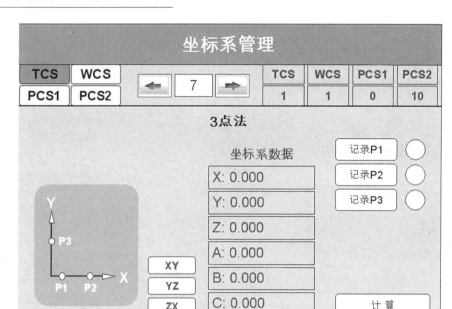

图 3-28　选择 3 点法工作模式

第二步：如图 3-29 所示，首先记录工具坐标系上 X 轴方向上的第一个点，即 P1 点。

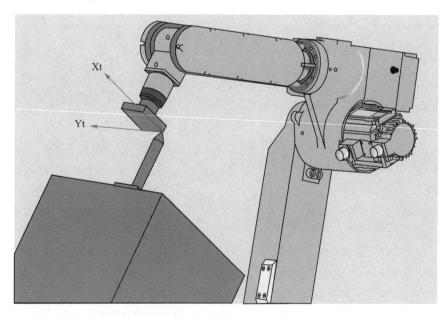

图 3-29　记录 P1 点(X 轴正方向上的第一点 P1)

第二步：如图 3-30 所示，记录工具坐标系上 X 轴方向上的第二个点，即 P2 点。

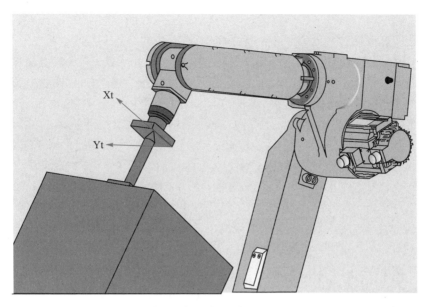

图 3-30　记录 P2 点(X 轴正方向上的第二点 P2)

第三步：如图 3-31 所示，记录工具坐标系上 XY 平面上 Y 轴正方向上的一个点，即 P3 点。

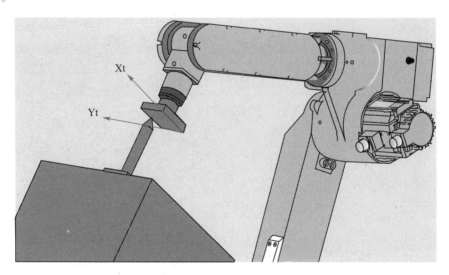

图 3-31　记录 P3 点(XY 平面上 Y 轴正方向上的点)

第四步：点击【计算】按钮，程序根据记录的 P1 点、P2 点和 P3 点生成工具坐标系姿态分量数据，并更新选中的坐标系序号的工具坐标系 TCS 的姿态分量。

需要注意的是，采用 3 点法(需要记录的三个位置点)来确定工具姿态时，这三个位置点只能用笛卡尔空间下的移动运动来示教(即只能走 KCS、WCS、PCS1、PCS2、TCS 下的 XYZ 的移动运动，而不能进行 XYZ 的旋转运动或 ACS 下的单个关节转动运动来示教)，不能用有任何姿态的旋转运动来示教，否则，不能计算出工具坐标系的姿态分量，并给出错误警告。

（3）6点法

6点法实际是上述4点法和3点法两种示教方法的综合。4点法需要示教P1、P2、P3、P4共4个点，3点法需要示教P1、P2、P3这3个点。4点法+3点法组合总共需要示教7个数据点，才能最终确定工具的位置分量和姿态分量。将4点法中的P4点和3点法中的P1点重合示教为同一个P点，就形成了6点法。采用6点法时，由于P4点是实际工具坐标系TCS的工具尖端(中心)点，如果采用 $XY(YZ$ 或 $ZX)$ 平面示教，则 $XY(YZ$ 或 $ZX)$ 平面必须是实际工具坐标系TCS的 $XY(YZ$ 或 $ZX)$ 平面，而不能是与 $XY(YZ$ 或 $ZX)$ 平面平行的平面，所以P5点必须是实际工具坐标系TCS的 $X(Y$ 或 $Z)$ 轴正方向上的一个位置点，P6点必须是实际工具坐标系TCS的 $XY(YZ$ 或 $ZX)$ 平面上 $Y(Z$ 或 $X)$ 轴正方向上的一点。

同时需要注意的是，采用6点法来示教工具坐标系TCS时，P4、P5、P6这三个位置点的姿态必须在KCS下保持一致，位置点P5和P6只能用笛卡尔空间下的平移运动来示教(即只能走KCS、WCS、PCS1、PCS2、TCS下的 XYZ 的移动运动，而不能进行 XYZ 的旋转运动或ACS下的单个关节转动运动来示教)，不能用有任何姿态的旋转运动来示教，否则，将由于不能计算出工具坐标系的姿态分量而发生错误警告。

6点法示教界面如图3-32所示，总共需要示教P1到P6共6个点，P1到P4这4个点示教方法可参照4点法，P5、P6点的示教方法可参照3点法，在此不再详述。

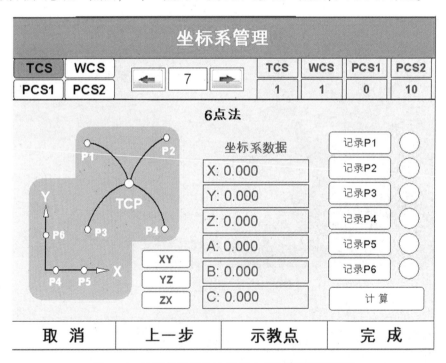

图3-32　工具坐标系TCS采用6点法标定管理界面

2.机器人在工具坐标系下的运动

坐标系设定为工具坐标系时，机器人控制点沿工具坐标系的 X、Y、Z 轴运动，按住轴操作键时,各轴的动作参照表 3-6。

表 3-6 工具坐标系 TCS 的轴动作

轴名称		操作键	动作
移动轴	X 轴	X-（J1-） X+（J1+）	沿 TCS 坐标系 X 轴平移运动
	Y 轴	Y-（J2-） Y+（J2+）	沿 TCS 坐标系 Y 轴平移运动
	Z 轴	Z-（J3-） Z+（J3+）	沿 TCS 坐标系 Z 轴平移运动
旋转轴	X 轴	A-（J4-） A+（J4+）	绕 TCS 坐标的 X 轴旋转运动
	Y 轴	B-（J5-） B+（J5+）	绕 TCS 坐标的 Y 轴旋转运动
	Z 轴	C-（J6-） C+（J6+）	绕 TCS 坐标的 Z 轴旋转运动

同时按下两个以上轴操作键时,机器人按合成动作运动。但如果像【X-】+【X+】这样,同轴反方向两键同时按下,轴不动作。

任务三 工业机器人的零位标定

一、零位标定的意义

零位标定主要用于标定机器人的各个关节运动的零点。零位标定界面显示机器人各个关节零位标定状况。完成标定的关节,相应的状态显示为绿色,当所有关节都完成标定后,【全部】指示灯点亮。可以选定指定的一个或多个关节,并点击【记录零点】按钮来记录当前的编码器数据作为零点数据(长按该按钮2~3 s)。只有当所有关节的零点数据都完成标定,机器人才能进行全功能运动,否则,机器人只能进行关节点动运动。

原点位置是指各轴"0"脉冲的位置,此时的姿态称为原点位置姿态,也是机器人回零时的终到位置,该位置是由机器人的运动学模型决定。

原点位置校准是将机器人位置与绝对编码器位置进行对照的操作。原点位置校准是在出厂前进行的,但在下列情况下必须再次进行原点位置校准:

①更换电机或绝对编码器时;

②存储内存被删除时;

③机器人碰撞工件造成原点偏移时(此种情况发生的概率较大);

④电机驱动器绝对编码器电池没电时。

二、零位标定的方法

机器人零位标定的操作步骤:

第一步:打开示教器进入【机器人】—【零位标定】界面,如图3-33所示。

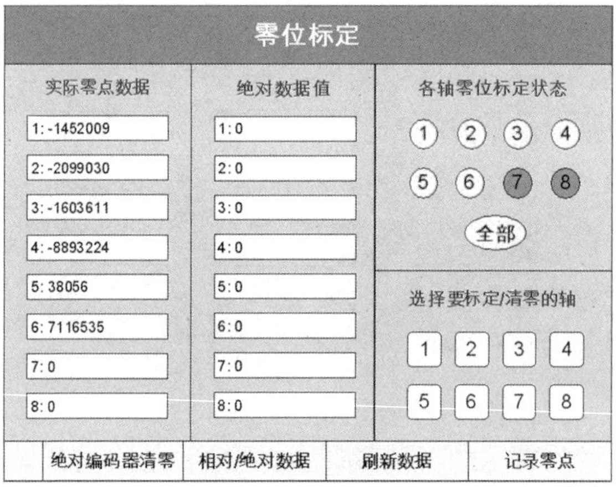

图3-33　零位标定的界面

第二步:在"关节坐标模式"〈关节〉下,机器人各个关节处于零位时的姿态,如图3-34所示,其中下臂处于竖直状态,上臂处于水平状态,手腕部(第五关节)也处于水平状态。一般机器人在本体设计过程中已考虑了零位接口(例如凹槽、刻线、标尺等)。正常情况下机器人在机械零点的姿态应该如图3-34所示。

第三步:按照零位接口(例如凹槽、刻线、标尺等)调整位置姿态。

第四步:选择要标定的轴。"请选择要标定/清零的轴"区域是交互区域,在此区域选择需要记录零位数据的轴号,例如选定第一轴 1 。用户可以选择同时记录多个轴的零位数据,也可以选择只记录一个轴的零位数据。当相应的轴号选择按钮被按下,则该按钮以绿色显示。

第五步:按下【记录零点】按钮,并保持按下的状态不变(约3 s),直到轴号选择按钮的指示灯由绿色变为灰色,说明相应轴号的零点数据已成功记录。只有选择的轴号的零点数据才会刷新,未选中的轴号的零点数据不会被刷新。

第六步:检查标定是否成功。"各轴零位标定状态"区域显示机器人各个轴的零位标定状态。数字指示灯1~8代表1~8号轴,其中1~6号轴为机器人本体轴,7号、8号轴是扩展轴。当相应的轴的零位标定成功后,则相应的数字指示灯标记为绿色;否则,数字指示灯以灰色显示。当所有用到的轴(本体轴和辅助扩展轴)都完成零位标定后,【全部】指示灯变为绿色,说明机器人已完成零位数据的标定,机器人可以进行笛卡尔空间下的运动。

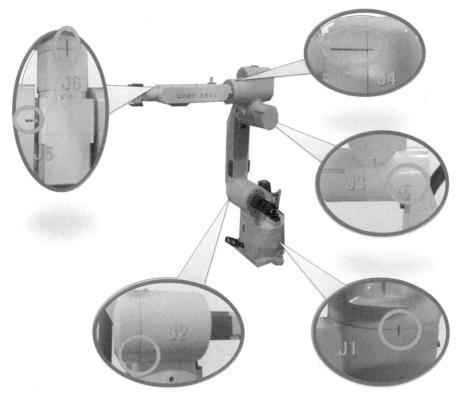

图3-34　机器人的零位示意图

项目小结

本项目中完成了三个任务的学习:工业机器人的单关节运动、工业机器人的坐标系及其标定和工业机器人的零位标定。掌握:①工业机器人如何开机、关机;②如何通过示教器操作工业机器人;③工业机器人的关节坐标系、直角坐标系、工具坐标系、工件坐标系、世界坐标系的含义以及标定方法;④如何进行零位标定。通过本项目所学,可以操作工业机器人在不同坐标系运动,可以根据具体应用场景标定世界坐标系、工件坐标系和工具坐标系,可以在机器人与其他设备碰撞造成零位偏移的情况下进行零位标定。这些是工业机器人操作与编程的基础,必须熟练操作应用。

项目练习

1.填空题

(1)工业机器人的三种工作模式是:_____、_____、_____。

(2)在_____坐标系下,可以操作机器人的某个关节运动;在_____坐标系下,可以操作机器人的末端移动或旋转。

(3)按下示教器的【上档】+【9】,机器人回到_____位置。

(4)机器人运动的插补方式有:_____、_____、_____、_____、_____。

(5)机器人的坐标系有:_____、_____、_____、_____、_____、_____。

(6)3点法可以标定工具坐标系的_____,4点法可以标定工具坐标系的_____,6点法可以标定工具坐标系的_____。

2.简答题

(1)六自由度工业机器人的六个关节是如何分布的?各个关节的旋转方向如何?是否和图 3-35 一致呢?

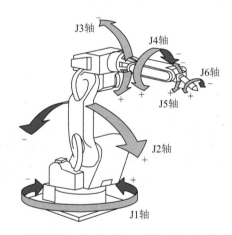

图 3-35　六自由度机器人各关节旋转方向

(2)比较下面两种情况,机器人的运动是否相同,为什么?

①工具坐标系选用 0 号,并设为当前,在直角坐标系下移动机器人;

②工具坐标系选用已经标定好的工具坐标系,并设为当前,在直角坐标系下移动机器人。

(3)机器人的零位是怎么确定的,能修改吗?

(4)机器人报"超出工作空间"的错误时,应该怎么解决?

(5)标定世界坐标系时,三点法模式 1 与三点法模式 2 的区别是什么?

(6)什么是工业机器人的零位?什么情况下需要进行零位标定?

(7)举例说明什么情况下需要标定世界坐标系,什么情况下需要标定工具坐标系,什么情况下需要标定工件坐标系?

项目 4
工业机器人的示教编程

项目 3 中,我们实现了手动操作机器人运动。但是,手动操作机器人运动不是我们的目的,机器人需要自动完成一系列的动作。在这个项目中,我们将学习工业机器人的示教编程,通过编制程序,控制机器人自动完成规定的任务。

工业机器人的编程方式有示教编程、离线编程和自主编程。

示教编程是指操作人员通过人工手动的方式,利用示教器移动机器人到期望的位置,并记录该位置,机器人根据记录信息采用逐点示教的方式再现运动轨迹。示教编程需要实际机器人系统和工作环境,编程时机器人停止工作,在实际系统上试验程序,编程的质量取决于编程者的经验,难以实现复杂的机器人运行轨迹。示教编程门槛低、简单方便、不需要环境模型,对实际的机器人进行示教时,可以修正机械结构带来的误差。示教编程是一项成熟的技术,它是目前大多数工业机器人的编程方式。

离线编程采用部分传感技术,主要依靠计算机图形学技术,建立机器人工作模型,对编程结果进行三维图形学动画仿真以检测编程可靠性,最后将生成的代码传递给机器人控制器来控制机器人运行。离线编程需要机器人系统和工作环境的三维模型,编程时不影响机器人工作,通过仿真试验程序,进行最佳轨迹规划,可实现复杂运行轨迹的编程。离线编程克服了在线示教编程的很多缺点,充分利用了计算机的功能,减少了编写机器人程序所需要的时间成本,同时也降低了在线示教编程的不便。目前离线编程广泛应用于打磨、去毛刺、焊接、激光切割、数控加工等机器人新兴应用领域。但是离线编程也有自身的缺点:对于简单轨迹的生成,它没有示教编程的效率高。模型误差、工件装配误差、机器人定位误差等都会对其精度有一定的影响。

自主编程技术是实现机器人智能化的基础。自主编程技术应用各种外部传感器,使得机器人能够全方位感知真实环境,根据任务要求,自主规划机器人动作。自主编程技术无需繁重的示教,大大提高了机器人的自主性和适应性,成为未来机器人发展的趋势。

本书以工业现场最常用的示教编程为例,讲述工业机器人的示教编程。

任务一　机器人从 A 点运动到 B 点

一、任务描述

六自由度工业机器人位于初始位置,如图 4-1 所示,示教编程使机器人从 P1 点运动 P5 点,再回到初始位置,重复 4 次,每次从 P1 点运动到 P5 点的插补方式都不同,分别采用关节插补方式(MOVJ)、直线插补方式(MOVL)、圆弧插补方式(MOVC)和点到点直线插补方式(MOVP)。图中 P3 点是圆弧插补方式的中间点,仅圆弧插补方式需要用该点,其他插补方式不需要。

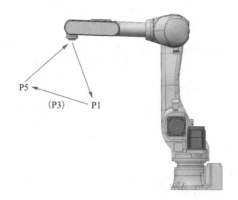

图 4-1　机器人运动轨迹示意图

二、任务分析

通过项目 3 的学习,我们可以实现操作示教器移动机器人到期望的点,但是在这个任务中我们需要机器人采用不同的运动方式从一个点到另一个点。为了完成这个任务,接下来我们需要学习点的标定,点到点的插补方式,机器人程序的创建、修改、运行等。

三、预备知识

本次任务中将用到以下程序指令,说明如下。

● 关节插补指令:MOVJ

指令格式:MOVJ［目标点 P］［运行速度 V］［过渡段长度 BL］［过渡段速度 VBL］

功能说明:采用关节插补方式,以设定的运行速度、过渡段长度、过渡段速度,运动至目标点。指令设置如下:

P = <位置点>

说明:P 的取值范围为 1~999。

V = <运行速度百分比>

说明:运行速度百分比取值为 1~100,默认值为 25。运动指令的实际速度 = 设置中 MOVJ 最大速度×V 运动指令设置运行速度百分比×SPEED 指令速度设置百分比。

BL = <过渡段长度>

说明:过渡段长度,单位为 mm,此长度不能超出运行总长度一半。如果 BL = 0 则表示,不使用过渡段。

VBL = <过渡段速度>

设置过渡段的速度。取值范围为 0~100,取值为 0 表示不设置过渡段速度,按照系统自动规划的速度运行。

使用举例:MOVJ P = 1 V = 25 BL = 100 VBL = 0

关节插补方式移动至目标位置 P1,其中运行速度 25%,过渡段长度 100 mm。

● 直线插补指令:MOVL

指令格式:MOVL［目标点 P］［运行速度 V］［过渡段长度 BL］［过渡段速度 VBL］

功能说明:采用直线插补方式,以设定的运行速度、过渡段长度、过渡段速度,运动至目标点。指令设置同 MOVJ 指令的设置。

使用举例：MOVL P=1 V=25 BL=100 VBL=0

直线插补方式移动至目标位置 P1，其中运行速度 25%，过渡段长度 100 mm。

• 点到点直线插补指令：MOVP

指令格式：MOVP［目标点 P］［运行速度 V］［过渡段长度 BL］［过渡段速度 VBL］

功能说明：采用点到点直线插补方式，以设定的运行速度、过渡段长度、过渡段速度，运动至目标点。指令设置同 MOVJ 指令的设置。

使用举例：MOVP P=1 V=25 BL=100 VBL=0

点到点直线插补方式移动至目标位置 P1，其中运行速度 25%，过渡段长度 100 mm。

• 圆弧插补指令：MOVC

指令格式：MOVC［目标点 P］［运行速度 V］［过渡段长度 BL］［过渡段速度 VBL］

功能说明：采用圆弧插补方式，以设定的运行速度、过渡段长度、过渡段速度，运动至目标点。指令设置同 MOVJ 指令的设置。

使用举例：

MOVL P=1 V=25 BL=0 VBL=0

MOVC P=2 V=25 BL=0 VBL=0

MOVC P=3 V=25 BL=0 VBL=0

直线插补运动至点 P1，然后沿点 P1、P2、P3 组成的圆弧，依次运动至 P2、P3。采用三点圆弧法，圆弧前一点为第一点(P1)，两个 MOVC 指令对应的为中间点(P2)和目标点(P3)。MOVC 指令必须成对使用，即 MOVC 指令出现的次数必须是偶数。

四、任务实施

1.位置型变量的标定

程序中 P1、P3、P5 三个点的位置需要在编程之前标定好。位置型变量的标定步骤如表 4-1 所示。

表 4-1 位置型变量的标定步骤

序号	操作	说明
1	按下示教器上的【上移】或者【下移】使主菜单下的【变量】变成蓝色	

续表 4-1

序号	操作	说明
2	按下示教器上的【右移】调出子菜单,按下示教器上的【上移】或者【下移】使主菜单下的【位置型】变成蓝色后,按下示教器上的【选择】	
3	点击软件界面【位置点 (1~999):P】右边的输入框,可以输入想要保存的位置型变量的序号,序号范围限制在 1~999 之间(如右下图)	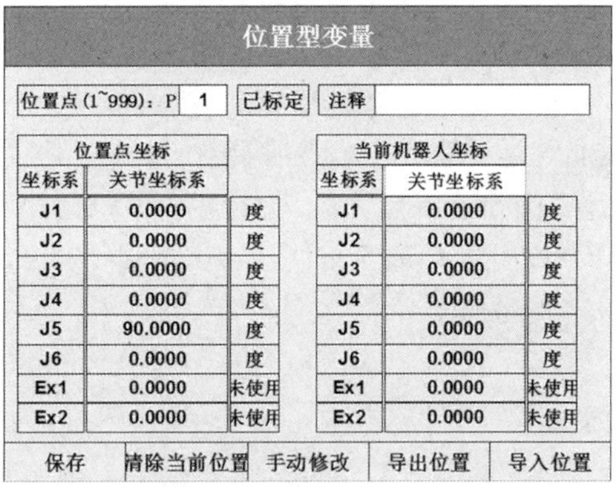 【位置点(1~999):P】右侧的数字表示位置型变量的序号;【已标定】表示该位置型变量已经被标定;【未标定】表示该位置型变量未被标定 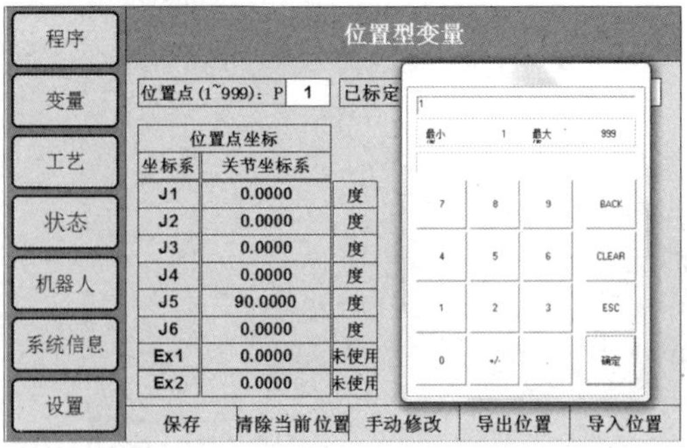

续表 4-1

序号	操作	说明
4	将右边的坐标系切换为需要保存的坐标系,每个位置点具有坐标系的唯一性,即每个位置点只能保存在一种坐标系下	界面左边的【位置点坐标】显示为已经保存的位置型变量的坐标信息; 界面右边的【当前机器人坐标】显示为机器人当前的位姿,点击【坐标系】右边的输入框可以切换想要显示的坐标系(如下图) **位置型变量** 位置点(1~999): P 1　已标定　注释 位置点坐标 / 当前机器人坐标 坐标系 / 关节坐标系 / 坐标系 / 关节坐标系 J1 0.0000 度 / J1 机器人坐标系 度（世界坐标系／工件坐标系1／工件坐标系2） J2 0.0000 度 / J2 度 J3 0.0000 度 / J3 度 J4 0.0000 度 / J4 0.0000 度 J5 90.0000 度 / J5 0.0000 度 J6 0.0000 度 / J6 0.0000 度 Ex1 0.0000 未使用 / Ex1 0.0000 未使用 Ex2 0.0000 未使用 / Ex2 0.0000 未使用 保存　清除当前位置　手动修改　导出位置　导入位置
5	按下示教器上的【伺服准备】,示教器【伺服准备】指示灯闪烁	—
6	按下示教器上的【修改】按钮,【修改】按钮左上侧的绿色指示灯亮起	—
7	轻握示教器背面的【三段开关】,此时,示教器中部的【伺服准备】指示灯亮起,此时按下示教器上的【确认】,修改成功后,【修改】旁的绿色指示灯熄灭,同时软件界面左边的坐标值变更为当前位置值,保存成功	**位置型变量** 位置点(1~999): P 1　已标定　注释 位置点坐标 / 当前机器人坐标 坐标系 / 关节坐标系 / 坐标系 / 关节坐标系 J1 0.0000 度 / J1 0.0000 度 J2 0.0000 度 / J2 0.0000 度 J3 0.0000 度 / J3 0.0000 度 J4 0.0000 度 / J4 0.0000 度 J5 90.0000 度 / J5 0.0000 度 J6 0.0000 度 / J6 0.0000 度 Ex1 0.0000 未使用 / Ex1 0.0000 未使用 Ex2 0.0000 未使用 / Ex2 0.0000 未使用 保存　清除当前位置　手动修改　导出位置　导入位置

续表 4-1

序号	操作	说明
8	保存位置点可以采用上述方法,或者略去 6、7 步,从第 5 步开始进入第 8 步:按下示教器背面的【三段开关】,此时,示教器中部的【伺服准备】指示灯亮起,同时点击软件界面上的【保存】按钮,同时软件界面左边的坐标值变更为当前位置值,保存成功	—
9	手动修改当前位置型变量	持续按下【手动修改】3 s 以上,弹出如下界面: **位置型变量** 手动修改位置点信息: 位置点(1~999):P 1 <table><tr><td>坐标系</td><td>关节坐标系</td><td></td></tr><tr><td>J1</td><td>0.0000</td><td>度</td></tr><tr><td>J2</td><td>0.0000</td><td>度</td></tr><tr><td>J3</td><td>0.0000</td><td>度</td></tr><tr><td>J4</td><td>0.0000</td><td>度</td></tr><tr><td>J5</td><td>90.0000</td><td>度</td></tr><tr><td>J6</td><td>0.0000</td><td>度</td></tr><tr><td>Ex1</td><td>0.0000</td><td>未使用</td></tr><tr><td>Ex2</td><td>0.0000</td><td>未使用</td></tr></table>确定　　　　　　　　取消 可以通过触摸屏幕修改内容,包括坐标系及 8 个轴的坐标信息,修改完成后,按下【确定】按钮 3 s 以上生效,按下【取消】返回
10	清除当前位置型变量信息	点击【清除当前位置点】,并按提示操作 注意:清除当前位置点会将当前点的位置数据置为 0,并将该位置点置为【未标定】
11	检查位置型变量	标定完成后,在位置型变量界面下,按下示教器背面的【三段开关】,此时,示教器中部的【伺服准备】指示灯亮起,按下【前进】,可由当前位置运行到标定好的位置。 在 MOVJ 插补方式下,以 MOVJ 方式运动到位置点;其他插补方式下,以 MOVP 方式运动到标定好的位置点。 请确认,当前位置到位置型变量中标定的位置间没有障碍物

同样按照上述步骤,标定出 P3、P5 点。

2.创建程序

创建一个示教程序,步骤如表 4-2 所示。

表 4-2　创建示教程序步骤

序号	操作	图示
1	确认示教器上的模式旋钮对准【示教】,设定为示教模式	
2	使用示教器【上移】、【下移】,使【程序】变为蓝色	
3	按下示教器上的【右移】打开子菜单,然后按下【选择】进入程序管理界面	

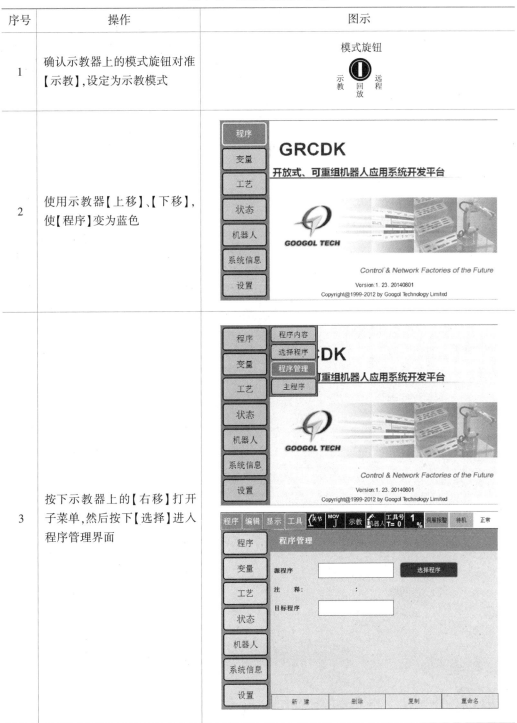

续表 4-2

序号	操作	图示
4	在【目标程序】中输入要新建程序文件的名字,名字以数字或字母开头	
5	点击界面上的【新建】,即操作成功。	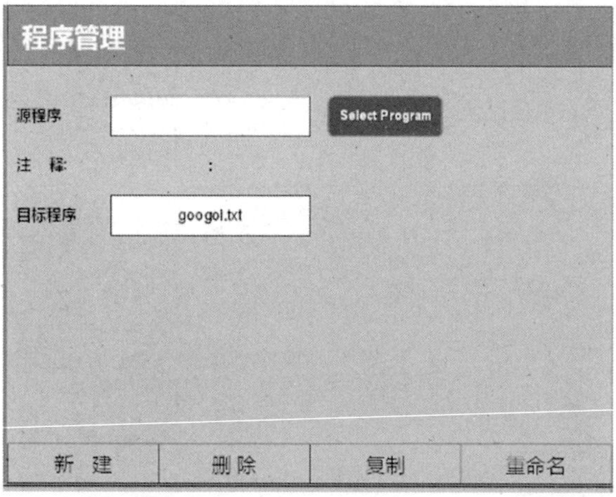
6	进入程序内容界面,空程序只有 NOP、END 两行。	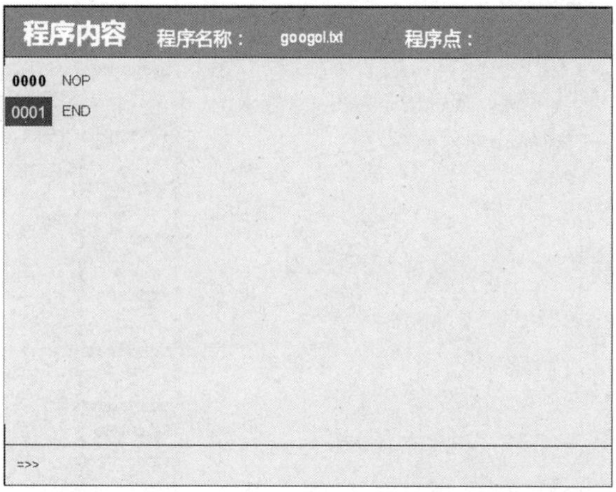

3.编制程序

(1)运动到初始位置

①伺服电源接通状态下,示教器中部的【伺服准备】指示灯亮起,同时按下【上档】+【9】,直到机器人不再运动,松开按钮。此时,机器人运动到初始位置,该任务中把此位置作为机器人的开始位置。

②按下示教器上的【插补】,切换插补方式至关节插补方式。

③按下示教器上的【插入】,这时【插入】绿色灯亮起。然后再按下【确认】,指令插入程序文件记录列表中。

此时程序内容显示为:

0001　　MOVJ V=25 BL=0

(2)运动到开始点 P1

①按下示教器上的【命令一览】,这时在右侧弹出指令列表菜单;

②按示教器上的【下移】,使【移动1】被选中变成蓝色后,按【右移】,打开【移动1】子列表,MOVJ 变蓝后,按下【选择】,指令出现在命令编辑区;

③修改指令参数为需要的参数,设置速度,使用默认位置点 ID 为1(P1 必须提前示教好);

④按下示教器上的【插入】,这时【插入】绿色灯亮起。然后再按下【确认】,指令插入程序文件记录列表中。

此时程序内容显示为:

0001　　MOVJ V=25 BL=0

0002　　MOVJ P=1 V=25 BL=0

(3)运动到终止点 P5

重复第(2)步的操作,位置点 ID 修改为5。

此时程序内容显示为:

0001　　MOVJ V=25 BL=0

0002　　MOVJ P=1 V=25 BL=0

0003　　MOVJ P=5 V=25 BL=0

(4)运动到初始位置

重复第(1)步的操作,此时程序内容显示为:

0001　　MOVJ V=25 BL=0

0002　　MOVJ P=1 V=25 BL=0

0003　　MOVJ P=5 V=25 BL=0

0004　　MOVJ V=25 BL=0

至此完成了1次的循环过程。

(5)重复第(1)步至第(4)步的操作3次。但是P1点运动到P5点的插补方式分别用直线插补、圆弧插补、点到点直线插补,其中圆弧插补方式需要用到P3点。完成上述这些操作,程序显示如下:

0001　　MOVJ V=25 BL=0　　　　　　　　　　　//运动到零位位置,关节插补方式,以最

95

大速度的25%运动

0002　MOVJ P＝1 V＝25 BL＝0　　//运动到P1，关节插补方式，以最大速度的25%运动

0003　MOVJ P＝5 V＝25 BL＝0　　//运动到P5，关节插补方式，以最大速度的25%运动

0004　MOVJ V＝25 BL＝0　　//运动到零位位置，第一次循环完成

0005　MOVJ P＝1 V＝25 BL＝0　　//运动到P1

0006　MOVL P＝5 V＝25 BL＝0　　//运动到P5，直线插补方式，以最大速度的25%运动

0007　MOVJ V＝25 BL＝0　　//运动到零位位置，第二次循环完成

0008　MOVJ P＝1 V＝25 BL＝0　　//运动到P1

0009　MOVC P＝3 V＝25 BL＝0　　//运动到P3，圆弧插补方式，以最大速度的25%运动

0010　MOVC P＝5 V＝25 BL＝0　　//运动到P5，圆弧插补方式，以最大速度的25%运动

0011　MOVJ V＝25 BL＝0　　//运动到零位位置，第三次循环完成

0012　MOVJ P＝1 V＝25 BL＝0　　//运动到P1

0013　MOVP P＝5 V＝25 BL＝0　　//运动到P5，点到点直线插补方式，以25%的速度运动

0014　MOVJ V＝25 BL＝0　　//运动到零位位置，第四次循环完成

当需要修改程序时，操作如下：

步骤一：把光标移到要编辑的程序行。

步骤二：按下示教器上的【选择】，选中行指令显示在命令编辑区。

步骤三：在命令编辑区中，修改需要的参数。触摸命令编辑区中需要改动的参数，在弹出的界面中修改数值或指令。

步骤四：按下示教器上的【修改】，这时【修改】旁的绿色灯亮起。

步骤五：按下示教器上的【确认】，程序点修改成功。

当需要删除某行程序时，操作如下：

步骤一：把光标移到要删除的程序点。

步骤二：按下示教器上的【删除】，此时【删除】左上角的绿色灯亮起。

步骤三：按下示教器上的【确认】，程序点删除成功。

4.轨迹确认

在机器人动作程序输入完成后，运行这个程序，以便检查各程序点是否正确，操作如下：

①把光标移到程序点1（行0001）。

②伺服电源接通状态下，一直按下示教器上【前进】，机器人会执行选中行指令（本程序点未执行完前，松开则停止运动，按下继续运动），通过机器人的动作确认各程序点是否正确。

③程序点确认完成后，把光标移到程序起始处。

④最后我们来试一试所有程序点的连续动作。按下【联锁】+【前进】，机器人连续回

放所有程序点,一个循环后停止运行。

注意:①程序编制结束后,必须进行轨迹确认,并且在轨迹确认的过程中必须清除机器人周围的任何障碍物。

②随时保持警觉状态,确保出现故障时,能够及时按下示教器上的急停按钮。

5.回放

回放是示教程序自动运行的过程。

回放时,切记注意安全。

建议回放前使机器人运动到初始位置(长按【上档】+【9】)。

回放的步骤如下:

①进入【程序】—【选择程序】选择要示教的程序,进入程序内容界面。

②示教器上的模式旋钮设定在【回放】,成为回放模式。

③按下示教器上的【伺服准备】,接通伺服电源。

④按下示教器上的【启动】。机器人运行选定的程序,程序运行完,机器人停止运动。

⑤示教过程中可以按下示教器上的【暂停】,暂停回放;再次按下示教器上的【启动】继续回放。

任务二　机器人搬运工件

机器人
搬运工件

一、任务描述

搬运是工业机器人的主要应用场景之一,我们这次的任务就是编程实现工业机器人搬运工件。

如图 4-2 所示,有一台六自由度工业机器人、两个工作台、一个长方体形状的工件,工业机器人需要把工件从右边的工件台,搬运至左边的工作台。

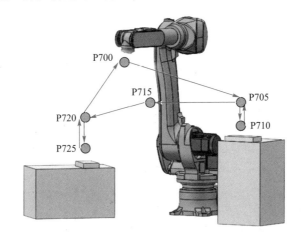

图 4-2　搬运过程示意图

二、任务分析

搬运是工业机器人应用中相对简单的一种工艺过程。这个工艺过程，我们一般选取6个位置点，定义为 P700 至 P720，如图 4-2 所示，每个点的定义如下：

P700：开始位置，一般选取机器人完全离开周边物体的位置，这里选取初始位值。

P705：靠近工件时，开始减速的位置，同时也是离开工件的加速点。选取机器人接近工件时不与工件发生干涉的方向、位置，通常选取抓取位置的正上方。

P710：抓取工件的位置，从 P705 点到该位置要减速。

P715：从 P705 到 P720 的过渡位置。过渡点通常选择与周边设备和工具不发生干涉的方向、位置。一般可以选择取点和放点中间上方的安全位置。

P720：靠近松开工件位置，开始减速的点，同时也是离开工件的加速度点。选取机器人接近工件时不与工件发生干涉的方向、位置，通常选取松开工件位置的正上方。

P725：松开工件的位置，该位置要保证工件离工作台尽量近，但是不能接触，从 P720 点到该点要减速。

P705 与 P710 之间、P720 与 P725 之间的运动，为了保证工件不与工作台发生干涉，需要采用直线运动。考虑到对中间轨迹要求不严格，需要更快的搬运速度，可以采用 MOVP 插补方式。

其他点与点之间的运动，在保证机器人不与外界环境发生碰撞的前提下，为了提高机器人的运行速度，可以采用 MOVJ 插补方式。

机器人点与点之间的运动规划描述如图 4-3 所示。

为了实现工件的抓取，需要在机器人的末端安装末端执行器，一个气动驱动的单自由度夹具，如图 4-4 所示。气动夹具由电磁阀控制其开闭，电磁阀由机器人的控制器控制。因此，还需要编程控制气动夹具的开闭。

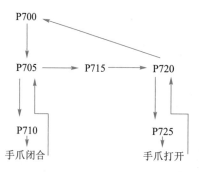

图 4-3　机器人的运动规划

图 4-4　机器人末端的气动夹具

三、预备知识

该任务中需要用到新的程序指令，说明如下。

（1）数字量 IO 赋值指令：DOUT

指令格式：DOUT［IO 位］［值］

功能说明:把相应的数字量输出位赋值。

指令设置:DO=<IO 位>

说明:I/O 位赋值 A.B,A=0,表示端子板上的输出点;A=1~15,表示第几组远程输出 I/O 模块;B,表示组模块上的第几个 I/O,取值范围为 0~15。

VALUE=<位值>

位值赋值说明:为 0 或者 1,0 表示对应 I/O 端口输出低电平,1 表示对应 I/O 端口输出高电平。

使用举例:DOUT　DO=1.1　VALUE=1

表示把一组远程 I/O 输出模块的第二个输出点,位值设为 1。

(2)跳转目的地指令:*

指令格式:*[字符串]

功能说明:跳转指令的目的地,与 JUMP 指令配合使用。

使用举例:*123

跳转目的地,123 表示跳转标识字符串。

(3)跳转指令:JUMP

指令格式:JUMP[跳转目的地]

功能说明:程序跳转到指定的目的地执行。跳转目的地有两种形式。

形式 1,指定行号指令设置:

L=<行号>

L=表示跳转到指定行号(行号小于 JUMP 所在行号)

形式 2,指定跳转标识符,指令设置:

*<字符串>

使用举例 1:JUMP　L=0001

表示跳转到第一行

使用举例 2:JUMP　*123

表示跳转到 *123 所在的行。

(4)延时指令:TIMER

指令格式:TIMER[时间 T]

功能说明:延时指定的时间,这段时间程序将停止在该行,不运行。

指令设置:

T=<时间>

单位:s 或 ms,时间范围为 0 至 4 294 967 295 s

使用举例:TIMER T=1 s

表示延时 1 s。

(5)判断指令:IF

指令格式:IF[判断要素 1][判断条件][判断要素 2]THEN

　　　　　程序 1

　　　　　ELSE

程序2

END_IF

功能说明:如果判断要素1、2满足判断条件,则执行程序1;否则,执行程序2。

指令设置如下:

判断要素:I=<变量号>

说明:变量号取值为1~96。

I=整型变量、B=布尔型变量、R=实数型变量。

判断条件:<EQ>

EQ表示等于、LT表示小于、LE表示小于等于、GE表示大于、GT表示大于等于。

使用举例:IF   I=001   EQ   I=002   THEN

程序1

ELSE

程序2

END_IF

如果整型变量I001与整型变量I002相等,执行程序1;否则,执行程序2。

(6)循环指令:WHILE

指令格式:WHILE [判断要素1] [判断条件] [判断要素2] DO

程序

END_WHILE

功能说明:如果判断要素1、2满足判断条件,则循环执行程序,否则跳出循环。

指令设置同IF指令。

使用举例:WHILE   I=001   EQ   I=002   DO

程序

END_WHILE

当整型变量I001等于整型变量I002,执行程序,否则退出循环。

(7)自增指令:INC

指令格式:INC [整型变量]

功能说明:把整型变量加1。

指令设置:I=<变量 ID>

说明:I=表示整型变量,变量ID表示变量号,取值范围为1~96。

使用举例:INC I=001

把整型变量I001加1,结果存放在I001中。

(8)赋值指令:SET

指令格式:SET [变量] [值]

功能说明:通过SET指令该变量赋值,相当于"变量=值"。可用以下类型的变量:

B:布尔型变量

I:整型变量

R:实型变量

P:位置型变量

使用举例:SET I=1 VALUE=2

为整型变量 I1 赋值 2。

四、任务实施

1.标定位置点

程序中用到的位置点 P700、P705、P710、P715、P720、P725 提前标定好,具体标定方法见本项目中任务一的"位置型变量的标定"。

2.编制程序

(1)运动至开始位置(零位位姿 P700),见图 4-5。

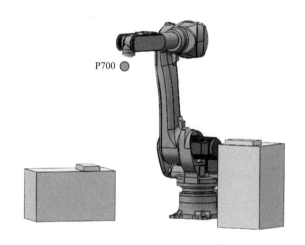

图 4-5　运动至开始位置

①按下示教器上的【命令一览】,这时在右侧弹出指令列表菜单。

②按下示教器上的【下移】,使【移动 1】被选中变成蓝色后,按【右移】,打开【移动 1】子列表,MOVJ 变蓝后,按下【选择】,指令出现在命令编辑区。

③修改指令参数为需要的参数,设置速度为 25,位置点 ID 为 700。

④按下示教器上的【插入】,这时【插入】绿色灯亮起。然后再按下【确认】,指令插入程序文件记录列表中。

此时程序内容显示为:

0001 MOVJ P=700 V=25 BL=0

(2)运动至近工件减速点(P705),见图 4-6。

①按下示教器上的【命令一览】,在右侧弹出指令列表菜单。

②按下示教器上的【下移】,使【移动 1】变成蓝色后,按【右移】,打开【移动 1】子列表,MOVJ 变蓝后,按下【选择】,指令出现在命令编辑区。

③修改指令参数为需要的参数,设置速度,把位置点 ID 修改为 705。

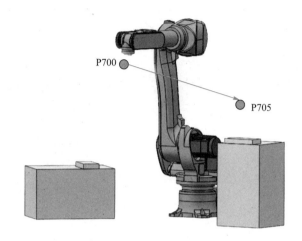

图4-6 运动至近工件减速点(P705)

④按下示教器上的【插入】,这时【插入】绿色灯亮起。然后再按下【确认】,指令插入程序文件记录列表中。

此时程序内容显示为:

0001 MOVJ P = 700 V = 25 BL = 0

0002 MOVJ P = 705 V = 25 BL = 0

(3)运动至抓取位置(P710),并抓取工件,见图4-7。

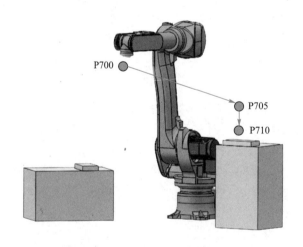

图4-7 运动至抓取位置(P710)

①按下示教器上的【命令一览】,在右侧弹出指令列表菜单。

②按下示教器上的【下移】,使【移动 1】变成蓝色后,按【右移】,打开【移动 1】子列表,MOVP 变蓝后,按下【选择】,指令出现在命令编辑区。

③修改指令参数为需要的参数,设置速度,把位置点 ID 修改为710。

④按下示教器上的【插入】,这时【插入】绿色灯亮起。然后再按下【确认】,指令插入程序文件记录列表中。

⑤按下示教器上的【命令一览】,弹出指令列表:选择【I/O】里面的 DOUT 指令,进行相应的 I/O 参数设置。

⑥先后按下示教器上的【插入】和【确认】,即可插入手爪工作指令。

此时程序内容显示为:

0001　MOVJ P = 700 V = 25 BL = 0

0002　MOVJ P = 705 V = 25 BL = 0

0003　MOVP P = 710 V = 10 BL = 0

0004　DOUT DO = 0.1 VALUE = 1

(4)运动至离开工件加速点(P705),见图 4-8。

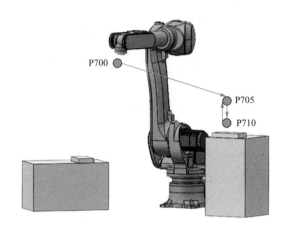

图 4-8　运动至离开工件加速点

①按下示教器上的【命令一览】,这时在右侧弹出指令列表菜单。

②按下示教器上的【下移】,使【移动 1】变成蓝色后,按【右移】,打开【移动 1】子列表,MOVP 变蓝色后,按下【选择】,指令出现在命令编辑区。

③修改指令参数为需要的参数,设置速度,把位置点 ID 修改为 705。

④按下示教器上的【插入】,这时【插入】绿色灯亮起。然后再按下【确认】,指令插入程序文件记录列表中。

此时程序内容显示为:

0001　MOVJ P = 700 V = 25 BL = 0

0002　MOVJ P = 705 V = 25 BL = 0

0003　MOVP P = 710 V = 10 BL = 0

0004　DOUT DO = 0.1 VALUE = 1

0005　MOVP P = 705 V = 10 BL = 0

(5)运动至中间过渡点(P715),见图 4-9。

①按下示教器上的【命令一览】,这时在右侧弹出指令列表菜单。

②按示教器上的【下移】,使【移动 1】变成蓝色后,按【右移】,打开【移动 1】子列表,MOVJ 变蓝后,按下【选择】,指令出现在命令编辑区。

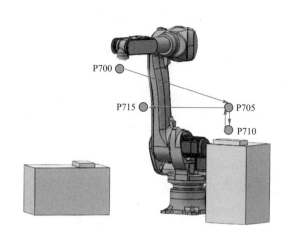

图 4-9　运动至中间过渡点(P715)

③修改指令参数为需要的参数,设置速度,把位置点 ID 修改为 715。

④按下示教器上的【插入】,这时【插入】绿色灯亮起。然后再按下【确认】,指令插入程序文件记录列表中。

此时程序内容显示为:

0001　　MOVJ P = 700　V = 25　BL = 0

0002　　MOVJ P = 705　V = 25　BL = 0

0003　　MOVP P = 710　V = 10　BL = 0

0004　　DOUT DO = 0.1　VALUE = 1

0005　　MOVP P = 705　V = 10　BL = 0

0006　　MOVJ P = 715　V = 30　BL = 0

(6)运动至放工件减速点(P720),见图 4-10。

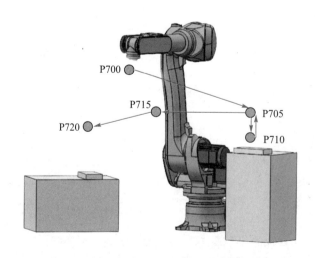

图 4-10　运动至放工件减速点(P720)

①按下示教器上的【命令一览】,这时在右侧弹出指令列表菜单。

②按示教器上的【下移】,使【移动1】变成蓝色后,按【右移】,打开【移动1】子列表,MOVJ变蓝后,按下【选择】,指令出现在命令编辑区。

③修改指令参数为需要的参数,设置速度,把位置点ID修改为720。

④按下示教器上的【插入】,这时【插入】绿色灯亮起。然后再按下【确认】,指令插入程序文件记录列表中。

此时程序内容显示为:

0001   MOVJ P=700 V=25 BL=0

0002   MOVJ P=705 V=25 BL=0

0003   MOVP P=710 V=10 BL=0

0004   DOUT DO=0.1 VALUE=1

0005   MOVP P=705 V=10 BL=0

0006   MOVJ P=715 V=30 BL=0

0007   MOVJ P=720 V=50 BL=0

(7)运动至放置位置,并开启手爪,见图4-11。

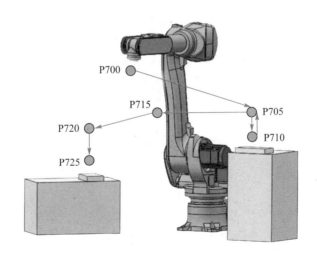

图4-11　运动至放置位置

①按下示教器上的【命令一览】,这时在右侧弹出指令列表菜单。

②按下示教器上的【下移】,使【移动1】变成蓝色后,按【右移】,打开【移动1】子列表,MOVP变蓝后,按下【选择】,指令出现在命令编辑区。

③修改指令参数为需要的参数,设置速度,把位置点ID修改为725。

④按下示教器上的【插入】,这时插入绿色灯亮起。然后再按下【确认】,指令插入程序文件记录列表中。

⑤按下示教器上的【命令一览】,弹出指令列表:选择【I/O】里面的DOUT指令,进行相应的I/O参数设置。

⑥先后按下示教器上的【插入】和【确认】,即可插入手爪工作指令。

此时程序内容显示为：

0001   MOVJ P = 700 V = 25 BL = 0

0002   MOVJ P = 705 V = 25 BL = 0

0003   MOVP P = 710 V = 10 BL = 0

0004   DOUT DO = 0.1 VALUE = 1

0005   MOVP P = 705 V = 10 BL = 0

0006   MOVJ P = 715 V = 30 BL = 0

0007   MOVJ P = 720 V = 50 BL = 0

0008   MOVP P = 725 V = 10 BL = 0

0009   DOUT DO = 0.1 VALUE = 0

(8)运动至离开工件加速点(P720)，见图4-12。

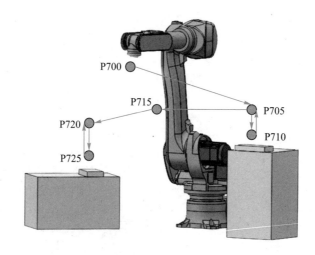

图4-12   运动至离开工件加速点(P720)

①按下示教器上的【命令一览】，这时在右侧弹出指令列表菜单。

②按示教器【下移】，使【移动1】变成蓝色后，按【右移】，打开【移动1】子列表，MOVP变蓝后，按下【选择】，指令出现在命令编辑区。

③修改指令参数为需要的参数，设置速度，把位置点ID修改为720。

④按下示教器上的【插入】，这时【插入】绿色灯亮起。然后再按下【确认】，指令插入程序文件记录列表中。

此时程序内容显示为：

0001   MOVJ P = 700 V = 25 BL = 0

0002   MOVJ P = 705 V = 25 BL = 0

0003   MOVP P = 710 V = 10 BL = 0

0004   DOUT DO = 0.1 VALUE = 1

0005   MOVP P = 705 V = 10 BL = 0

0006   MOVJ P = 715 V = 30 BL = 0

0007　MOVJ P＝720 V＝50 BL＝0

0008　MOVP P＝725 V＝10 BL＝0

0009　DOUT DO＝0.1 VALUE＝0

0010　MOVP P＝720 V＝20 BL＝0

（9）运动至开始位置（P700），见图4-13。

①按下示教器上的【命令一览】，这时在右侧弹出指令列表菜单。

②按下示教器上的【下移】，使【移动1】变成蓝色后，按【右移】，打开【移动1】子列表，MOVJ变蓝后，按下【选择】，指令出现在命令编辑区。

③修改指令参数为需要的参数，设置速度，使用默认位置点ID为700。

④按下示教器上的【插入】，这时【插入】绿色灯亮起。然后再按下【确认】，指令插入程序文件记录列表中。

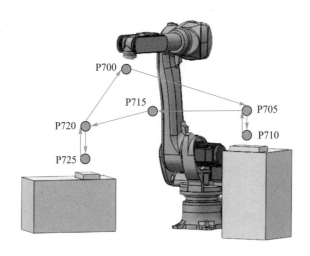

图4-13　运动至开始位置（P700）

此时程序内容显示为：

0001　MOVJ P＝700 V＝25 BL＝0

0002　MOVJ P＝705 V＝25 BL＝0

0003　MOVP P＝710 V＝10 BL＝0

0004　DOUT DO＝0.1 VALUE＝1

0005　MOVP P＝705 V＝10 BL＝0

0006　MOVJ P＝715 V＝30 BL＝0

0007　MOVJ P＝720 V＝50 BL＝0

0008　MOVP P＝725 V＝10 BL＝0

0009　DOUT DO＝0.1 VALUE＝0

0010　MOVP P＝720 V＝20 BL＝0

0011　MOVJ P＝700 V＝50 BL＝0

至此，整个工件搬运过程完成。

3.轨迹确认

参照本项目任务一中的"轨迹确认"进行轨迹确认。

4.回放

参照本项目任务一中的"回放"进行程序回放。

5.程序扩展

（1）扩展1：程序初始化

严格来说，上述完成的程序缺少一个过程——程序初始化。程序初始化包括机器人动作的初始化、变量初始化、辅助设备的初始化。比如设置机器人回到初始位置、相应变量赋初始值、手爪打开。上述程序中，机器人已回初始位置，程序中不涉及变量，但是手爪的初始状态未知。如果手爪初始是闭合的，再去执行抓取动作，会造成手爪与工件碰撞。因此，需要在程序开始的地方添加打开手爪的指令。程序如下：

此时程序内容显示为：

```
0001    MOVJ P = 700 V = 25 BL = 0
0002    DOUT DO = 0.1 VALUE = 0        //打开手爪
0003    MOVJ P = 705 V = 25 BL = 0
0004    MOVP P = 710 V = 10 BL = 0
0005    DOUT DO = 0.1 VALUE = 1        //关闭手爪
0006    MOVP P = 705 V = 10 BL = 0
0007    MOVJ P = 715 V = 30 BL = 0
0008    MOVJ P = 720 V = 50 BL = 0
0009    MOVP P = 725 V = 10 BL = 0
0010    DOUT DO = 0.1 VALUE = 0        //打开手爪
0011    MOVP P = 720 V = 20 BL = 0
0012    MOVJ P = 700 V = 50 BL = 0
```

（2）扩展2：手爪闭合动作增加延时

手爪的闭合或开启通过气缸运动实现，由于气缸的动作迟缓，实验中会出现工件尚未抓稳或工件尚未松开，机器人就已经进入下一步运动。为了解决这一问题，需要在手爪抓取动作指令后增加延时，使机器人稍作停顿，再进入下一步运动。修改后的程序如下：

```
0001    MOVJ P = 700 V = 25 BL = 0
0002    DOUT DO = 0.1 VALUE = 0
0003    TIMER T = 1000 ms             //延时1000 ms
0004    MOVJ P = 705 V = 25 BL = 0
0005    MOVP P = 710 V = 10 BL = 0
0006    DOUT DO = 0.1 VALUE = 1
0007    TIMER T = 1000 ms             //延时1000 ms
0008    MOVP P = 705 V = 10 BL = 0
0009    MOVJ P = 715 V = 30 BL = 0
```

0010	MOVJ P=720 V=50 BL=0	
0011	MOVP P=725 V=10 BL=0	
0012	DOUT DO=0.1 VALUE=0	
0013	TIMER T=1000 ms	//延时 1000 ms
0014	MOVP P=720 V=20 BL=0	
0015	MOVJ P=700 V=50 BL=0	

（3）扩展3:增加动作循环

现有的程序控制机器人完成一次搬运任务后,就停止运动。而实际应用中,机器人需要反复搬运工件。为此,需要在程序中加入循环指令,让机器人重复运动。可以通过3种方法实现循环。

①使用 JUMP 指令。

修改后的程序如下,程序运行到 JUMP 指令,就跳转到"*123"所在位置,一直重复循环,除非通过示教器停止机器人运动。

0001	*123	//设置跳转目的地
0002	MOVJ P=700 V=25 BL=0	
0003	DOUT DO=0.1 VALUE=0	
0004	TIMER T=1000 ms	
0005	MOVJ P=705 V=25 BL=0	
0006	MOVP P=710 V=10 BL=0	
0007	DOUT DO=0.1 VALUE=1	
0008	TIMER T=1000 ms	
0009	MOVP P=705 V=10 BL=0	
0010	MOVJ P=715 V=30 BL=0	
0011	MOVJ P=720 V=50 BL=0	
0012	MOVP P=725 V=10 BL=0	
0013	DOUT DO=0.1 VALUE=0	
0014	TIMER T=1000 ms	
0015	MOVP P=720 V=20 BL=0	
0016	JUMP *123	//跳转到 *123

②使用 IF 指令。

增加 IF 指令,控制循环次数。如下程序将循环执行 3 次。

0001	SET I=001 VALUE=1	//设置整型变量1,计数循环次数
0002	SET I=002 VALUE=3	//设置整型变量2,循环总次数
0003	*123	//跳转的标志位
0004	IF I=001 LE I=002 THEN	//如果循环次数小于等于I2,进入判断语句
0005	MOVJ P=700 V=25 BL=0	
0006	DOUT DO=0.1 VALUE=0	
0007	TIMER T=1000 ms	

```
0008    MOVJ P = 705 V = 25 BL = 0
0009    MOVP P = 710 V = 10 BL = 0
0010    DOUT DO = 0.1 VALUE = 1
0011    TIMER T = 1000 ms
0012    MOVP P = 705 V = 10 BL = 0
0013    MOVJ P = 715 V = 30 BL = 0
0014    MOVJ P = 720 V = 50 BL = 0
0015    MOVP P = 725 V = 10 BL = 0
0016    DOUT DO = 0.1 VALUE = 0
0017    TIMER T = 1000 ms
0018    MOVP P = 720 V = 20 BL = 0
0019    INC I = 001                    //循环次数累加
0020    JUMP * 123                     //跳转指令
0021    ELSE
0022    MOVJ P = 700 V = 50 BL = 0
0023    END_IF
```

③使用 WHILE 指令。

使用 WHILE 指令修改程序,使程序循环执行 3 次。

```
0001    SET I = 001 VALUE = 1          //设置整型变量 1,计数循环次数
0002    SET I = 002 VALUE = 3          //设置整型变量 2,循环总次数
0003    WHILE I = 001 LE I = 002 DO    //如果循环次数小于等于 I2,进入循环体
0004    MOVJ P = 700 V = 25 BL = 0
0005    DOUT DO = 0.1 VALUE = 0
0006    TIMER T = 1000 ms
0007    MOVJ P = 705 V = 25 BL = 0
0008    MOVP P = 710 V = 10 BL = 0
0009    DOUT DO = 0.1 VALUE = 1
0010    TIMER T = 1000 ms
0011    MOVP P = 705 V = 10 BL = 0
0012    MOVJ P = 715 V = 30 BL = 0
0013    MOVJ P = 720 V = 50 BL = 0
0014    MOVP P = 725 V = 10 BL = 0
0015    DOUT DO = 0.1 VALUE = 0
0016    TIMER T = 1000 ms
0017    MOVP P = 720 V = 20 BL = 0
0018    INC I = 001                    //循环次数累加
0019    END_WHILE
0020    MOVJ P = 700 V = 50 BL = 0
```

任务三   **机器人搬运规则排列的工件**

一、任务描述

如图 4-14 所示,右边工作台上有 5 个上下整齐排列的工件,每个工件尺寸相同,将工件搬运至左边的工作台上,要求工件沿工作台上 Y 方向整齐排成一列。左边工作台的工件坐标系定义如图所示,X、Y 轴沿着工作台的边,坐标系原点与工作台的一个角重合,其中 Y 方向不与机器人坐标系的 X(或 Y、Z)轴平行。

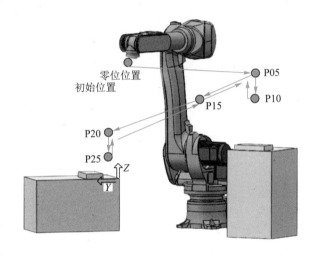

图 4-14 搬运过程示意图

工件尺寸:长 200 mm,宽 100 mm,高 30 mm。

二、任务分析

根据我们目前掌握的知识,搬运一个工件至少需要 4 个位置型变量,现在有 5 个工件,需要标定 20 个位置型变量,这个工作量有点大。观察左右两个工作台上工件的摆放,我们可以看出工件的摆放都是在一个工件的基础上,沿某个方向偏置一定的距离。针对这种等距偏置的情况,工业机器人有专门的指令应对这种应用场景。

右边工作台上的工件是沿机器人坐标系的 Z 轴方向偏置。左边工作台上的工件是沿工作台坐标系的 Y 轴方向偏置,机器人控制系统并不知道这个边的方向,因此需要按照图示标定一个工件坐标系,用于指明左边的工件偏置方向。

三、预备知识

这次任务中需要用到新的程序指令,说明如下。

(1)调用子程序指令:CALL

指令格式:CALL［子程序文件名］

功能说明:调用子程序。

指令设置:PROG=<程序名称>

说明:程序名称是已经存在的程序文件名称,不允许递归循环调用。

使用举例:CALL　PROG=grap

表示要调用程序文件名字为 grap 的子程序。

(2)速度指令:SPEED

指令格式:SPEED［速度百分比］

功能说明:表示整体速率调整至指定值。

指令设置:SP=<加速度百分比>

说明:取值范围为 1~100。如果不调用 SPEED,默认值为 20%。

使用举例:SPEED SP=70

表示整体速率调整至 70%

(3)加速度指令:DYN

指令格式:DYN［加速度百分比］［减速度百分比］［加加速度］

功能说明:表示本条语句后面的运动指令的加速度百分比、减速度百分比、加加速度设置为指定值。

指令设置如下:

ACC=<加速度百分比>

说明:加速度百分比取值范围为 1~100,默认值为 10%。

DCC=<减速度百分比>

说明:减速度百分比取值范围为 1~100,默认值为 10%。

J＝<加加速度>

说明:加加速度取值范围为 8~800 ms,默认值为 128。

使用举例:DYN　ACC=60　DCC=60　J=50

表示本条语句后面的运动指令的加速度百分比设置为 60%,减速度百分比设置为 60%,加加速度设置为 50 ms。

(4)偏置开始指令:MOFFSETON

指令格式:MOFFSETON［坐标系］［X 轴方向偏置量 R］［Y 轴方向偏置量 R］［Z 轴方向偏置量 R］

功能说明:从这条指令开始,后面所有运动指令都要在规定的坐标系下,沿着指定的 $X/Y/Z$ 轴偏置量进行偏置。直到遇到 MOFFSETOF 指令,偏置结束。

指令设置如下:

COORD=<坐标系>

说明:可选择以下坐标系:KCS、WCS、TCS、PCS1、PCS2。

R=<变量 ID>

X 轴方向的偏置值,变量 ID 表示变量号取值范围为 1~96。

R=<变量 ID>

Y 轴方向的偏置值。

R=<变量 ID>

Z 轴方向的偏置值。

使用举例:MOFFSETON COOR=KCS R=1 R=2 R=3

表示开始位置偏置,在 KCS 坐标系(机器人坐标系)下,X 轴偏置 R1 的值,Y 轴偏置 R2 的值,Z 轴偏置 R3 的值。MOFFSETON 一旦生效后对后面所有运动指令有效,直至遇到 MOFFSETOF 指令,偏置结束。

(5)偏置结束指令:MOFFSETOF

功能说明:偏置结束指令。当运行至该指令,之前累计的偏置量将清零,如果之后再次运行到偏置开始指令 MOFFSETON 时,将在程序起始状态下重新开始偏置。

(6)加法指令:ADD

指令格式:ADD［变量 1］［变量 2］

功能说明:变量 1 和变量 2 相加,结果存放在变量 1 中,相当于"变量 1=变量 1+变量 2",变量类型可用以下类型:

I:整型变量

R:实型变量

P:位置型变量

使用举例:ADD I=001 I=002

把整型变量 I001 和整型变量 I002 相加,结果存放在 I001 中。

(7)减法指令:SUB

指令格式:SUB［变量 1］［变量 2］

功能说明:变量 1 和变量 2 相减,结果存放在变量 1 中,相当于"变量 1=变量 1-变量 2",变量类型可用以下类型:

I:整型变量

R:实型变量

P:位置型变量

使用举例:SUB I=001 I=002

把整型变量 I001 和整型变量 I002 相减,结果存放在 I001 中。

四、任务实施

1.位置点的标定

标定点 P1、P5、P10、P15、P20、P25,其中点 P1 是机器人的初始位置;点 P5 是取右边工作台最上面的工件时的接近位置;P10 是取右边工作台最上面工件时的抓取位置;P15 是点 P05 到点 P20 的过渡点;P20 是放左边工作台最右边工件时的接近位置;P25 是放左边工作台最右边工件时的松开位置。

2.工件坐标系的标定

左边工作台上的工件要求沿着工作台上 Y 轴方向整齐排列,而该 Y 轴方向不与机器

人坐标系的 X(或 Y 或 Z)轴方向平行,为了方便编程,需要标定该坐标系。工件坐标系的标定参照前文。这里我们选取 PCS1 中的 2 号坐标系进行标定,标定完成后使其处于激活状态。

3.程序的编制

(1)抓取、释放动作子程序的编写

主程序中,经常用到手爪抓取、释放的动作指令,我们将其编写成子程序,方便在主程序中调用。相应的程序如下:

抓取的程序名:gripperclose

0001	DOUT DO = 0.0 VALUE = 1	
0002	TIMER T = 1000 ms	//延时 1000 ms

释放的程序名:gripperopen

0001	DOUT DO = 0.0 VALUE = 0	
0002	TIMER T = 1000 ms	//延时 1000 ms

(2)机器人回零

【上档】+【9】,让机器人回到零位位置。

(3)开始主程序的编制

程序如下:

0001	SPEED SP = 30	//设置全局速度
0002	DYN ACC = 10 DCC = 10 J = 128	//设置全局加速度、减速度、加加速度
0003	MOVJ P = 1 V = 25 BL = 0	//机器人回到初始位置
0004	CALL PROG = gripperopen	//打开手爪
0005	SET I = 1 VALUE = 1	//计数循环次数
0006	SET I = 2 VALUE = 5	//循环总次数 5 次,共 5 个工件
0007	SET R50 VALUE = 30	//工件厚度,单位:mm
0008	SET R51 VALUE = 100	//工件宽度,单位:mm
0009	SET R = 1 VALUE = 0	//每次取工件时 X 方向的偏移量,不偏移
0010	SET R = 2 VALUE = 0	//每次取工件时 Y 方向的偏移量,不偏移
0011	SET R = 3 VALUE = 0	//每次取工件时 Z 方向的偏移量,初始为 0
0012	SET R = 11 VALUE = 0	//每次放工件时 X 方向的偏移量,不偏移
0013	SET R = 12 VALUE = 0	//每次放工件时 Y 方向的偏移量,初始为 0
0014	SET R = 13 VALUE = 0	//每次放工件时 Z 方向的偏移量,不偏移

0015	WHILE I = 1 LE I = 2 DO	//while 循环语句
0016	MOFFSETON COOR = KCS R = 1 R = 2 R = 3	//开始位置偏置,在机器人坐标系下,X 方向偏移 R1,Y 方向偏移 R2,Z 方向偏移 R3
0017	MOVJ P = 05 V = 25 BL = 0 VBL = 0	//运动到 P05 点
0018	MOVL P = 10 V = 25 BL = 0 VBL = 0	//运动到 P10 点
0019	CALL PROG = gripperclose	//调用 gripperclose 子程序,抓取工件
0020	MOVL P = 05 V = 25 BL = 0 VBL = 0	//返回到 P05 点
0021	MOFFSETOF	//关闭偏置
0022	MOVJ P = 15 V = 25 BL = 50 VBL = 0	//运动到 P15 点,改点不需要偏置,所以要关闭偏置
0023	MOFFSETON COOR = PCS1 R = 11 R = 12 R = 13	//开始位置偏置,在 1 号工件坐标系下,X 方向偏移 R11,Y 方向偏移 R12,Z 方向偏移 R13
0024	MOVJ P = 20 V = 25 BL = 0 VBL = 0	//运动到 P20 点
0025	MOVL P = 25 V = 25 BL = 0 VBL = 0	//运动到 P25 点
0026	CALL PROG = gripperopen	//调用子程序 gripperopen,释放工件
0027	MOVL P = 20 V = 25 BL = 0 VBL = 0	//返回到 P20 点
0028	MOFFSETOF	//关闭偏置
0029	MOVJ P = 15 V = 25 BL = 50 VBL = 0	//返回到 P15 点
0030	INC I = 1	//循环次数增加 1
0031	R3 = R3−R50	//取工件时,Z 方向偏移量 R3 向下增加 R50
0032	R12 = R12+R51	//放工件时,Y 方向偏移量 R12 向左增加 R51
0033	END_WHILE	//结束循环
0034	MOVJ P = 1 V = 25 BL = 0	//机器人回到零位位置

4.轨迹确认

参照本项目任务一中的"轨迹确认"进行轨迹确认。

5.回放

参照本项目任务一中的"回放"进行程序回放。

项目小结

本项目完成了三个由简单到复杂的任务:机器人从 A 点运动至 B 点、机器人搬运工件、机器人搬运规则排列的工件。

通过三个任务的学习,掌握:①工业机器人示教编程的步骤;②如何标定位置型变量;③示教程序的新建、编辑、调试与运行;④常见的编程指令:运动指令、I/O 指令、偏置指令、判断与循环指令等。运用本项目所学,可以编制示教程序,控制机器人沿指定的路径运动,使机器人末端执行器完成应有的动作。灵活运用本项目所学,也可以将他们运用在一些新的应用场景,比如机器人焊接、涂胶的轨迹编程。

项目练习

1.填空题

(1)工业机器人的三种编程方式:_____、_____、_____。

(2)标定位置型变量时,必须保证_____,位置型变量才能保存。

(3)MOVJ、MOVL、MOVC 等指令是位于【命令一览】的_____类别中。

(4)机器人完成一个搬运过程,一般需要使用 5 个点,分别是:_____、_____、_____、_____、_____。

(5)程序"DOUT DO=0.1 VALUE=1"中,DO=0.1,0 代表_____,1 代表_____。

(6)偏置开始的指令中,参数"COOR"的值可以设置为:_____、_____、_____、_____、_____。

2.简答题

(1)MOVJ 指令的运动与 MOVL 指令的运动有什么区别? 能提前预判 MOVJ 指令的运动轨迹吗? 使用时,应注意什么?

(2)为什么 MOVC 指令在程序中出现的次数必须为偶数?

(3)比较文中的三种循环方式各有什么优缺点,哪种最适合完成循环过程?

(4)MOVP 指令中参数 BL 的含义,在什么情况下使用?

(5)如果任务三的偏置程序没有 MOFFSETOF 指令,机器人的动作会有什么不同?

(6)如果两个方向都需要偏置,程序应该怎么编写?

(7)示教编程有什么优缺点?

(8)MOVP 指令和 MOVL 指令的区别是什么?

(9)在手爪开合的动作后添加延时指令的作用是什么?

(10)机器人的运行速度、加速度是怎么确定的?

项目 5
工业机器人与外部设备的通信

机器人除了能够作为一个独立的系统运行,完成指定的任务,还能与外部设备通信,接收外部设备的信号,给外部设备发消息,控制外部设备运行。如六自由度机器人末端的气动夹具,就是通过机器人控制器给电磁阀发信号,控制气动夹具的动作。这样机器人就能与外部设备协同工作,建立机器人工作站或自动化流水线。本项目将讲述机器人与外部设备主要的三种通信方式:串口通信、TCP 通信、I/O 通信。

任务一　工业机器人的串口通信

一、任务描述

六自由度工业机器人与笔记本电脑通过串口线连接,机器人需要完成以下动作:

①六自由度工业机器人位于初始位置 P1,各个关节的角度值为[0,0,0,0,90,0],单位:度;

②机器人给笔记本发送消息"Setup_OK";

③笔记本电脑通过串口调试助手接收到机器人发送的消息后,给机器人发送消息,该消息由机器人的六个关节角组成,各个关节角之间用逗号分隔,如"10.5,−10,80,20,30,90";

④机器人接收到消息后,将其转换成位置型变量 P5;

⑤机器人以 MOVJ 插补方式移动至 P5,再回到 P1,程序结束。

二、任务分析

此次的任务是机器人与笔记本电脑通过串口通信,相互之间有数据的发送和接收。这其中涉及机器人端的串口通信参数如何设置,如何在程序中使用串口发送、接收数据,如何把字符串转换成位置型变量等问题。接下来我们将一一解决以上问题。

三、预备知识

1.串口通信基础知识

串口通信,是指外设和计算机间通过数据信号线、地线等,按位进行传输数据的一种通信方式。串口是一种接口标准,它规定了接口的电气标准,没有规定接口插件电缆以及使用的协议。

串口通信的数据由起始位、数据位、校验位和停止位组成,如图 5-1 所示。一个字符一个字符地传输,每个字符一位一位地传输,并且传输一个字符时,总是以"起始位"开始,以"停止位"结束,字符之间没有固定的时间间隔要求。

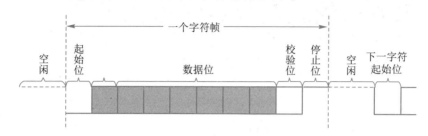

图 5-1　串口通信的数据格式

在数据传送时,应在通信端口的初始化时对以下几个通信参数进行设置。

(1)波特率

串行通信的传输受到通信双方性能及通信线路的特性所影响,收、发双方必须按照同样的速率进行串行通信,即收、发双方采用相同的波特率。我们通常将传输速率称为波特率,指的是串行通信中每秒所传送的数据位数,单位是 bit/s。例如:在某串行通信中,每传送一个字符需要 8 位,如果采用波特率 4 800 bit/s 进行传送,则每秒可以传送600 个字符。

(2)起始位

在通信线上,没有数据传送时处于逻辑"1"状态。当发送设备要发送一个字符数据时,首先发出一个逻辑"0"信号,这个逻辑低电平就是起始位。起始位通过通信线传向接收设备,当接收设备检测到这个逻辑低电平后,就开始准备接收数据位信号。因此,起始位所起的作用就是表示字符传送的开始。

(3)数据位

当接收设备收到起始位后,紧接着就会收到数据位,数据位的个数可以是 5、6、7 或 8位。在字符数据传送过程中,数据位从最低有效位开始传送。

(4)奇偶校验位

数据位发送完之后,就可以发送奇偶校验位。奇偶校验用于有限差错检验,通信双方在通信时约定一致的奇偶校验方式。就数据传送而言,奇偶校验位是冗余位,但它表示数据的一种性质,这种性质用于检错,虽然有限但很容易实现。奇校验规定:正确的代码一个字节中 1 的个数必须是奇数,若非奇数,则校验位为 1,否则为 0。偶校验规定:正确的代码一个字节中 1 的个数必须是偶数,若非偶数,则校验位为 1,否则为 0。

(5)停止位

在奇偶校验位或者数据位(无奇偶校验位时)之后是停止位。它可以是 1 位、1.5 位或 2 位,停止位是一个字符数据的结束标志。

2.常用串行接口

常用串行接口标准有 RS-232C 、RS-422、RS-485 等,其技术简单成熟,性能可靠,价格低,对软硬件环境或条件的要求也很低,广泛应用于计算机及相关领域。

（1）RS-232C 接口标准

RS-232C 标准（协议）的全称是 EIA RS-232C 标准，其中 RS（recommended standard）代表推荐标准，232 是标识号，C 代表 RS-232 的最新一次修改（1969），它适合于数据传输速率在 0~20 000 bit/s 的通信。这个标准对串行通信接口的有关问题，如信号电平、信号线功能、电气特性、机械特性等都做了明确规定。

目前 RS-232C 已成为数据终端设备和数据通信设备的接口标准，是 PC 与通信工业中应用最广泛的一种串行接口，IBM 的 PC 上的 COM1、COM2 接口，就是 RS-232C 接口。

利用 RS-232C 串行通信接口可实现两台个人计算机的点对点通信；通过 RS-232C 接口可与其他外设（如打印机、逻辑分析仪、智能调节仪、PLC 等）近距离串行连接；通过 RS-232C 连接调制解调器可远距离地与其他计算机通信；将 RS-232C 接口转换为 RS-422 或 RS-485 接口，可实现一台个人计算机与多台设备之间的通信。

由于 RS-232C 并未定义连接器的物理特性，因此，出现了 DB-25 和 DB-9 等类型的连接器，其引脚的定义也各不相同。图 5-2（a）所示为 DB-9 连接器的公头和母头，图 5-2（b）所示是 DB-9 的引脚示意图。

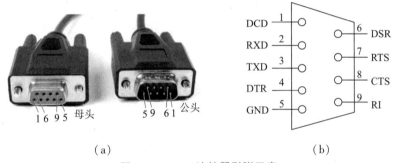

图 5-2 DB-9 连接器引脚示意

表 5-1 所示为 DB-9 连接器各引脚的信号功能描述。从功能来看，全部信号线分为三类，即数据线（TXD 、RXD）、地线（GND）和联络控制线（DSR、DTR、RI、DCD、RTS、CTS）等。

表 5-1 DB-9 连接器各引脚的信号功能

引脚	符号	功能
1	DCD	载波信号检测
2	RXD	接收数据
3	TXD	发送数据
4	DTR	数据终端准备好
5	GND	信号地线
6	DSR	数据装备准备好
7	RTS	请求发送
8	CTS	清除发送
9	RI	振铃信号指示

RS-232C 对电气特性、逻辑电平和各种信号线功能都予以了相应规定。

在 TXD 和 RXD 上:逻辑"1"为-3~-15 V;逻辑"0"为+3~+15 V。

在 RTS、CTS、DSR、DTR 和 DCD 等控制线上:信号有效(接通,ON 状态,正电压)为+3~+15 V;信号无效(断开,OFF 状态,负电压)为-3~-15 V。

以上规定说明了 RS-232C 标准对逻辑电平的定义。

对于数据(信息码):逻辑"1"的电平低于-3 V,逻辑"0"的电平高于+3 V。

对于控制信号:接通状态(ON)即信号有效的电平高于+3 V,断开状态(OFF)即信号无效的电平低于-3 V,也就是当传输电平的绝对值大于 3 V 时,电路可以有效地检查出来,介于-3~+3 V 的电压无意义,低于-15 V 或高于+15 V 的电压也认为无意义,因此,实际工作时,应保证电平在±(3~15)V。

RS-232C 的最大通信距离为 15 m,最高传输速率为 20 kbit/s,只能进行一对一的通信。

(2)RS-422 接口标准

RS-422 由 RS-232C 发展而来,它是为弥补 RS-232C 之不足而提出的。为改进 RS-232C 抗干扰能力差、通信距离短、速率低等缺点,RS-422 定义了一种平衡通信接口。

与 RS-232C 相比,RS-422 的通信速率和传输距离有了很大的提高。在最大传输速率(10 Mbit/s)时,允许的最大通信距离为 12 m;传输速率为 10 kbit/s 时,最大通信距离为 1 200 m,并允许在一条平衡总线上连接最多 10 个接收器。

RS-422 通信接口为平衡驱动、差分接收电路,平衡驱动器相当于两个单端驱动器,其输入信号相同,两个输出信号互为反相信号,外部输入的干扰信号以共模方式出现,两根传输线上的共模干扰信号相同。因接收器是差分输入,共模信号可以互相抵消,所以只要接收器有足够的抗共模干扰能力,就能从干扰信号中识别出驱动器输出的有用信号,从而消除外部干扰的影响。

(3)RS-485 接口标准

为扩展应用范围,美国电子工业协会于 1983 年在 RS-422 基础上制定了 RS-485 标准,增加了多点、双向通信能力,即允许多个发送器连接到同一条总线上,同时增加了发送器的驱动能力和冲突保护特性,扩展了总线共模范围。

由于 RS-485 是在 RS-422 基础上发展而来的,所以 RS-485 许多电气规定与 RS-422 相仿。如都采用平衡传输方式,都需要在传输线上接终端匹配电阻等。

RS-485 可以采用二线与四线方式,二线制可实现真正的多点双向通信。其主要特点如下。

①由于 RS-485 的接口信号电平比 RS-232C 降低了,所以接口电路的芯片不易被损坏,且该电平与 TTL 电平兼容,可方便地与 TTL 电路连接。

②RS-485 的数据最高传输速率为 10 Mbit/s。其平衡双绞线的长度与传输速率成反比,速率在 10 kbit/s 速率以下,才可能使用规定的最长电缆长度。只有距离很短时才能获得最高传输速率。一般 100 m 长的双绞线最大传输速率仅为 1 Mbit/s。因为 RS-485 接口组成的半双工网络,一般只需两根连线,所以 RS-485 接口均采用屏蔽双绞线传输。

③RS-485 接口采用平衡驱动器和差分接收器的组合,抗共模干扰能力增强,即抗噪声干扰能力增强,抗干扰性能大大高于 RS-232C 接口,因而通信距离远,RS-485 接口的

最大传输距离大约为 1 200 m，甚至可达到 3 000 m。

④RS-485 需要接两个终端电阻，其阻值应等于传输电缆的特性阻抗。在短距离（一般 300 m 以下）传输时可不接终端电阻，终端电阻接在传输总线的两端。理论上，在每个接收数据信号的中点进行采样时，只要在开始采样时反射信号衰减到足够低就可以不考虑匹配问题。

⑤RS-485 接口在总线上允许连接多达 128 个收发器，即具有多站能力，这样用户可以利用单一的 RS-485 接口方便地建立起设备网络。

本书仅以 RS-232C 串口通信为例，介绍串口通信在工业机器人上的实现。

3.串口通信指令

（1）指令：COMOPEN COM＝2

功能说明：打开 COM2 端口

指令设置：

COM：需要打开的串口端口，赋值为 1~8，必须与外部设备打开的端口一致，而且在设置界面上，对应的参数值必须和外部设备的对应端口参数设置成一样。注意：如果打开的串口端口参数改变了，则必须重新打开一次。

（2）指令：COMCLOSE COM＝2

功能说明：关闭 COM2 端口

指令设置：

COM：关闭的串口端口，串口端口打开使用完毕，必须关闭一次，否则下次打开会出错。

（3）指令：COMRECV COM＝2 STR8

功能说明：通过 COM2 接收数据，接收到的数据储存在字符型变量 S008 中。

指令设置：

COM：串口端口，必须已经打开。

STR：接收到的字符串，存入到字符串型变量 S008 中。

使用 COMRECV 指令需要注意以下几点：

①执行 COMRECV 这条指令，会在【超时时间】这段时间内不停检测是否有数据发送过来，如果有，则马上接收并且存储到 STR8 中；如果没有，则会报警提示这段时间内没有数据发送过来。

②如果在执行 COMRECV 指令时，手动暂停程序，则暂停数据发送，直到重新启动。如果暂停期间有数据发送，则重新启动后的第一条 COMRECV 指令将接收这些数据。

③如果参数设置界面的【首字符】和【尾字符】任一有值，则接收到的数据后会去掉这两个字符，只保存有效字符串到 STR 字符串中。

④如果串口线中间断开连接，COMRECV 指令能否接收到数据取决于控制器缓冲区是否有数据，如果在串口线断开之前数据就已经传送到控制器缓冲区，就能接收到数据；反之，没有数据，为空字符。

（4）指令：COMSEND COM＝2 STR1

功能说明：将字符型变量 STR1 中的值通过 COM2 端口发送出去。

指令设置：

COM：串口端口，必须已经打开。

STR1：需要发送的字符串储存在字符串型变量 S001 中。

4.字符串处理指令

无论是串口通信或 TCP/IP 通信,传输数据都需要转换成字符串,有时接收到的字符串数据需要转换成数字,所以字符串处理指令是必不可少的。按下示教器上的【命令一览】按钮,出现各种指令,点击【字符串】一栏,就会出现字符串处理指令。

(1)指令:INT2STR I1 STR1

功能说明:将整型变量 I1 中的数值转换成字符串型变量 STR1,存入 S001 中。

指令设置:

I1:整型变量的变量名。

STR1:字符型变量的变量名。

(2)指令:REAL2STR R1 STR1

功能说明:把实数型变量 R1 中的数值转换成字符串型变量 STR1,存入 S001 中。

指令设置:

R1:实数型变量的变量名。

STR1:字符型变量的变量名。

(3)指令:POS2STR P1 STR1 DELIM = #

功能说明:将位置型变量 P1 转化为字符串 STR1,并以"#"分割。

指令设置:

P1:位置型变量的变量名。

STR1:字符型变量的变量名。

DELIM:数据分割标识符。

机器人位置型变量是以关节坐标系下的位置值进行转化,以 DELIM 里面设置的数据分割符进行分割。其中分隔符用户可以自行定义,可以不为"#",并且只能设置一个字符。STR1 的格式如图 5-3 所示。

XXX1 # XXX2 # XXX3 # XXX4 # XXX5 # XXX6 # XXX7 # XXX8 # XXX9

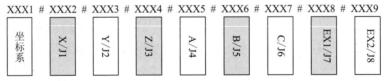

图 5-3　字符串数据格式示意图

(4)指令:STR2INT STR1 I1

功能说明:将 S001 中存的字符串型变量转换成整型变量,存在 I1 在中。

(5)指令:STR2REAL STR1 R1

功能说明:将 S001 中的字符串型变量转换成实数型变量,存在实数型变量 R1 中。

(6)指令:STR2POS STR1 P1 DELIM=#

功能说明:将 S001 中的字符串型变量转换成位置型变量,存在位置变量 P1 中,以 DELIM 里面设置的数据分割符进行分割。

四、任务实施

1.机器人控制器的串口通信参数设置

使用 DB-9 的串口线连接机器人控制器和笔记本电脑。如果笔记本电脑没有串口,可以使用 USB 转串口的数据线。机器人控制器端的串口通信参数如表 5-2 所示。

表 5-2　串口通信参数的设置

序号	操作	说明
1	【用户权限】设置为【出厂设置】	
2	按下示教器上的【上移】或者【下移】使主菜单下的【设置】变成蓝色,按下示教器上的【右移】调出子菜单,点击【通信指令参数】,进入通信指令参数设置界面。	
3	点击【RS232】,进入 RS232 串口通信参数设置界面	

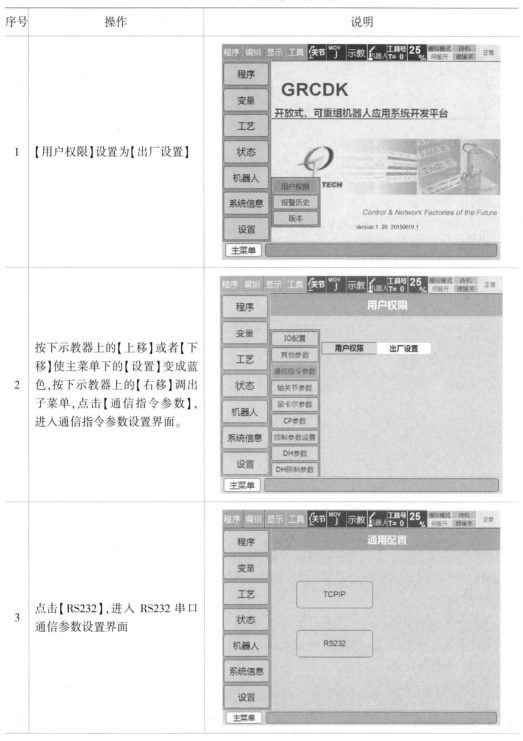

续表 5-2

序号	操作	说明
4	机器人控制器支持 8 个端口的 RS232 串口通信,【端口选择】参数下,按下向左或者向右按钮可以选择端口 COM1～COM8 进行参数设置,每次修改或者设置新的端口参数,必须点击【保存】按钮,参数设置才会刷新。如果想退出,点击【退出】按钮。	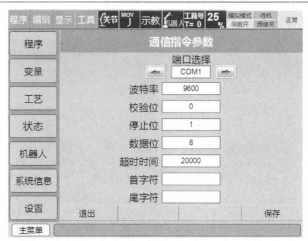 波特率:需要和外部设备的端口波特率设置值一样。常用的波特率有 9 600、19 200、38 400、43 000、56 000、115 200。 校验位:0 表示无校验位,1 表示奇校验,2 表示偶校验,需要和外部设备的端口校验位设置值一样。 停止位:需要和外部设备的端口停止位设置值一样。 数据位:需要和外部设备的端口数据位设置值一样。 超时时间:用户自己定义,以 ms 为单位,如果执行 COMRECV 这条指令,则在这段时间内,会一直检测设备端是否有数据发送过来,每执行一次重新开始计时,暂停计时也重新开始。 首字符:传输和接收字符串时的首个字符串,如果没有则空着,如果有,则填入;首字符串不能大于 16 个字符。 尾字符:传输和接收字符串时的尾字符串,没有则空着,有则填入,不能大于 16 个字符。

2.笔记本电脑端的串口通信参数设置

笔记本电脑端使用串口调试助手接收机器人发送的数据,向机器人发送数据。串口调试助手端的参数、串口驱动程序的属性参数与机器人控制器端一致,但串口的端口号不需要一致,占用笔记本电脑的哪个端口就选用哪个端口。

3.编制程序

参考的示教程序如下:

```
0001    MOVJ P=1 V=25 BL=0 VBL=0          //P1 是机器人的初始位置
0002    SET str1=Setup_OK                 //要发送的字符串
0003    SET STR=2                         //清空接收的字符串
0004    SETE P5.1 0                       //清空接收到的数据
0005    SETE P5.2 0
0006    SETE P5.3 0
```

0007　SETE P5.4 0

0008　SETE P5.5 0

0009　SETE P5.6 0

0010　COMCLOSE COM＝2　　　　　　　　　　//关闭串口通信

0011　COMOPEN COM＝2　　　　　　　　　　//打开 COM2 串口

0012　COMSEND COM＝2 str1　　　　　　　　//发送数据

0013　COMRECV COM＝2 str2　　　　　　　　//接收数据

0014　COMCLOSE COM＝2

0015　STR2POS str2 P5　　　　　　　　　　//字符串转位置型

0016　MOVJ P＝5 V＝25 BL＝0 VBL＝0

0017　MOVJ P＝1 V＝25 BL＝0 VBL＝0

4.调试

机器人示教器旋转回放模式,开始运行程序。笔记本电脑端的串口调试助手(见图5-4)接收到"Setup_OK"后,发送数据"10.5,-10,80,20,30, 90",之后机器人运动至P5位置,最后回到P1。

图5-4　串口调试助手设置

任务二　工业机器人的 TCP/IP 通信

一、任务描述

六自由度工业机器人与笔记本电脑通过网线连接,机器人作为服务器端,笔记本电脑作为客户端,机器人需要完成如下任务:

①六自由度工业机器人位于初始位置 P1,P1 是机器人的安全位置;

②机器人给笔记本发送消息"TCPIP_OK";

③笔记本电脑通过网络调试助手接收到机器人发送的消息后,给机器人发送消息"8848"(8848 是一个自定义的消息,机器人端接收到该消息后才能进行下一步动作);

④机器人接收到消息后,将接收到的字符串转换成整数,并判断该整数是不是 8848。如果是,机器人执行搬运物体子程序;如果不是,机器人结束程序。

二、任务分析

本次任务需要用网线连接机器人和笔记本电脑,与本项目的第一个任务相比,换了一种通信方式,之前是串口通信,这次使用 TCP/IP 通信。但是与上次任务也有相同的地方,二者都需要字符串处理函数。因此,需要学习工业机器人 TCP/IP 通信的设置与应用。

三、预备知识

1. TCP/IP 通信的基础知识

TCP/IP(Transmission Control Protocol/Internet Protocol,传输控制协议/网际协议)是指能够在多个不同网络间实现信息传输的协议簇。TCP/IP 协议不仅仅指的是 TCP 和 IP 两个协议,而是指一个由 FTP、SMTP、TCP、UDP、IP 等协议构成的协议簇,只是因为在 TCP/IP 协议中 TCP 协议和 IP 协议最具代表性,所以被称为 TCP/IP 协议。

UDP 协议定义了端口,同一个主机上的每个应用程序都需要指定唯一的端口号,并且规定网络中传输的数据包必须加上端口信息,当数据包到达主机以后,就可以根据端口号找到对应的应用程序了。UDP 协议比较简单,实现容易,但它没有确认机制,数据包一旦发出,无法知道对方是否收到,因此可靠性较差,为了解决这个问题,提高网络可靠性,TCP 协议就诞生了。

TCP 即传输控制协议,是一种面向连接的、可靠的、基于字节流的通信协议。简单来说 TCP 就是有确认机制的 UDP 协议,每发出一个数据包都要求确认,如果有一个数据包丢失,就收不到确认,发送方就必须重发这个数据包。为了保证传输的可靠性,TCP 协议在 UDP 基础之上建立了三次对话的确认机制,即在正式收发数据前,必须和对方建立可靠的连接。TCP 数据包和 UDP 一样,都是由首部和数据两部分组成,唯一不同的是,TCP 数据包没有长度限制,理论上可以无限长,但是为了保证网络的效率,通常 TCP 数据包的长度不会超过 IP 数据包的长度,以确保单个 TCP 数据包不必再分割。

IP 协议制定了一套新地址,使得我们能够区分两台主机是否同属一个网络,这套地址就是网络地址,也就是所谓的 IP 地址。IP 协议将这个 32 位的地址分为两部分,前面部分代表网络地址,后面部分表示该主机在局域网中的地址。如果两个 IP 地址在同一个子网内,则网络地址一定相同。为了判断 IP 地址中的网络地址,IP 协议还引入了子网掩码,IP 地址和子网掩码通过按位与运算后就可以得到网络地址。

Socket(套接字)是一个抽象层,应用程序可以通过它发送或接收数据,可对其进行像对文件一样的打开、读写和关闭等操作。套接字可以看成是两个网络应用程序进行通信时,各自通信连接中的一个端点。通信时,其中的一个网络应用程序将要传输的一段信息写入它所在主机的 Socket 中,该 Socket 通过网络接口卡的传输介质将这段信息发送给另一台主机的 Socket 中,使这段信息能传送到其他程序中。因此,两个应用程序之间的数据传输要通过套接字来完成。

2. TCP/IP 通信指令

(1)指令:SOCKOPEN

功能说明:打开 TCP/IP 通信指令

使用举例:SOCKOPEN str1 Type = CLIENT

指令设置:

str1:表示此次打开的 Socket 的名字,需要和【通信指令参数】界面设置的【通路名】赋值一样。所以在使用该指令时要先进入主界面里的【变量】-【数值变量】设置里面使得字符型变量 S001 的值为【通路名】的值。例如,设置了【#301】的【通路名】为"robot",那么在 S001 中的值应该为"robot"。str1 对应的是 S001,str2 对应的是 S002,以此类推,如果用户在 S002 里面写入了 Socket 名字,那么参数 str1 改为 str2。

Type:指定这时的机器人控制器产生的 Socket 为客户端还是服务器端。注意:每个机器人控制器产生的 Socket 必须且只能打开一次。

(2)指令:SOCKCLOSE

功能说明:关闭 TCP/IP 通信指令

使用举例:SOCKCLOSE str1

指令设置:

str1:需要关闭的 Socket 名字,和前面 SOCKOPEN 指令里的 Str1 参数是一样的。

(3)指令:SOCKRECV

功能说明:接收数据指令

使用举例:SOCKRECV str1 str2 B1

指令设置:

str1:表示 Socket 名称,与 SOCKOPEN 指令里 str1 参数含义及赋值都一样。

str2:接收到的字符串数据,将存储在字符串型变量 S002 里面,每次接收的字符串不能超过 255 个字节。

B1:>0 数据正常发送;=-1,Socket 不存在;=-2,连接失败;=-3,错误;=-4,超时。

注意:

①使用 SOCKRECV 指令时,可以在一段时间内不停检测是否有数据发送过来,如果有则马上接收,并执行下一条指令;如果这段时间没有数据发送过来,则跳过这条指令,执行下一条指令。这段时间值可以在设置界面的【超时时间】里面设置。

②如果示教程序在 SOCKRECV 这条指令执行时手动暂停了,那么计时将停止,控制器在暂停期间不会接收数据。如果暂停结束后,那么 SOCKRECV 这条指令的检测时间重新开始计时,暂停期间如果设备端有发送数据,则这些数据在暂停期间不会被接收,暂停结束后的第一条 SOCKRECV 指令将全部接收这些数据。

③如果网线中间断开连接,SOCKRECV 指令能否接收到数据取决于控制器缓冲区是否有数据,如果在网线断开之前数据就已经传送到控制器缓冲区,就能接收到数据;反之,接收为空字符。

(4)指令:SOCKSEND

功能说明:发送数据指令

使用举例：

SOCKSEND　str1　str2　B1

指令设置：

str1：与前面一样，表示此处的 Socket 名称。

str2：要发送的字符串，存在字符型变量 S002 里面，每次发送不能超过 255 个字节。

B1：>0，数据正常发送；=-1，Socket 不存在；=-2，连接失败；=-3，错误；=-4，超时。

注意：机器人控制器能同时开通 16 个 Socket 作为客户端，每个 Socket 只能开通关闭一次，开通之后能接收或者发送数据 N 次，然后必须要关闭，否则下次开通该 Socket 会报错。

四、任务实施

1.机器人控制器的 TCP/IP 通信参数设置

使用网线连接机器人控制器和笔记本电脑，机器人作为服务器需要在示教器上设置 TCP/IP 通信参数，步骤如表 5-3。

表 5-3　TCP/IP 通信参数的设置步骤

序号	操作	说明
1	【用户权限】设置成【出厂设置】	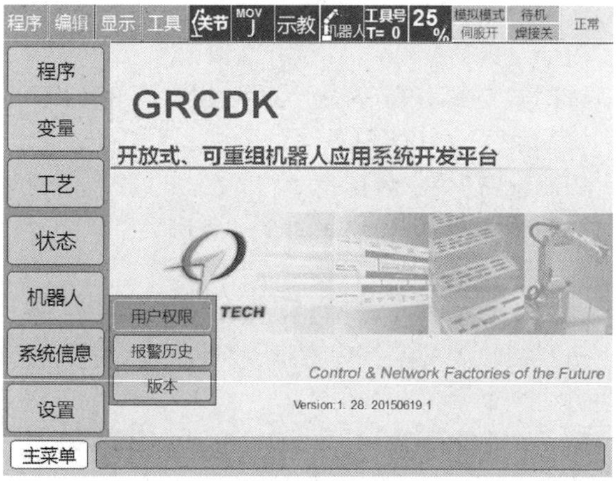
2	再按下示教器上的【上移】或者【下移】使主菜单下的【设置】变成蓝色。按下示教器上的【右移】键调出子菜单，点击【通信指令参数】，进入通信指令参数设置界面	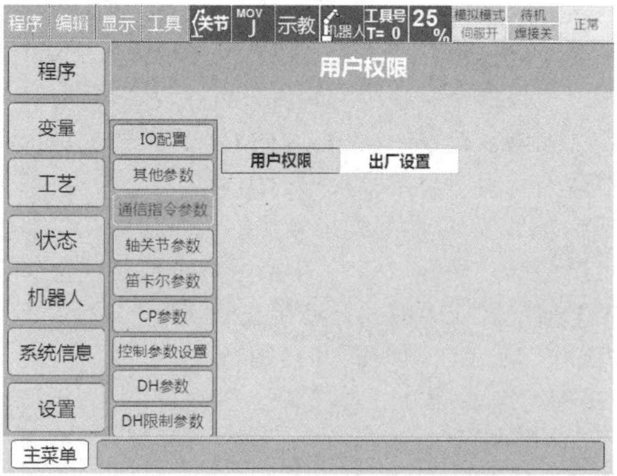

续表 5-3

序号	操作	说明
3	点击【TCPIP】则进入 TCP/IP 通信参数设置界面	
4	机器人控制器里的 TCP/IP 通信功能可以同时开通 16 个 Socket，你可以点击【通路选择】下面的向左或向右按钮，选择#301～#3016，每次改变或设置新的通路选择参数，必须点击【保存】按钮，才能刷新设置。如果想退出 TCPIP 界面，则点击【退出】按钮	服务器地址：即服务器端的 IP 地址，当机器人控制器作为客户端时，则需要填入服务器 IP 地址；当机器人控制器作为服务器端，则可以不填该参数。此次任务机器人作为服务器，服务器地址参数可不填写。 端口：服务器端口又是本地端口号，前者是对于控制器作为客户端而言，后者是对于控制器作为服务器端而言。这里要求服务器和客户端的这个参数必须相同。 结束符：参数默认就是 CLRF，回车换行符。从控制器发送出的数据带回车换行符。这个参数不用修改。 超时时间：Socket 通信时非阻塞模式下的延迟时间，对于接收指令 SOCKRECV，控制器会在这段时间内不停扫描设备端是否有数据发送过来，如果有则马上接收，如果超出这段时间仍然没有数据发送至控制器，则示教程序会自动执行 SOCK-RECV 的下一条指令。 通路名：该参数是给 Socket 取的名字，相当于控制器端 Socket 的 ID

2.笔记本电脑的 TCP/IP 通信参数设置

笔记本电脑端使用网络调试接收机器人发送的消息,并给机器人发送消息。因为笔记本电脑端作为客户端,协议类型选择"TCP Client"。IP 地址需要填写服务器的 IP 地址,即机器人控制器的 IP 地址。端口号和机器人控制器的端口号保持一致。除了设置网络调试助手的参数外,还需要更改笔记本电脑的 IP 地址,使其与机器人控制器的 IP 地址在同一网段,例如机器人控制器的 IP 地址为:192.168.0.2,则电脑的 IP 地址可以为:192.168.0.3,如图5-5 所示。

图 5-5 网络调试助手的设置

3.编制程序

参考的示教程序如下:

0001	SET I1 = 0	//将整型变量 I1 清零
0002	SET STR = 10	//清空字符变量 S010
0003	SET str9 = TCPIP_OK	//给字符变量 S009 赋值,存储待发送的数据
0004	MOVJ P = 1 V = 25% BL = 0 VBL = 0	//机器人回初始位置
0005	SOCKCLOSE str1	//关闭名为 str1 对应值的 Socket 通信
0006	SOCKOPEN str1 type = SERVER	//打开 Socket 通信,控制器作为服务器
0007	SOCKSEND str1 str9 B1	//向客户端(电脑)发送字符串变量 str9

| 0008 | SOCKRECV str1 str10 B1 | //控制器接收到数据"8848",存到字符变量 S010 中 |

0008　SOCKRECV str1 str10 B1　　　//控制器接收到数据"8848",存到字符变
　　　　　　　　　　　　　　　　　量 S010 中

0009　SOCKCLOSE str1

0010　STR2INT STR10 I1　　　　　　//字符串转整型

0011　IF I1 = 8848　　　　　　　　//如果 I1 等于 8848,则执行子程序

0012　THEN CALL PROG = grap　　　//调用搬运子程序

0013　END_IF

0014　MOVJ P = 1 V = 25% BL = 0 VBL = 0

4.调试

机器人示教器旋转至回放模式,开始运行程序。笔记本电脑端的网络调试助手接收到"Setup_OK"后,手动发送数据"8848",之后机器人执行抓取子程序,最后回到 P1 点。

任务三　工业机器人的 I/O 通信

一、任务描述

现有 5 个自复位按钮、2 个指示灯、1 个光电开关,把它们接入机器人的 I/O 端口上完成如下任务:

①机器人示教器模式开关选择【远程】模式,按下【伺服准备】按钮,机器人伺服上电,伺服准备指示灯常亮;

②按下【启动程序 1】按钮,机器人运行抓取金属物块程序;

③按下【启动程序 2】按钮,机器人运行抓取塑料物块程序;

④按下【暂停】按钮,机器人暂停运动,按下【重启】按钮,机器人继续运动;

⑤机器人动作时,【运行】指示灯亮起;机器人暂停时,【暂停】指示灯亮起;

⑥对两个抓取物块程序的要求:从固定点抓取物块,在另一个点放下;抓取金属物块的程序和塑料物块的程序所用的点不一样;在物块的前方放置有一个光电开关,只有光电开关触发时,机器人才开始执行动作。

二、任务分析

此次任务机器人在远程模式下工作,使用了几个按钮控制机器人的动作,并用指示灯表示机器人的工作状态。为了完成这次任务,我们需要学习工业机器人的 I/O 如何配置、如何接线、跟 I/O 相关的程序如何编制。

三、预备知识

机器人与外设之间通过 I/O 通信,可以让用户方便地通过自定义的外设对机器人进行远程操作,同时机器人也可以获取外设的状态。

I/O 信号根据其应用模式不同分为两种,包括远程配置信号和通用配置信号。远程配置信号主要应用于远程模式,如远程运行外部启动文件、预约文件、外部启动确认等属于远程操作相关的信号。通用配置主要用于暂停、重启、报警复位和安全门等通用信号。I/O 信号在使用之前需要进行相关的配置。

1.设置远程模式(见表 5-4)

表 5-4　设置远程模式步骤

序号	功能及操作步骤	界面
1	【用户权限】设置为【出厂设置】	
2	在示教模式下,按下示教器上的【主菜单】进入主菜单界面区,通过【上移】或【下移】选中【设置】,按下【右移】进入子菜单。通过【上移】或【下移】选中【其他参数】,按下【选择】进入其他参数设置界面	
3	点击界面【下一页】按钮,进入其他参数设置界面的第 2 页,点击界面【远程模式】的右侧区域,在下拉菜单中,通过【上移】或【下移】选中【IO 联机】,按下【选择】,将远程模式切换为 I/O 联机	

2.设置外部启动程序

外部启动程序指的是通过外部 I/O 启动或者关闭已经存在的机器人示教文件,有两种工作模式,分别是二进制模式和单独模式,工作时根据需求选择其中任意一种模式。

单独模式通过 4 个输入 I/O 分别关联 4 个示教文件,可以通过预约的功能调整示教文件的执行顺序。

二进制模式通过 4 个输入 I/O 的二进制组合最多可以关联 15 个示教文件,但是没有预约功能。具体使用步骤如表 5-5 所示。

表 5-5   设置外部启动程序的步骤

序号	功能及操作步骤	界面
1	在示教模式下,按下示教器上的【主菜单】进入主菜单界面区,通过【上移】或【下移】选中【机器人】按钮,按下【右移】进入子菜单。通过【上移】或【下移】选中【外部启动】按钮,按下【选择】进入外部启动设置界面	程序　编辑　显示　工具　工具　MOV　示教　机器人　工具号 T=1　2%　伺服关　待机　正常 程序　变量　工艺　状态　机器人　系统信息　设置 当前位置　外部启动　坐标系管理　作业原位置　异常处理　零位标定 **GRCDK**　可重组机器人应用系统开发平台　TECH Control & Network Factories of the Future Version:1.27. 20150329.1
2	点击底部【单独】按钮,进入单独模式。 点击界面【外部启动 1】右侧的程序名称参数,跳出程序名称输入界面,输入程序名称,输入完成点击【OK】按钮。 注意:设置的程序必须是已经示教的程序	**外部启动设置** | 编号	程序名称	循环次数	手动预约 | 外部启动 1 / pjw0413-1 / 1 / 0 外部启动 2 / pjw0413-2 / 1 / 0 外部启动 3 / pjw0413-3 / 1 / 0 外部启动 4 / pjw0413-4 / 1 / 0 单独　二进制　取消确认　保存
3	点击界面【外部启动 1】右侧的循环次数参数,跳出循环次数输入界面,输入循环次数。 注意:循环次数设为 0 时,表示程序循环次数为无穷	**外部启动设置** | 编号	程序名称	循环次数	手动预约 | 外部启动 1 / pjw0413-1 / 1 / 0 外部启动 2 / pjw0413-2 / 1 / 0 外部启动 3 / pjw0413-3 / 1 / 0 外部启动 4 / pjw0413-4 / 1 / 0 单独　二进制　取消确认　保存

续表 5-5

序号	功能及操作步骤	界面
4	重复步骤 2~3,可以设置外部启动 2、3 和 4。 点击右下角【保存】按钮,则外部启动模式设置为单独模式	**外部启动设置** | 编号	程序名称	循环次数	手动预约
外部启动 1	pjw0413-1	1	0
外部启动 2	pjw0413-2	1	0
外部启动 3	pjw0413-3	1	0
外部启动 4	pjw0413-4	1	0	 单独　二进制　取消确认　保存
5	点击底部【二进制】按钮,进入外部启动二进制模式下的界面设置。 点击界面【外部启动 1】右侧的程序名称参数,跳出程序名称输入界面,输入程序名称。 点击界面【外部启动 1】右侧的循环次数参数,跳出循环次数输入界面,输入循环次数	**外部启动设置** | 编号	程序名称	循环次数	手动预约
外部启动 1	pjw0413-1	1	0
外部启动 2	pjw0413-2	1	0
外部启动 3	pjw0413-3	1	0
外部启动 4	pjw0413-4	1	0
外部启动 5	pjw0414-1	1	0
外部启动 6		0	0
外部启动 7		0	0
外部启动 8		0	0
外部启动 9		0	0
外部启动 10		0	0
外部启动 11	pjw0415-1	1	0
外部启动 12		0	0
外部启动 13		0	0
外部启动 14		0	0
外部启动 15		0	0	 单独　二进制　取消确认　保存
6	重复步骤 5,设置其余的外部启动程序。点击右下角【保存】按钮,则外部启动模式设置为二进制	**外部启动设置** | 编号	程序名称	循环次数	手动预约
外部启动 1	pjw0413-1	1	0
外部启动 2	pjw0413-2	1	0
外部启动 3	pjw0413-3	1	0
外部启动 4	pjw0413-4	1	0
外部启动 5	pjw0414-1	1	0
外部启动 6		0	0
外部启动 7		0	0
外部启动 8		0	0
外部启动 9		0	0
外部启动 10		0	0
外部启动 11	pjw0415-1	1	0
外部启动 12		0	0
外部启动 13		0	0
外部启动 14		0	0
外部启动 15		0	0	 单独　二进制　取消确认　保存

3.配置远程信号

配置远程信号的步骤见表5-6。

表 5-6 配置远程信号的步骤

序号	功能及操作步骤	界面
1	在示教模式下,按下示教器上的【主菜单】进入主菜单界面区,通过【上移】或【下移】选中【设置】按钮,按下【右移】进入子菜单。通过【上移】或【下移】选中【IO 配置】按钮,按下【选择】进入 I/O 配置界面	
2	点击【远程配置】按钮,进入远程配置界面	
3	默认的界面是【数字量输入】,包含了 4 页参数设置界面;按下向右的箭头可依次切换到【数字量输出】【模拟量输入】【模拟量输出】配置界面	

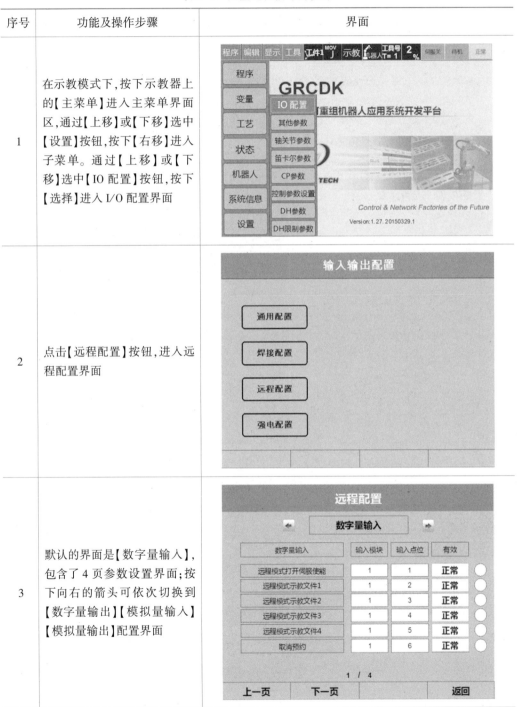

续表 5-6

序号	功能及操作步骤	界面
4	每个配置界面,最左侧是信号名称。找到需要设置的信号,在输入模块和输入点位输入相应的参数。 输入模块:-1 对应未设置,输入模块。0 代表使用端子板上的 I/O,1 代表扩展模块的 I/O,如果有更多的扩展模块,依次用 2、3、4 等代表。 输入点位:每个模块对用 16 个点位,分别是 0,1,2,…,15	 **远程配置** **数字量输入** 2 / 4
5	远程配置的数字量输入信号配置完毕后,根据需求依次配置数字量输出、模拟量输入、模拟量输出	 **远程配置** **数字量输出** 1 / 4

远程配置中各个信号功能说明如表 5-7 所示。

表 5-7　信号功能列表

序号	信号名称	信号类型	作用模式	说明
1	预约取消	输入信号	远程	触发信号。该信号输入后,所有的预约中的程序都取消预约
2	远程模式打开伺服使能	输入信号	远程	触发信号。该信号输入后,系统进行清除报警,伺服上使能
3	外部启动确认	输入信号	远程	触发信号。当使用上位机调用指定的程序时,外部输入该信号,启动指定需要的二进制程序号(该信号主要用于有上位机控制,使用二进制调用程序号时有效)

续表 5-7

序号	信号名称	信号类型	作用模式	说明
4	远程模式示教文件 1	输入信号	远程	在单独模式下,启动外部启动 1 指定的程序;在二进制情况下,作为外部启动的第一位组合信号
5	远程模式示教文件 2	输入信号	远程	在单独模式下,启动外部启动 2 指定的程序;在二进制情况下,作为外部启动的第二位组合信号
6	远程模式示教文件 3	输入信号	远程	在单独模式下,启动外部启动 3 指定的程序;在二进制情况下,作为外部启动的第三位组合信号
7	远程模式示教文件 4	输入信号	远程	在单独模式下,启动外部启动 4 指定的程序;在二进制情况下,作为外部启动的第四位组合信号
8	远程模式状态	输出信号	远程	示教器上选择为【远程】时输出该信号
9	作业完成	输出信号	远程	当前选择的程序已经执行完成,输出该信号,持续 1 s 的输出时间
10	外部启动确认	输出信号	远程	当输入的外部启动确认信号输入时,启动了相对应的程序号,输出该信号,持续 1 s 的输出时间(该信号主要用于有上位机控制,使用二进制调用程序号时有效)
11	远程文件工作中 1	输出信号	远程	在单独模式下,程序 1 正在启动中时,持续输出该信号。如果是该程序处于预约,则该信号输出间断信号,周期为 1 s。 在二进制模式下,作为应答信号使用。外部启动输入 1 号有输入时,输出该信号
12	远程文件工作中 2	输出信号	远程	在单独模式下,程序 2 正在启动中时,持续输出该信号。如果是该程序处于预约,则该信号输出间断信号,周期为 1 s。 在二进制模式下,作为应答信号使用。外部启动输入 2 号有输入时,输出该信号
13	远程文件工作中 3	输出信号	远程	在单独模式下,程序 3 正在启动中时,持续输出该信号。如果是该程序处于预约,则该信号输出间断信号,间隔周期为 1 s。 在二进制模式下,作为应答信号使用。外部启动输入 3 号有输入时,输出该信号
14	远程文件工作中 4	输出信号	远程	在单独模式下,程序 4 正在启动中时,持续输出该信号。如果是该程序处于预约,则该信号输出间断信号,间隔周期为 1 s。 在二进制模式下,作为应答信号使用。外部启动输入 4 号有输入时,输出该信号

4.通用信号的配置

配置通用信号的步骤见表 5-8。

表 5-8　配置通用信号的步骤

序号	功能及操作步骤	界面
1	在示教模式下,按下示教器上的【主菜单】进入主菜单界面区,通过【上移】或【下移】选中【设置】按钮,按下【右移】进入子菜单。通过【上移】或【下移】选中【IO配置】按钮,按下【选择】进入 I/O 配置界面	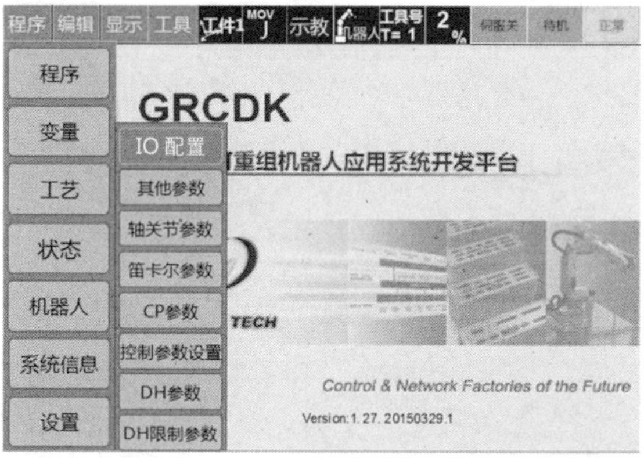
2	点击【通用配置】按钮,进入通用配置数字量输入界面	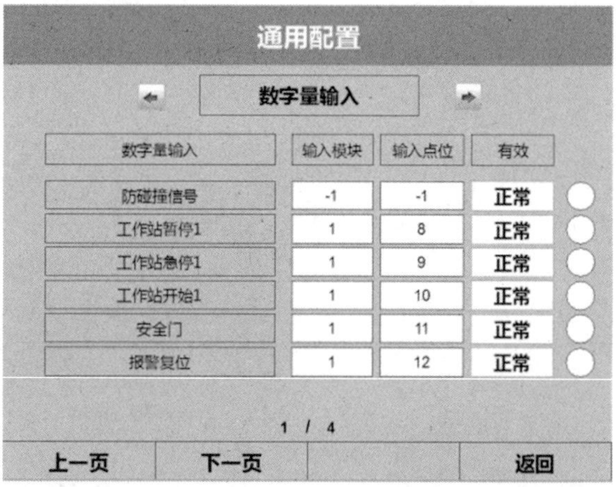
3	系统默认进入数字量输入配置界面,点击箭头可以切换成【数字量输出】【模拟量输入】【模拟量输出】	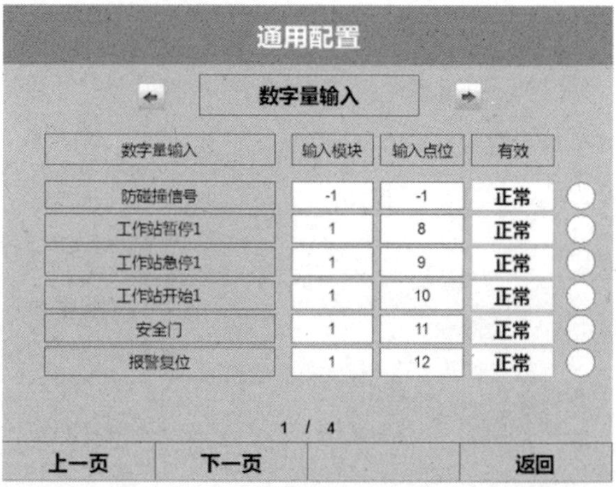

续表 5-8

序号	功能及操作步骤	界面
4	在每个配置界面,选择对应的信号名称,设置输入模块和输入点位。输入模块和输入点位的定义同远程配置	**通用配置** **数字量输入** 数字量输入 / 输入模块 / 输入点位 / 有效 电池报警 / -1 / -1 / 正常 外部禁止机器人 / 1 / 13 / 正常 二进制位1 / -1 / -1 / 正常 二进制位2 / -1 / -1 / 正常 二进制位3 / -1 / -1 / 正常 二进制位4 / -1 / -1 / 正常 2 / 4 上一页　下一页　返回 **通用配置** **数字量输入** 数字量输入 / 输入模块 / 输入点位 / 有效 二进制位5 / -1 / -1 / 正常 二进制位6 / -1 / -1 / 正常 二进制位7 / -1 / -1 / 正常 二进制位8 / -1 / -1 / 正常 结束程序 / 1 / 14 / 正常 预留参数 / -1 / -1 / 正常 3 / 4 上一页　下一页　返回

通用配置中信号的功能说明如表 5-9 所示。

表 5-9　信号功能列表

序号	信号名称	信号类型	作用模式	说明
1	系统就绪	输出信号	任何模式	当系统已经上使能,随时可以执行程序时输出该信号
2	作业完成	输出信号	远程	当前选择的程序已经执行完成,输出该信号,持续 1 s 的输出时间
3	暂停	输入信号(有关联)	任何模式	触发信号。外部输入该信号后,机器人进入暂停状态
4	重启	输入信号(有关联)	远程	触发信号。该信号输入时,重新启动已暂停的程序,如没有已暂停的程序,则视为无效信号

续表 5-9

序号	信号名称	信号类型	作用模式	说明
5	急停	输入信号(有关联)	任何模式	外部输入该信号时,机器人急停
6	结束程序	输入信号	任何模式	外部输入该信号时,机器人停止该程序。注:①为防止意外触摸,按键长按1 s以上有效;②机器人在暂停或者静止状态下,该信号有效
7	报警复位	输入信号(有关联)	任何模式	外部输入信号,清除报警,如果清除不了,继续报警
8	外部禁止机器人	输入信号(有关联)	任何模式	保持信号,外部输入信号时,禁止机器人运动(这不是急停,主要用于外部的联锁控制,如气缸、油缸的检测信号等)
9	安全栅(门)	输入信号(有关联)	任何模式	触发信号,外部输入信号,禁止机器人运动,同时去伺服使能,再次重启时需要按下,重启
10	电池报警	输入信号(有关联)	任何模式	保持信号,外部输入信号,有电池报警时,输出电池报警信号
11	外部命令允许	输出信号(有关联)	任何模式	系统处于非运行模式时,允许外部的输入信号(如外部进/退丝、检气、焊接开关选择类似的)进行输入
12	运行中	输出信号(有关联)	任何模式	机器人运行中(用于三色灯等指示装置)
13	暂停中	输出信号(有关联)	任何模式	机器人暂停中(用于三色灯等指示装置)
14	报警中	输出信号(有关联)	任何模式	机器人报警中(用于三色灯等指示装置)

5.机器人 I/O 的接线

此次任务中使用的全部是数字量 I/O。在示教器中配置 I/O 后,需要将输入输出接入机器人的 I/O 中,接线方法如图 5-6 所示。其中,按钮和光电开关是数字量输入,按钮采用图中开关的接线方法:一端接控制器的输入端子,另一端接控制器 24 V 电源的负极;光电开关采用图中传感器的接线方法:光电开关的正、负极分别接控制器 24 V 电源的正、负极,光电开关的信号线接控制器的输入端子;指示灯是数字量输出,采用图中驱动指示灯的接线方法,一端接控制器的输出端子,另一端接控制器 24 V 电源的正极。

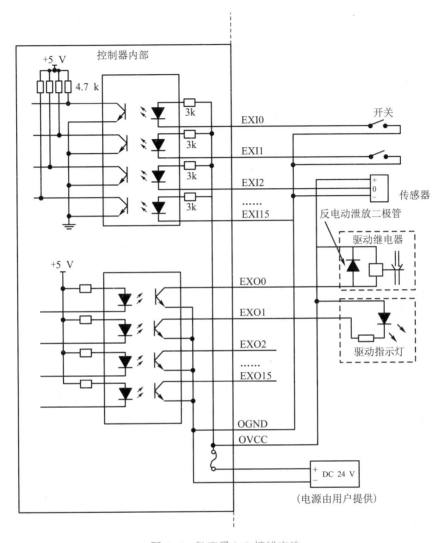

图 5-6　数字量 I/O 接线方法

6.程序指令

(1)指令:DOUT　DO=1.1　VALUE=1

功能说明:表示把一组远程 I/O 输出模块第二个输出点,位值设为 1。

指令设置:

DO=<IO 位>

说明:I/O 位赋值 A.B。A=0,表示端子板上的输出点;A=1~15,表示第几组远程输出 I/O 模块;B,表示组模块上的第几个 I/O,取值范围为 0~15。

VALUE=<位值>

说明:位值赋值为 0 或者 1。

(2)指令:AOUT　AO=1　VALUE=15

功能说明:表示把第二个模拟量 I/O 点输出最大模拟量的 15%。

指令设置：

AO＝<模拟量位>

说明：模拟量位赋值为模拟量 I/O 对应 0~2048 位。

VALUE＝<模拟量输出百分比>

说明：取值范围为 0~100。

（3）指令：WAIT　DI＝0.1　VALUE＝0　T＝3 s　B＝1

功能说明：表示等待端子板上的 I/O 输入模块的第二个输入点值为 0，如果等待 3 s 没有等到视为等待完成，执行下一条指令，布尔型变量值 B1 为 TRUE；如果 3 s 内等到 I/O 信号的值为 0，执行下一条指令，布尔型变量 B1 为 FALSE。

指令设置：

DI＝<I/O 位>

说明：I/O 位赋值 A.B。A＝0，表示端子板上的输入点；A＝1~16，表示第几组远程输入 I/O 模块；B，表示组模块上的第几个 I/O，取值范围为 0~15。

VALUE＝<位值>

说明：位值赋值为 0 或 1。

T＝ <延时时间>

单位：ms 或者 s；

如果 T＝0，表示一直等待下去；T>0 时，表示等待 I/O 时间 T 后，如果还未等到信号视为完成。

B＝<变量号>

说明：变量号赋值为 1~ 96。超时标识，如果时间参数大于 0 时，延时时间内未触发可以继续执行程序，同时布尔型变量置 TRUE；延时时间内触发，布尔型变量置 FALSE。

四、任务实施

1.设置远程模式和外部启动程序

参照上文所述的设置远程模式，远程模式设置为 I/O 联机，外部启动采用单独模式，分别输入外部启动 1 和外部启动 2 的程序名字，循环次数都设置为 0(无限循环)。

2.配置 I/O

此次任务采用了 5 个自复位按钮、2 个指示灯、1 个光电开关，其中 6 个是数字量输入，2 个是数字量输出，各个 I/O 的配置情况如表 5-10 所示，全部使用了端子板上的 I/O。参照上文所述的通用信号配置，完成 I/O 的配置。

表 5-10　I/O 配置表

I/O 配置类型	信号类型	I/O 名称	端口号	功能
远程配置	数字量输入	按钮	0.5	伺服上电
		按钮	0.6	启动程序 1
		按钮	0.7	启动程序 2

续表 5-10

I/O 配置类型	信号类型	I/O 名称	端口号	功能
通用配置	数字量输入	按钮	0.8	暂停
		按钮	0.9	重启
		光电开关	0.10	光电开关输入信号
	数字量输出	指示灯	0.5	机器人动作中
		指示灯	0.6	机器人暂停中

3.接线

参照上文所述的接线方法,按照 I/O 配置表 5-10,在对应的 I/O 端口处连接按钮、光电开关和指示灯。

4.编制程序

外部启动对应两个程序,分别是抓取金属物块和抓取塑料物块的程序。两个程序除了位置点不一样,其他都是一样的。文中仅以抓取塑料物块的程序为例,程序流程图如图 5-7 所示。

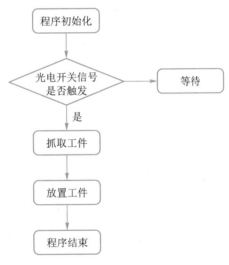

图 5-7　程序流程图

具体程序如下:

```
0001    MOVJ P = 700 V = 25 BL = 0          //P700 是机器人的初始位置
0002    MOVJ P = 702 V = 25 BL = 0          //准备抓取点
0003    DOUT DO = 0.1 VALUE = 0             //打开气爪
0004    WAIT DI = 0.10 VALUE = 1 T = 0 B = 1 //等到光电开关触发才执行下一条指令
0005    MOVJ P = 705 V = 25 BL = 0          //P705 是抓取接近点
0006    MOVP P = 710 V = 10 BL = 0          //P710 是抓取点
0007    DOUT DO = 0.1 VALUE = 1
```

```
0008    MOVP P=705 V=10 BL=0
0009    MOVJ P=715 V=30 BL=0            //P715 是过渡点
0010    MOVJ P=720 V=50 BL=0            //P720 是放置接近点
0011    MOVP P=725 V=10 BL=0            //P725 是放置点
0012    DOUT DO=0.1 VALUE=0
0013    MOVP P=720 V=20 BL=0
0014    MOVJ P=702 V=50 BL=0
```

5.调试

（1）机器人示教器模式开关选择远程模式，按下【伺服准备】按钮，机器人伺服上电，【伺服准备】指示灯常亮；

（2）按下【启动程序1】按钮，当光电开关前有金属物块时，机器人抓取物块，并在另一个位置放下；

（3）按下【启动程序2】按钮，当光电开关前有塑料物块时，机器人抓取物块，并在另一个位置放下；

（4）按下【暂停】按钮，机器人暂停运动，按下【重启】按钮，机器人继续运动；

（5）机器人动作时，【运行】指示灯亮起；机器人暂停时，【暂停】指示灯亮起。

项目小结

本项目完成了三个任务：工业机器人的串口通信、TCP 通信与 I/O 通信。

通过三个任务的学习，掌握：①工业机器人串口通信的设置、编程与应用；②工业机器人 TCP/IP 通信的设置、编程与应用；③工业机器人 I/O 通信的设置、编程与应用。通过本项目所学，可以实现工业机器人通过串口、TCP 或 I/O 通信的方式与外部设备连接，从而使工业机器人能够接收外部设备的信号，给外部设备发消息，控制外部设备运行，进而实现了工业机器人与其他设备协同工作，建立机器人工作站或自动化流水线。

项目练习

1.填空题

（1）机器人与外部设备通信的三种方式：_____、_____、_____。

（2）RS-232C 串口通信的数据由_____、_____、_____组成，常用的连接器有_____、_____。

（3）RS-232C 串口通信需要保证设备两端的_____、_____、_____、_____等参数一致。

（4）指令 POS2STR 中参数 DELIM 的含义：_____。

(5)机器人的 I/O 信号按照应用模式分为：_____和_____。

(6)外部启动采用单独模式时，最多可以启动_____个程序；采用二进制模式，最多可以启动_____个程序。

(7)外部启动设置中，程序要无限循环，循环次数应设置为_____。

(8)通用配置中有四种信号，分别是_____、_____、_____、_____。

2.简答题

(1)机器人控制器端的串口通信参数"超时时间"应该设置多大合适，太小或太大了有什么利弊？

(2)什么情况下需要用到指令 STRSPLIT 或 STRCONCAT？

(3)控制器有两个网口，如何区分，它们对应的 IP 地址分别是多少？

(4)如何实现多台工业机器人和笔记本电脑的连接？

(5)如果把一个继电器接入机器人 I/O 端口中，该如何接线？

(6)通用配置中有一个"安全门"信号，这个信号有什么作用，在什么场景下能够应用该信号？

(7)比较串口通信、TCP/IP 通信、I/O 三种通信方式的优缺点。

(8)使用 TCP/IP 通信时，机器人控制器作为客户端或服务器，两种情况下通信参数设置有什么不同？

(9)采用按钮外部启动某个程序时，按钮的输入是如何与程序启动关联的？

(10)按钮和指示灯连接到机器人控制器上，二者的连线有什么不同？

(11)指令 WAIT 中，参数 T 的含义？T=0 时，有什么含义？

码垛机器人作为新的智能化码垛装备,具有作业高效、码垛稳定等优点,可代替工人进行繁重的体力劳动,已在各个行业的包装物流线中发挥重大作用。归纳起来,码垛机器人的主要优点有:

①占地面积小,动作范围大,减少工厂资源浪费;

②能耗低,降低运行成本;

③提高生产效率,实现"无人"或"少人"码垛;

④改善工人劳作条件,摆脱有毒、有害环境;

⑤柔性高,适应性强,可实现不同物料码垛;

⑥定位准确,稳定性高。

任务一　认识码垛机器人

一、码垛机器人的分类

码垛机器人是工业机器人中的一员,其结构形式和其他类型工业机器人很相像。在实际生产中,码垛机器人多为四轴,能够实现沿 $X/Y/Z$ 轴的平移和绕 Z 轴的旋转,且多数带有辅助连杆,连杆主要起增加力矩和平衡的作用。常见的码垛机器人结构多为关节式码垛机器人、摆臂式码垛机器人和龙门式码垛机器人。

1.关节式码垛机器人

关节式码垛机器人有 4~6 个轴,行为动作类似于人的手臂,具有结构紧凑、占地空间小、相对工作空间大、自由度高等特点,适合于几乎任何轨迹或角度的工作。图 6-1 是一种四自由度的码垛机器人。

图 6-1　关节式码垛机器人

2.摆臂式码垛机器人

摆臂式码垛机器人,如图6-2所示,其坐标系主要由X轴、Y轴和Z轴组成,是关节式机器人的理想替代品,但其负载程度比关节式机器人小。

图6-2　摆臂式码垛机器人

3.龙门式码垛机器人

龙门式码垛机器人,如图6-3所示,多采用模块化结构,可依据负载位置、大小等选择对应直线运动单元及组合结构形式,可实现大物料、重吨位搬运和码垛,采用直角坐标系,编程方便快捷,广泛应用于生产线转运及机床上下料等大批量生产过程。

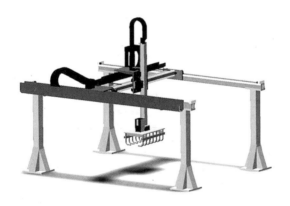

图6-3　龙门式码垛机器人

二、码垛机器人的系统组成

码垛机器人需要相应的辅助设备组成一个柔性化系统,才能进行码垛作业,主要包括机器人和码垛系统。以关节式为例,常见的码垛机器人主要由机器人本体、控制系统、码垛系统(如气体发生装置、液压发生装置)和安全保护装置组成,如图6-4所示。操作者可通过示教器进行码垛机器人运动位置和动作程序的示教,设定运动速度、码垛参数等。

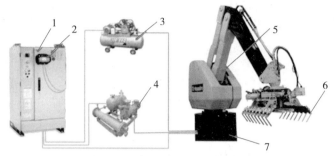

1—机器人控制柜;2—示教器;3—气体发生装置;
4—真空发生装置;5—操作机;6—抓取式手爪;7—底座

图 6-4　码垛机器人系统的组成

关节式码垛机器人多为四轴,也有五、六轴码垛机器人,但在实际包装码垛物流线中,五、六轴码垛机器人相对较少。码垛主要在生产线末端进行,码垛机器人安装在底座(或固定座)上,其位置的高低由生产线高度、托盘高度及码垛层数共同决定。多数情况下,码垛精度的要求没有机床上下料搬运精度高,为节约成本、降低投入资金、提高效益,四轴码垛机器人足以满足码垛要求。图 6-5 所示为 ABB、KUKA 的码垛机器人本体结构。

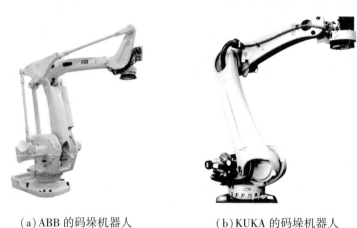

(a)ABB 的码垛机器人　　　　(b)KUKA 的码垛机器人

图 6-5　常见的码垛机器人结构

末端执行器,也称为手爪,是码垛机器人的一个非常重要的组成部分,它主要用于完成被码放物料的抓取、移动以及码放等动作。鉴于码垛机器人极为广泛的应用领域,被码放物料的种类和形状也多种多样,例如箱形、板形、袋形以及圆柱形等。因此,为了适应不同被码放物料的要求,码垛机器人末端执行器的结构通常也各不相同。常见形式有吸附式、夹板式、抓取式、组合式等。

1.吸附式

在码垛中,吸附式末端执行器主要为真空吸附,如图 6-6 所示,广泛应用于医药、食品、烟酒等行业。

图6-6　吸附式末端执行器

2.夹板式

夹板式手爪是码垛过程中最常用的一类手爪,常见的夹板式手爪有单板式和双板式,如图6-7所示。手爪主要用于整箱或规则盒码垛,可用于各行各业。夹板式手爪夹持力度比吸附式手爪大,可一次码一箱(盒)或多箱(盒),并且两侧板光滑,不会损伤产品外观质量。单板式与双板式的侧板一般都有可旋转爪钩,用单独机构控制,工作状态下爪钩与侧板呈90°,起到撑托物件、防止物件在高速运动中脱落的作用。

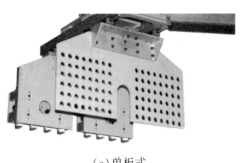

(a)单板式　　　　　　　　　　　　(b)双板式

图6-7　夹板式末端执行器

3.抓取式

抓取式手爪可灵活适应不同形状和内含物(如大米、砂岩、塑料、水泥、化肥等)物料袋的码垛。图6-8所示为ABB公司配套IRB460和IRB660码垛机器人专用的即插即用Flexgripper抓取式手爪,采用不锈钢制作,可满足极端条件下作业的要求。

图6-8　抓取式末端执行器

4.组合式

组合式是通过组合以获得各单组手爪优势的一种手爪,灵活性较大,各单组手爪之间既可单独使用又可配合使用,可同时满足多个工位的码垛。图6-9所示为ABB公司配套IRB460和IRB660码垛机器人专用的即插即用Flexgripper组合式手爪。

图6-9　组合式末端执行器

从驱动方式上看,码垛机器人的末端执行器可以采用气压驱动、液压驱动以及电气驱动等方式。但由于气压驱动具有气源方便、动作迅速、结构简单、造价较低和维修方便等优点,因而在末端执行器的应用中更为常见。末端执行器的气压驱动系统通常由气缸、气阀、气动马达以及其他气动附件等组成。

三、码垛机器人的周边设备

码垛机器人工作站是一种集成化系统,可与生产系统相连接形成一个完整的集成化包装码垛生产线。码垛机器人完成一项码垛工作,除需要码垛机器人外,还需要一些辅助周边设备。

目前,常见的码垛机器人辅助装置有金属检测机、重量复检机、自动剔除机、倒袋机、整形机、待码输送机、传送带等装置。

1.金属检测机

对于有些码垛场合,像食品、医药、化妆品、纺织品的码垛,为防止在生产制造过程中混入金属等异物,需要金属检测机进行流水线检测,如图6-10所示。

图6-10　金属检测机

2.重量复检机

重量复检机在自动化码垛流水作业中起重要作用,其可以检测出前工序是否漏装、多装,以及对合格品、欠重品、超重品进行统计,进而达到产品质量控制的目的,如图 6-11 所示。

图 6-11 重量复检机

3.自动剔除机

自动剔除机是安装在金属检测机和重量复检机之后,主要用于剔除含金属异物及重量不合格的产品,如图 6-11 中右侧所示。

4.倒袋机

倒袋机是将输送过来的袋装码垛物按照预定程序进行输送、倒袋、转位等操作,以使码垛物按流程进入后续工序,如图 6-12 所示。

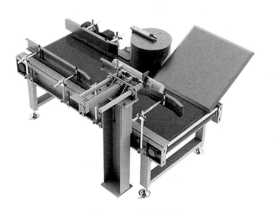

图 6-12 倒袋机

5.整形机

主要针对袋装码垛物的外形整形,经整形机整形后袋装码垛物内可能存在的积聚物会均匀分散,使外形整齐,之后进入后续工序,如图 6-13 所示。

图 6-13　整形机

6.待码输送机

待码输送机是码垛机器人生产线的专用输送设备,码垛货物聚集于此,便于码垛机器人末端执行器抓取,可提高码垛机器人的灵活性,如图 6-14 所示。

图 6-14　待码输送机

7.传送带

传送带是自动化码垛机器人生产线上必不可少的一个环节,针对不同的工厂资源件可选择不同的形式,如图 6-15 所示。

（a）直线式　　　　　　　　　　　　（b）转弯式

图 6-15　传送带

任务二　码垛机器人的编程

码垛机器人
的编程

一、任务描述

码垛机器人从一个标准的 4 行×4 列×5 层的普通垛取工件,放在一个 2 行×4 列×5 层的垛中。其中工件尺寸:580 mm×455 mm×330 mm。

二、任务分析

此次任务涉及两个垛型,每个垛型 80 个工件,一个是取垛,另一个是码垛。单独看每个工件,码垛机器人需要完成取工件和放工件的动作,不同工件之间机器人的动作只是位置不同。如果按照示教编程的传统方法,机器人的每个位置人工示教,至少需要 4× 80×2 = 640 个点(完成一个取、放工件,最少需要 4 个点,一共 80 个工件,2 个垛型),这个工作量实在太大。工业现场经常需要机器人做码垛、取垛这样的过程。因此,机器人控制系统中专门开发了码垛工艺。使用码垛工艺,只需设置一下垛型的参数,系统自动计算码垛、取垛过程中需要的位置型变量,省去了人工示教的过程,大大提高了编程的效率。为了完成本节的任务,需要学习码垛工艺的参数设置及编程。

三、预备知识

1.码垛的分类

码垛分为三种模式:普通模式、奇偶行变化(对称)模式、行间隔变化模式。针对不同应用场合选择正确码垛模式。

(1)普通模式

如图 6-16 所示,码垛工件形状一致,摆放方向相同,行列分布均匀且呈标准长方形布局,该类型码垛称为普通模式。普通模式的参数配置见表 6-1。

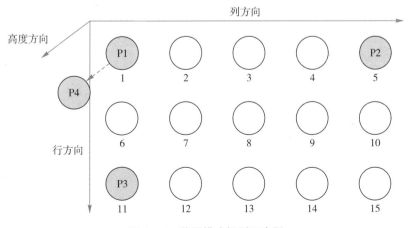

图 6-16　普通模式垛型示意图

表 6-1　普通模式参数配置说明

配置属性	举例	含义
行数/个	3	行方向工件个数
列数/个	5	列方向工件个数
层数/个	1	竖直方向摆放工件层数
层高/mm	10.0	竖直方向每层高度
进入点位置变量序号	100	码垛进入点位置,需要提前示教一个位置型变量,并将变量序号输入到码垛信息中(注:该位置点需要在机器人坐标系下记录)
接近点偏移 X/mm	0	接近码垛位置减速点或离开码垛位置加速点 X 方向偏移,属于过渡位置
接近点偏移 Y/mm	0	接近码垛位置减速点或离开码垛位置加速点 Y 方向偏移,属于过渡位置
接近点偏移 Z/mm	40	接近码垛位置减速点或离开码垛位置加速点 Z 方向偏移,属于过渡位置,建议该值大于层高
放货点高度/mm	15	放货点高度偏移(注:该变量只用于码垛过程,不适用于取垛过程)
码垛类型	普通类型	区别不同码垛类型
记录点 P1	P1	码垛起始位置,工件序号为 1 的位置
记录点 P2	P2	列方向结束点位置,姿态与 P1 相同;如果只有一列,P2 与 P1 重合
记录点 P3	P3	行方向结束点位置,姿态与 P1 相同;如果只有一行,P3 与 P1 重合
记录点 P4	P4	沿着摆放高度方向一个点,姿态与 P1 相同,用来标定摆放上升高度方向

（2）奇偶行变化（对称）

如图 6-17 所示，码垛工件所有奇数行摆放姿态一致，所有偶数行摆放姿态与奇数行不同但也保持一致，列分布均匀，奇数行与偶数行都是均匀分布。该类型码垛称为奇偶行不同（对称）模式。注意，该模式只支持行方向奇偶行不同，不支持列方向变化。奇偶行变化模式的参数配置见表 6-2。

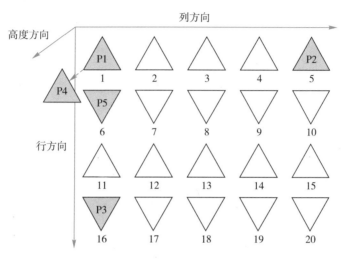

图 6-17　奇偶行变化（对称）模式

表 6-2　奇偶行不同模式参数配置

配置属性	举例	含义
行数/个	4	行方向工件个数（奇数、偶数均可以）
列数/个	5	列方向工件个数
层数/个	1	竖直方向摆放工件层数
层高/mm	10.0	竖直方向每层高度
进入点位置变量序号	100	码垛进入点位置，需要提前示教一个位置型变量，并将变量序号输入到码垛信息中（注：该位置点需要在机器人坐标系下记录）
接近点偏移 X/mm	0	接近码垛位置减速点或离开码垛位置加速点 X 方向偏移，属于过渡位置
接近点偏移 Y/mm	0	接近码垛位置减速点或离开码垛位置加速点 Y 方向偏移，属于过渡位置

续表 6-2

配置属性	举例	含义
接近点偏移 Z/mm	40	接近码垛位置减速点或离开码垛位置加速点 Z 方向偏移，属于过渡位置
放货点高度/mm	15	放货点高度偏移(注:该变量只用于码垛过程,不适用于取垛过程)
码垛类型	奇偶行不同	区别不同码垛类型
记录点 P1	P1	码垛起始位置,工件序号为 1 的位置
记录点 P2	P2	列方向结束点位置,姿态与 P1 相同;如果只有一列,P2 与 P1 重合
记录点 P3	P3	行方向结束点位置,姿态与 P1 相同;如果只有一行,P3 与 P1 重合; 无论结束行数是奇数还是偶数,示教时姿态可以与 P1 相同,或者与 P5 姿态相同(此点是用来记录行方向的总长度,与姿态无关)
记录点 P4	P4	P1 沿着摆放高度方向一个点,姿态与 P1 相同,用来标定高度方向
记录点 P5	P5	偶数行第一个工件的位置姿态,用来标定奇偶行之间的距离和所有偶数行的姿态; 偶数行与奇数行摆放方向的差异通过该点确定

(3)行间隔变化

如图 6-18 所示,码垛工件形状一致,摆放方向相同,某些行间距与其他行均不同,列分布均匀。该类型码垛称为行间距变化模式。注意,该模式只支持行方向间隔变化,不支持列方向变化,且只支持变化 1 个行间隔或者 2 个行间隔,如果是 2 个行间隔,行间隔相同。行间隔变化模式的参数配置见表 6-3。

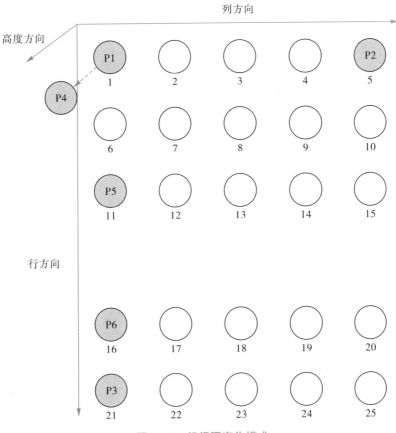

图 6-18　行间隔变化模式

表 6-3　行间隔变化模式的参数配置

配置属性	举例	含义
行数/个	5	行方向工件个数
列数/个	5	列方向工件个数
层数/个	1	竖直方向摆放工件层数
层高/mm	10.0	竖直方向每层高度
进入点位置变量序号	100	码垛进入点位置,需要提前示教一个位置型变量,并将变量序号输入到码垛信息中(注:该位置点需要在机器人坐标系下记录)
接近点偏移 X/mm	0	接近码垛位置减速点或离开码垛位置加速点 X 方向偏移,属于过渡位置

续表 6-3

配置属性	举例	含义
接近点偏移 Y/mm	0	接近码垛位置减速点或离开码垛位置加速点 Y 方向偏移,属于过渡位置
接近点偏移 Z/mm	40	接近码垛位置减速点或离开码垛位置加速点 Z 方向偏移,属于过渡位置
放货点高度/mm	15	放货点高度偏移(注:该变量只用于码垛过程,不适用于取垛过程)
码垛类型	奇偶行不同	区别不同码垛类型
记录点 P1	P1	码垛起始位置,工件序号为 1 的位置
记录点 P2	P2	列方向结束点位置,姿态与 P1 相同,如果只有一列,P2 与 P1 重合
记录点 P3	P3	行方向结束点位置,姿态与 P1 相同,如果只有一行,P3 与 P1 重合
记录点 P4	P4	P1 沿着摆放高度方向一个点,姿态与 P1 相同,用来标定高度方向
记录点 P5	P5	行间隔变化的前一个位置,用来计算变化后行间隔距离,如图 6-3 所示
记录点 P6	P6	行间隔变化的后一个位置,用来计算变化后行间隔距离,如图 6-3 所示
变化行数	1	行间隔变化个数,目前只支持 1 或者 2
第一个变化行号	3	第一个行间隔变化的行号
第二个变化行号	0	第二个行间隔变化的行号,如果只有一个变化行号,此数值无意义;如果有两个变化行号,该数值应大于第一个变化行号

2.码垛工艺界面及设置

使用码垛工艺时,需要先在码垛工艺包中进行参数设置,设置过程如表6-4所示。

表6-4 码垛工艺设置步骤

序号	操作	说明
1	按下示教器上的【上移】或者【下移】,使主菜单下的【工艺】变成蓝色。按下示教器上的【右移】调出子菜单,点击【码垛】	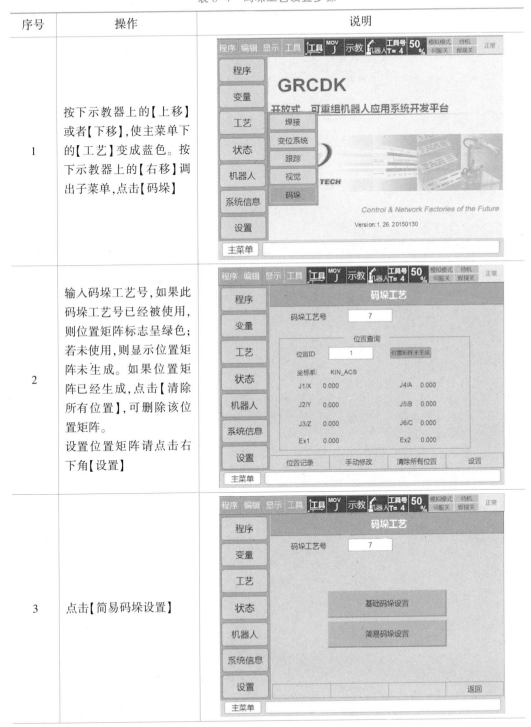
2	输入码垛工艺号,如果此码垛工艺号已经被使用,则位置矩阵标志呈绿色;若未使用,则显示位置矩阵未生成。如果位置矩阵已经生成,点击【清除所有位置】,可删除该位置矩阵。设置位置矩阵请点击右下角【设置】	
3	点击【简易码垛设置】	

续表 6-4

序号	操作	说明
4	输入码垛工艺号,按照要求输入码垛配置参数,参照上节	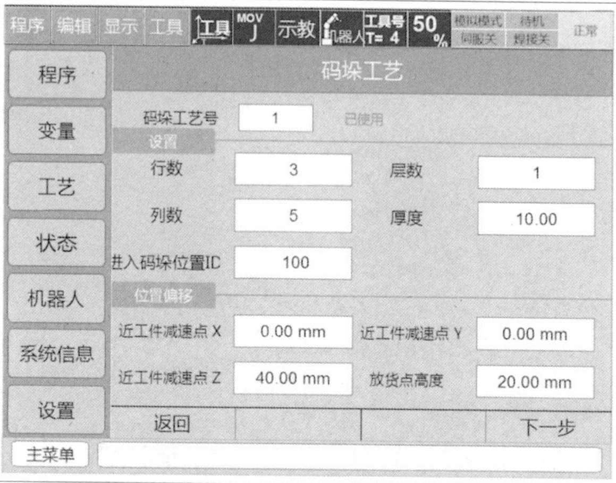
5	选择码垛类型。如果选择【普通码垛】:长按蓝色按键,记录 P1~P4 四个位置点(P1~P4 的定义见上一节),记录成功后绿色标志被点亮。 若修改点位置,重新长按按键,等待指示灯变灰色后又变亮即可。 记录完成后,长按【计算】按键,按键变蓝色并变灰色后,重新变绿色,标志计算完成,此时码垛工艺号后面显示红色"已使用"。 点击【完成】,回到步骤 2 界面	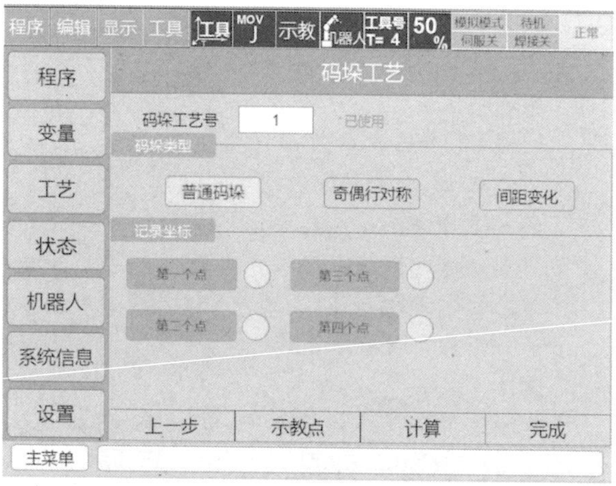
6	如果选择【奇偶行对称】,显示右图,记录 P1~P5 五个位置点(P1~P5 的定义见上一节)。方法同普通码垛	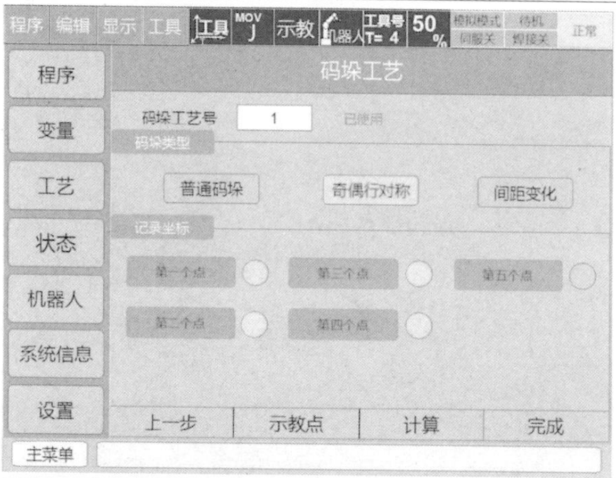

续表 6-4

序号	操作	说明
7	如果选择【间距变化】,显示右图,记录 P1~P6 六个位置(P1~P6 的定义见上一节)。方法同普通码垛	
8	点击上图中的【示教点】,可查看或者清除示教点信息。长按【清除点信息】,即可清除位置点信息	

3.码垛指令介绍

(1)指令:PALINI ID=1 TYPE=0

功能说明:初始化工艺号 1 的码垛,码垛类型:码垛。

指令设置:ID=码垛工艺 ID,TYPE=码垛类型,TYPE=0:码垛,TYPE=1:取垛。

(2)指令:PALPREU P=1004 I=1

功能说明:读取离开工件加速点位置到位置型变量 P1004 中,I=1 中保存的是当前正在码垛的工件是第几个工件。

指令设置:P=位置型变量 P×××(×××为变量 1000~1019);I=存放工件 ID 的整型变量。

（3）指令:PALPRED P = 1001 I = 1

功能说明:读取工件的近工件减速点位置到位置型变量 P1001 中,I = 1 中保存的是当前正在码垛的工件是第几个工件。

指令设置:P = 位置型变量 P×××(×××为变量 1000 ~ 1019),I = 存放工件 ID 的整型变量。

（4）指令:PALTO P = 1003 I = 1

功能说明:读取工件放物品点位置到位置型变量 P1003 中,I = 1 中保存的是当前正在码垛的工件是第几个工件。

指令设置:P = 位置型变量 P×××(×××为变量 1000 ~ 1019),I = 存放工件 ID 的整型变量。

（5）指令:PALFROM P = 1005 I = 1

功能说明:读取工件位置到位置型变量 P1005 中,I = 1 中保存的是当前正在码垛的工件是第几个工件。

指令设置:P = 位置型变量 P×××(×××变量 1000 ~ 1019)。I = 存放工件 ID 的整型变量。

（6）指令:PALFULL   B = 1 I = 1

功能说明:判断码垛模块是否执行完成。

指令设置:B = 是否完成标志存放着 BOOL 型 1 号变量中,执行此条指令后,完成 B1 赋值 1,未完成 B1 赋值 0;I = 存放工件 ID 的整型变量。

PALPREU、PALPRED、PALTO、PALFROM 中 P = 位置型变量值可以按照需求从 P1000 ~ P1019 中选取,但是不能相同。

四、任务实施

1.机器人路径规划

整个码垛过程由 P700、P705、P710、P1000 ~ P1005,共计 9 个位置点组成,如图 6-19 所示,图中每个点的定义如下:

P700:开始位置,一般选取机器人完全离开周边物体的位置,这里选取零位位姿;

P705:取垛时的进入点,一般设置在整踩外面略高于最上面一层的位置;

P1000:取垛时,接近工件的减速点位置,通过指令 PALPRED 获得该点的位置;

P1001:取垛时,抓取工件的位置点,通过指令 PALFROM 获得该点的位置;

P1002:取垛时,离开工件的加速点位置,通过指令 PALPREU 获得该点的位置;

P710:码垛时的进入点,一般设置在整踩外面略高于最上面一层的位置;

P1003:码垛时,接近工件的减速点位置,通过指令 PALPRED 获得该点的位置;

P1004:码垛时,放开工件的位置点,通过指令 PALTO 获得该点的位置;

P1005:码垛时,离开工件的加速点位置,通过指令 PALPREU 获得该点的位置;

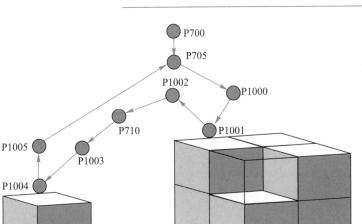

图 6-19 码垛过程示意图

机器人的路径规划如图 6-20 所示。

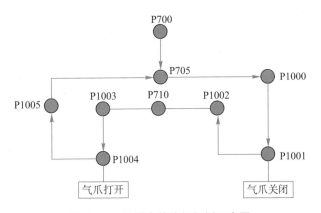

图 6-20 机器人的路径规划示意图

根据以上路径规划,完成位置点 P700、P705、P710 的标定。

2.设置码垛工艺参数

参照上文所述的码垛工艺设置,完成码垛工艺参数的设置。这个实验需要设置 2 个码垛工艺:1 个码垛垛型,1 个取垛垛型,其中取垛工艺号使用 6,码垛工艺号使用 7,参数见表 6-5。

表 6-5 码垛工艺参数设置表

配置属性	6 号工艺的属性值	7 号工艺的属性值
码垛类型	普通模式	普通模式
行数/个	4	2
列数/个	4	4
层数/个	5	10

续表 6-5

配置属性	6 号工艺的属性值	7 号工艺的属性值
层高/mm	330	330
进入点位置变量序号	705	710
接近点偏移 X/mm	0	0
接近点偏移 Y/mm	0	0
接近点偏移 Z/mm	400	400
放货点高度/mm	10	10
记录点 P1	标定点 P1	标定点 P1
记录点 P2	标定点 P2	标定点 P2
记录点 P3	标定点 P3	标定点 P3
记录点 P4	标定点 P4	标定点 P4

3.编制程序

码垛编程的程序流程图如图 6-21 所示。

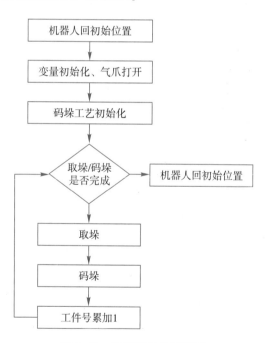

图 6-21　码垛编程的流程图

使用示教器编制程序,示例程序如下:

```
0001 SPEED SP=30                        //设置全局速度
0002 DYN ACC=10 DCC=10 J=128            //设置全局加速度、减速度
0003 MOVJ P=700 V=20 BL=0 VBL=0         //运动到工作准备位置(初始位置)
0004 SET I=1 VALUE=1                    //垛6或垛7的工件号变量
```

0005 SET I = 2 VALUE = 80	//工件总数
0006 DOUT DO = 0.0 VALUE = 0	//打开气爪
0007 TIMER T = 500 ms	//增加 500 ms 延时
0008 PALINI ID = 6 TYPE = 1	//定义码垛,码垛号为 6,类型为取垛
0009 PALINI ID = 7 TYPE = 0	//定义码垛,码垛号为 7,类型为码垛
0010 WHILE I = 1 LE I = 2 DO	//工件号在允许的范围内变化
0011 PALPRED P = 1000 I = 1	//定义接近工件减速点
0012 PALFROM P = 1001 I = 1	//定义抓取工件点
0013 PALPREU P = 1002 I = 1	//定义离开工件加速点
0014 MOVJ P = 705 V = 20 BL = 0 VBL = 0	//运动到进入码垛位置
0015 MOVJ P = 1000 V = 20 BL = 0 VBL = 0	//运动到近工件减速点
0016 MOVP P = 1001 V = 20 BL = 0 VBL = 0	//运动到抓取点
0017 DOUT DO = 0.0 VALUE = 1	//吸取工件
0018 TIMER T = 500 ms	//增加 500 ms 延时
0019 MOVP P = 1002 V = 20 BL = 0 VBL = 0	//运动到离开工件加速点
0020 PALPRED P = 1003 I = 1	//定义接近工件减速点
0021 PALTO P = 1004 I = 1	//定义释放工件点
0022 PALPREU P = 1005 I = 1	//定义离开工件加速点
0023 MOVJ P = 710 V = 20 BL = 0 VBL = 0	//运动到进入码垛位置
0024 MOVJ P = 1003 V = 20 BL = 0 VBL = 0	//运动到近工件减速点
0025 MOVP P = 1004 V = 20 BL = 0 VBL = 0	//运动到释放工件点
0026 DOUT DO = 0.0 VALUE = 0	//释放工件
0027 TIMER T = 500 ms	//增加 500 ms 延时
0028 MOVP P = 1005 V = 20 BL = 0 VBL = 0	//运动到离开工件加速点
0029 INC I = 1	//工件号累加1,进行下一轮循环
0030 END_WHILE	
0031 MOVJ P = 700 V = 20 BL = 0 VBL = 0	//码垛完成,运动到初始位置

4.调试

先单步运行一遍程序,如果机器人能正常完成取垛和码垛过程,再切换到回放模式,自动运行。

任务三 应用案例

为了降低劳动强度、提高生产效率,某面业有限公司决定将挂面生产线中末端纸箱下线码垛环节采用工业机器人取代人工的方式,实现自动化。

该码垛工作站技术指标如下:

①整箱质量:60 kg;

②整箱尺寸:370 mm×210 mm×220 mm;

③工作节拍:8 箱/min;

④装箱规格:6 层×5 箱;

⑤一条生产线一个工人。

一、码垛工作站布局

码垛工作站布局是以提高生产效率、节约场地、实现最佳物流码垛为目的,实际生产中,常见的码垛工作站布局主要有全面式码垛和集中式码垛两种。其中,全面式码垛是指码垛机器人安装在生产线末端,可针对一条或两条生产线,具有较小的输送线成本与占地面积、较大灵活性和增加生产量等优点,如图 6-22 所示。集中式码垛是指码垛机器人被集中安装在某一区域,可将所有生产线集中在一起,具有较高的输送线成本,节省生产区域资源,节约人员维护,一人便可全部操纵,如图 6-23 所示。

图 6-22 全面式码垛布局

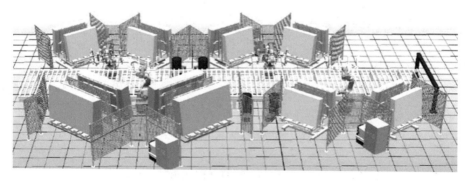

图 6-23 集中式码垛布局

本项目根据客户挂面生产线布局、场地尺寸等工厂实际环境,采用全面式码垛布局方式,即一台码垛机器人负责两条生产线。

根据货物进出情况,目前全面式码垛布局常见的形式包括一进一出、一进两出、两进两出和四进四出等,如图 6-24 所示。

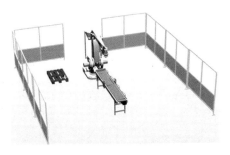

(1)一进一出

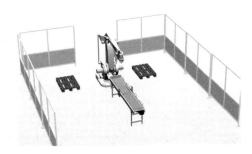

(2)一进两出

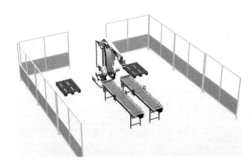

(3)两进两出

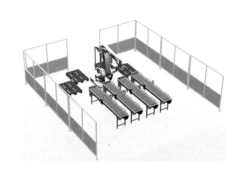

(4)四进四出

图 6-24　常见全面式码垛布局

根据客户挂面生产线布局、场地尺寸等工厂实际环境,采用二进二出码垛布局方式。

机器人抓取一次所用时间称为一个工作节拍。根据技术指标中的工作节拍要求,本项目中拟定的工作节拍如表 6-6、表 6-7 所示。

表 6-6　最近码垛点

序号	动作内容	时间序列/s
1	机器人由待机工位至抓取工位	0.2
2	抓取装置抓取动作	0.1
3	机器人由抓取位置至码垛位置过渡点	0.1
4	抱爪气缸抱紧动作	0.1
5	机器人由码垛过渡点至码垛接近点	1.2
6	抱爪气缸松开动作	0.1
7	机器人由码垛接近点到码垛位置点	0.1
8	抓取装置松开动作	0.1
9	机器人由码垛位置点至待机工位	1.4
10	生产节拍	3.4

表 6-7　最远码垛点

序号	动作内容	时间序列/s
1	机器人由待机工位至抓取工位	0.2
2	抓取装置抓取动作	0.1
3	机器人由抓取位置至码垛位置过渡点	0.1
4	抱爪气缸抱紧动作	0.1
5	机器人由码垛过渡点至码垛接近点	1.5
6	抱爪气缸松开动作	0.1
7	机器人由码垛接近点到码垛位置点	0.1
8	抓取装置松开动作	0.1
9	机器人由码垛位置点至待机工位	1.8
10	生产节拍	4.1

经核算,本项目中采用的单机双线工作节拍为 8 箱/min,满足技术指标要求。

综上所述,最终码垛工作站布局如图 6-25 所示。

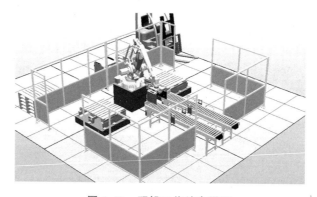

图 6-25　码垛工作站布局图

二、码垛工作站组成

本项目中码垛工作站主要包括码垛工业机器人、工装夹具、纸箱输出传送线、纸箱定位调整装置、安全栏、控制系统、辅助设备等。

1.机械部分

(1)码垛机器人

码垛机器人选型需要考虑的因素:①机器人系统(包含码垛工艺);②机器人的承载能力,本项目中箱体质量为 40 kg,预估末端执行器的质量为 20 kg,为了避免机器人满载运行,在实际使用中一般要求机器人负载不小于工件和末端执行器总质量的 2 倍,即机器人负载应该大于等于 120 kg;③机器人的工作范围、运行速度。综合考虑以上因素,本项目中码垛机器人选择 ER130-4-2800 型码垛机器人,主要技术指标如表 6-8 所示。

表 6-8　某码垛机器人主要技术指标表

型号	ER130-4-2800	轴数	4
有效负载	130 kg	重复定位精度	±0.2 mm
最大臂展	2 800 mm	能耗	8 kW
本体质量	1 100 kg	功能	搬运、码垛
安装方式	地面安装、支架安装	环境温度	0~45 ℃

（2）工装夹具

①托盘。根据箱体尺寸及装箱规格,设计托盘尺寸(800 mm×600 mm)和承载质量(≤2 000 kg),并且要求便于运输。托盘结构如图6-26所示。

图 6-26　托盘结构示意图

②末端执行器。码垛机器人末端执行器属于搬运型末端执行器,通过抓取或吸附来搬运物体。目前,工业机器人广泛采用的搬运型末端执行器有吸附式和夹持式。码垛机器人的末端执行器常见形式有吸附式、夹板式、抓取式、组合式。夹板式末端执行器主要用于整箱或规则盒码垛,本项目中的工作对象是箱体,因此采用夹板式末端执行器。

常见的夹板式末端执行器有单板式和双板式两种,如图6-27所示。

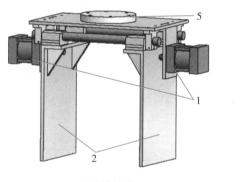

（a）单板式

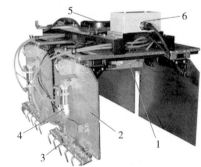

（b）双板式

1—夹板控制气缸;2—夹板;3—爪钩;4—爪钩气缸;5—连接法兰;6—气缸控制阀

图 6-27　夹板式末端执行器

夹板式末端执行器通过夹板控制气缸来控制夹板的打开或关闭,其夹持力度比吸附式大,且两侧板光滑,不会损伤码垛产品的外观。根据使用要求,可以在侧板上设置可旋转爪钩,采用气缸单独控制,工作状态下爪钩与侧板呈90°,用来撑托物体,防止其在高速运动中脱落。本项目中根据箱体几何尺寸设计夹板实际尺寸(180 mm×10 mm×230 mm),采用双板式(带爪钩)末端执行器,如图6-27所示,整体框架采用铝型材拼接而成,结构牢固,抓取过程稳定可靠。夹板可手动调节更换,以满足不同规格的包装箱。气缸采用磁性气缸,方便调节气缸行程。气源由空气压缩机提供,满足 0.5~0.7 MPa,干燥、洁净、无冷凝;动力电源:交流 380 V(1±10%),50 Hz(1±2%),三相五线制。

(3)机器人底座

机器人底座是用来安装机器人,调整机器人高度,使其满足使用要求。本项目中机器人底座如图 6-28 所示,采用优质碳钢材料与高强度型材焊接加工而成,结构稳定、强度可靠,底座表面喷漆处理。机器人底座与机器人之间采用高强度螺栓连接,底座与地基采用化学螺栓连接。

(4)纸箱输出传送线

纸箱输出传送线传送来待搬运的纸箱,将纸箱运送到码垛工位。本项目中该装置采用电机驱动的滚道形式,如图 6-29 所示。

图 6-28　机器人底座　　　　　　图 6-29　纸箱输出传送线示意图

(5)纸箱定位调整装置

纸箱定位调整装置是用来调整纸箱的位置,使其满足最终码垛机器人抓取位置。本项目中使用的装置结构如图 6-30 所示,外形尺寸约为 L 1040 mm×W 700 mm(辊筒有效宽度)。其采用固定定位挡板确定纸箱的横向位置,通过推进装置进行纵向定位,通过高度调节装置(800 mm±30 mm)调整高度,使得纸箱位置准确,保证抓取方便及放置位置的准确度。机架采用 304 不锈钢型材拼接而成,结构牢固可靠,板材厚度 3~4 mm。辊筒采用外置轴承链轮不锈钢辊筒。电机需要添加防护罩,防护罩需要耐腐蚀,防止物料腐蚀电机。

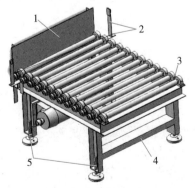

1—定位挡板;2—推紧定位;3—辊筒;4—机架;5—调高装置

图 6-30　纸箱定位调整装置示意图

（6）安装防护装置及附属设备

机器人运转的高速性对接近它的操作者非常危险，所以有必要在机器人工作区域外围设置安全防护装置。安全防护装置由护网、安全门、立柱、按钮盒等组成。护网采用网格式安全护网，表面喷塑亮黄色警示色，护网高度2 m，出入口处配备安全锁、急停开关装置和相对应的复位装置。

2.控制系统

（1）电气控制系统原理

电气控制系统分为机器人系统部分和PLC控制部分两部分。机器人系统部分完成来料纸箱抓取、搬运、码垛任务。PLC控制部分完成总的逻辑控制，实现输送线启停I/O控制、气源启停I/O控制、来料检测I/O控制、工作站启停I/O控制、急停控制、报警指示灯等。

总体控制原理如图6-31所示。

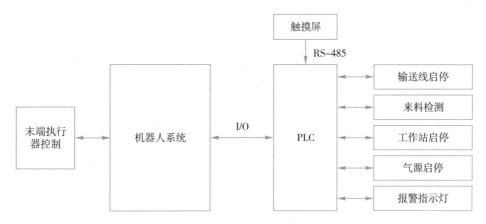

图6-31 码垛工作站控制原理图

（2）控制系统硬件

根据码垛动作站控制系统原理，控制系统硬件主要包含机器人系统硬件和PLC控制部分硬件。

①机器人系统硬件包含以下部分：

a.机器人控制柜：包含机器人运动控制器、驱动器、开关电源、旋钮断路器、中间继电器、启动按钮、停止按钮、通电指示灯等。

b.机器人示教器；

c.外接电气元件：外接继电器、电磁阀；

d.位置传感器。

②PLC控制硬件包含以下部分：

a.PLC可编程控制器：选用24 V供电。

b.触摸屏：选用24 V供电，与PLC之间采用串口通信；

c.三色报警指示灯；

d.其他硬件：启动按钮、停止按钮、急停按钮、手动/自动方式选择开关、报警复位按钮、输送带来料检测开关等。

（3）控制系统软件

①功能描述。结合生产中纸箱搬运的过程,本项目中工作站的控制系统要具有自动控制、检测、保护、报警等功能。要求系统的启动、停止以及暂停、急停等运转方式均通过人机操作界面进行。系统运行状态及系统报警可以在人机操作界面上显示。同时要求用高置显示灯表明运转状态。

人机操作界面包括生产线组态、机器人组态、产品计数、错误故障跟踪报警信息和可视化输入/输出状态以及循环时间。人机操作界面与 PLC 采用 RS-485 数据线相连接,PLC 控制柜和机器人控制柜之间通过 I/O 信号进行交互,整套系统均由机器人控制柜和PLC 柜来进行控制和管理。

此外,待机模式下,三色灯显示黄色;正常工作时,三色灯显示绿色,在系统发生紧急情况时可通过按下急停按钮来实现系统急停,同时三色灯会亮红色,并带有蜂鸣器,提示报警信号。

工作站正常工作时,按下启动按钮后,工作站进行初始化,所有接口恢复准备状态后系统启动,工作站进行自检,确保无误后,开始运行,运行期间各模块传感器不断检测工作站状态,当码垛机器人搬运并完成 60 个纸箱的任务后,工作站停止工作,软件控制流程如图 6-32 所示。

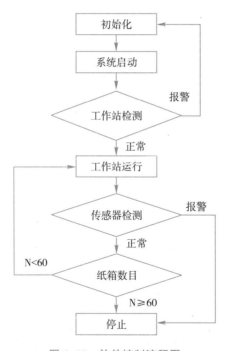

图 6-32　软件控制流程图

②码垛工作站流程。完成食品装箱后,箱子进入输送线 1 或输送线 2,输送线 1 和输送线 2 末端均有定位挡板,定位挡板上装有光电检测传感器。当输送线 1 或输送线 2 上的传感器检测到箱子到位后,自动将相应的输送线停止,纸箱被阻停在输送线 1 或输送线 2 末端。码垛机器人获取相应信号后,通过末端执行器将纸箱从对应的输送线抓取并

上升至安全高度,再按照示教轨迹将箱子摆放在设定好的码垛托盘中,在放置完成后,机器人返回至等待位置,等待下一个信号,直至两个托盘均完成6×5堆堆后,机器人回到原点,叉车将托盘运送至放货区,人工再放置空闲托盘。

码垛工作站码垛流程如图6-33所示。

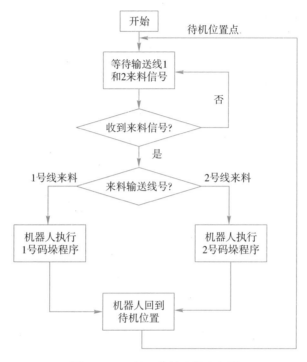

图6-33 码垛工作站码垛流程图

三、编写程序

程序编写采用主程序和子程序相结合的方法,根据场地空间、运行速度等参数,编写主程序,完成纸箱从定位调整装置搬运至托板并完成码垛任务。

主程序如下所示:

行数	程序	注释
0001	DOUT DO=0.0 VALUE=1	//开启传送线
0002	SPEED SP=100	//定义全局速度
0003	DYN ACC=100 DCC=100 J=128	//定义全局加速度
0004	MOVJ P=99 V=100% BL=0 VBL=0	//运动至中间待机点 P99
0005	SET I1=1	//I1 变量赋初值
0006	SET I2=1	//I2 变量赋初值
0007	IF DI0.1=1 THEN	//判断 1 号线抓取信号
0008	WHILE I1≤30	//托板 1 循环码垛

0009	CALL maduo1	//调用 maduo1 子程序
0010	INC I1++	//I1 加 1
0011	MOVJ P＝99 V＝100% BL＝0 VBL＝0	//运动至中间待机点 P99
0012	END WHILE	
0013	ELSE	
0014	IF DI0.2＝1 THEN	//判断 2 号线抓取信号
0015	WHILE I2≤30	//托板 2 循环码垛
0016	CALL maduo2	//调用 maduo2 子程序
0017	INC I2++	//I2 加 1
0018	MOVJ P＝99 V＝100% BL＝0 VBL＝0	//运动至中间待机点 P99
0019	END IF	
0020	END IF	
0021	IF I1>30 and I2>30 THEN	
0022	MOVJ P＝100 V＝100% BL＝0 VBL＝0	//机器人回到原点 P100
0023	END IF	

通过机器人中配置的码垛工艺,结合实际码垛过程,设置码垛工艺参数,编写码垛子程序,由于本项目中使用两个托板,码垛子程序分别命名为 maduo1、maduo2。

maduo1 程序如下:

行数	程序	注释
0001	DOUT DO＝0.3 VALUE＝0	//末端执行器打开
0002	DOUT DO＝0.4 VALUE＝1	
0003	PALINI ID＝10 TYPE＝0 I1	//初始化码垛工艺
0004	MOVJ P＝100 V＝100 BL＝0 VBL＝0	//运动到输送线抓取点
0005	DOUT DO＝0.3 VALUE＝1	//末端执行器关闭
0006	DOUT DO＝0.4 VALUE＝0	
0007	TIMER T＝100 ms	//延时 100 ms
0008	WAIT DI＝0.1 VALUE＝1 T＝0 s B＝1	//等待抓取到位信号
0009	MOVJ P＝1000 V＝100 BL＝0 VBL＝0	//抓料后上提到码垛位置过渡点
0010	DOUT DO＝0.5 VALUE＝1	//爪钩气缸抱紧
0011	TIMER T＝100 ms	//延时 100 ms
0012	MOVJ P＝1001 V＝100 BL＝0 VBL＝0	//运动到码垛放货位置接近点
0013	DOUT DO＝0.5 VALUE＝0	//爪钩气缸松开
0014	TIMER T＝100 ms	//延时 100 ms
0015	MOVJ P＝1002 V＝100 BL＝0 VBL＝0	//运动到放货点
0016	DOUT DO＝0.3 VALUE＝0	//末端执行器打开
0017	DOUT DO＝0.4 VALUE＝1	
0018	MOVJ P＝99 V＝100 BL＝0 VBL＝0	//运动至中间待机点 P99

maduo2 程序如下：

行数	程序	注释
0001	DOUT DO=0.3 VALUE=0	//末端执行器打开
0002	DOUT DO=0.4 VALUE=1	
0003	PALINI ID=11 TYPE=0 I2	//初始化码垛工艺
0004	MOVJ P=100 V=100 BL=0 VBL=0	//运动到输送线抓取点
0005	DOUT DO=0.3 VALUE=1	//末端执行器关闭
0006	DOUT DO=0.4 VALUE=0	
0007	TIMER T=100 ms	//延时 100 ms
0008	WAIT DI=0.1 VALUE=1 T=0 s B=1	//等待抓取到位信号
0009	MOVJ P=1000 V=100 BL=0 VBL=0	//抓料后上提到码垛位置过渡点
0010	DOUT DO=0.5 VALUE=1	//爪钩气缸抱紧
0011	TIMER T=100 ms	//延时 100 ms
0012	MOVJ P=1001 V=100 BL=0 VBL=0	//运动到码垛放货位置接近点
0013	DOUT DO=0.5 VALUE=0	//爪钩气缸松开
0014	TIMER T=100 ms	//延时 100 ms
0015	MOVJ P=1002 V=100 BL=0 VBL=0	//运动到放货点
0016	DOUT DO=0.3 VALUE=0	//末端执行器打开
0017	DOUT DO=0.4 VALUE=1	
0018	MOVJ P=99 V=100 BL=0 VBL=0	//运动至中间待机点 P99

项目小结

本项目完成了三个任务：认识码垛机器人、码垛机器人编程及应用案例。通过三个任务的学习，掌握：①码垛机器人的分类；②码垛机器人的系统组成；③码垛机器人的周边设备；④码垛模式的分类；⑤码垛工艺的设置；⑥码垛编码的指令与应用。通过本项目的学习，认识了码垛机器人工作站，可以完成码垛机器人的编程与调试。

项目练习

1.填空题

(1)码垛机器人按照结构可以分为：_____、_____、_____三种。

(2)码垛机器人的末端执行器的常见形式有_____、_____、_____、_____。

(3)列举4个常用的码垛机器人辅助装置：_____、_____、_____、_____。

(4)简易码垛支持_____、_____、_____三种模式的垛型。

（5）指令 PALINI 中，参数 TYPE=0 表示_____，TYPE=1 表示_____。

（6）指令 PALTO 是读取_____点，指令 PALFROM 是读取_____点。

2.简答题

（1）为什么码垛机器人只需要四个自由度就可以完成码垛任务？

（2）图 6-34 是埃夫特 ER180 码垛机器人，查阅资料回答如下问题：该机器人有几个自由度？额定负载是多大？它的结构与常见的六自由度工业机器人有什么区别？

图 6-34 埃夫特的码垛机器人

（3）码垛工艺参数中的"接近点偏移 Z"怎么设置合适，跟工件高度有什么关系？

（4）同一个码垛工艺号，既可以设置成取垛，也可以设置成码垛，这两者有什么区别？

（5）简述普通模式中 P1、P2、P3、P4 四个点的含义，怎么由这四个点确定垛型中其他工件的位置？

（6）用实例说明三种模式的垛型有什么区别？

工业机器人应用——机床上下料工作站

由于生产力水平的提高和科学技术的不断进步,工业机器人得到了更为广泛的应用。在工业生产中,机器人已经广泛应用于焊接、装配、搬运、码垛等领域,与此同时,数控机床在机械制造领域的应用也日益广泛。在我国多数工厂的生产线上,数控机床装卸工件仍由人工完成,其生产效率低、劳动强度大,具有一定的危险性,并且已经满足不了生产自动化的发展需求。为了提高生产效率、降低成本,并使生产线发展成为柔性制造系统,适应现代化机械行业自动化生产的要求,需要针对具体生产工艺,根据机床的实际情况,利用工业机器人技术,选用或设计一台上下料机器人代替人工工作,提高工作效率。因此,工业机器人在机械行业中得到广泛应用,主要用于加工件搬运、装卸、零部件组装,特别是在自动化数控机床、组合机床上使用更为普遍。

目前,工业机器人已经发展成为柔性制造系统和柔性制造单元中的重要组成部分。将机床和工业机器人组成一个柔性制造单元或柔性加工系统,适用于中、小批量生产,不但可以节省庞大的工件输送装置,而且结构紧凑,适应性强。

任务一　认识机床上下料工作站

一、工业机器人与数控加工的集成

工业机器人与数控加工的集成主要集中在两个方面:一是工业机器人与数控机床集成工作站;二是工业机器人具有加工能力,也是机械加工工业机器人。

1.工业机器人与数控机床集成工作站

工业机器人与数控机床集成主要应用在柔性制造单元(FMC)或柔性制造系统(FMS)中。如图 7-1 所示,加工中心的工件,由机器人来装卸,加工完毕的工件与毛坯放在传送带上。当然,也可以不用传送带,如图 7-1(a)、(b)所示。其他形式如图 7-1(c)、(d)、(e)所示。

所用到的工业机器人一般为上下料机器人,其编程较为简单,只要示教编程后再现就可以了。但是工业机器人与数控机床各有独立的系统,机器人与数控机床、传送带之间都要进行数据通信。

2.机械加工工业机器人

这类机器人具有加工能力,本身具有加工工具,例如刀具等,刀具的运动是由工业机器人的控制系统控制的。主要用于切割、去毛刺、抛光与雕刻等轻型加工,如图 7-2 所示。这样的加工比较复杂,一般采用离线编程来完成。

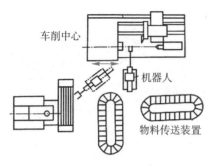

（a）带有机器人的 FMC

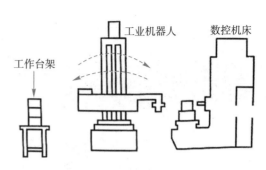

（b）以铣削为主的带有机器人的 FMC

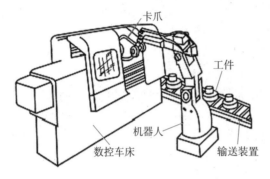

（c）以车削为主的带有机器人的 FMC

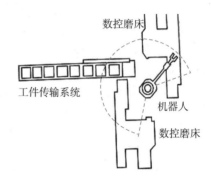

（d）数控磨床与工业机器人组成的 FMC

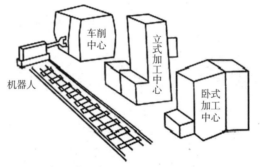

（e）加工中心与工业机器人组成的 FMC

图 7-1　工业机器人与数控机床集成工作站

图 7-2　机械加工工业机器人

二、上下料系统的类型

对于特别复杂的零件,往往需要多个工序的加工,甚至还要增加检测、清洗、试漏、压装和去毛刺等辅助工序,还有可能和锻造、齿轮加工、旋压、热处理等工序的设备连接起来,这就需要组成一个完成复杂零件全部加工内容的自动化生产线。

因为自动化生产线会有不同的设备,所以通过桁架式机器人、关节式机器人和自动物流等自动化方式组合起来,从而实现从毛坯进去一直到成品工件出来的全自动化加工。

1.桁架式机器人

对于一些结构简单的零部件,通常的加工都是不超过两个工序就可以全部完成自动化加工单元,这个单元由一个桁架式的机械手配合几台机床和一到两个料仓组成,如图7-3所示。

桁架式机器人

图7-3 桁架式机器人工作示意图

桁架式机器人由多维直线导轨搭建而成,如图7-4所示。直线导轨由精制铝型材、齿形带、直线滑动导轨和伺服电动机等组成。作为运动框架和载体的精制铝型材,其横截面形状通过有限元分析法优化设计,生产中精益求精,确保其强度和直线度。采用轴承光杠和直线滑动导轨作为运动导轨。传动运动机构采用齿形带、齿条或滚珠丝杠。

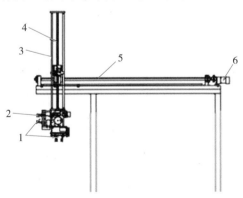

1—手爪;2—手腕;3—光杠;4—直臂滚珠丝杠;5—横臂滚珠丝杠;6—电动机

图7-4 桁架式机器人结构示意图

桁架式机器人的空间运动是用三个相互垂直的直线运动来实现的。由于直线运动易于实现全闭环的位置控制。因此,桁架式机器人有可能达到很高的位置精度。因为桁架式机器人的运动空间相对机器人的结构尺寸比较小,所以为了实现移动的运动空间,桁架式机器人的结构尺寸要比其他类型的机器人的结构尺寸大得多。桁架式机器人的工作空间是一个空间长方体。

桁架式机器人的机械手主要由手部、腕部、臂部组成。手部采用丝杠螺母结构,通过电动机带动实现手爪的开合;腕部采用一个步进电动机带动蜗轮蜗杆实现手部回转90°~180°;臂部采用电动机带动丝杠使螺母在横臂上移动来实现手臂的平动,带动丝杠螺母使丝杠在直臂上移动实现手臂升降。

2.关节型工业机器人

对于一些有多个加工工序,而且工件形状比较复杂的情况,可以采用标准关节型机器人配合料仓等装置组成一个自动化加工单元。一个机器人可以服务多台加工设备,从而节省自动化的成本。关节机器人有5~6个自由度,适合几乎任何轨迹和角度的工作,对厂房高度无要求。关节型机器人可以安装在地面,也可以安装在机床上方,对于数控机床设备的布局可以自由组合。一般常采用的安装方式有地装式机器人上下料、地装行走轴机器人上下料、天吊行走轴机器人上下料。这三种形式均可以通过长时间连续无人运转来削减制造成本,同时通过实现机器人化提高产品质量。

地装式机器人上下料是应用最为广泛的一种形式,该形式通过合理布置六轴机器人和机床位置,实现机器人转送工件的任务。这种方式生产高效、运行稳定、节约空间,适合狭小空间场合作业,具体布置可如图7-5所示。

图7-5 地装式机器人上下料

如图7-6所示为地装行走轴机器人上下料系统,该系统中装配了一条地装导轨,导轨作为机器人的外部轴进行控制,行走导轨上面的上下料机器人运行速度快,有效负载大,能够有效地扩大机器人的运动范围,使得该系统具有较高的扩展性。

图7-6 地装行走轴机器人上下料

天吊行走轴机器人上下料系统如图 7-7 所示。该系统具有和普通机器人一样的机械和控制系统,也可能实现复杂动作。与地装式相比,其行走轴在机床上方,节约地面空间,可以轻松适应机床布置在导轨两侧的方案,缩短导轨行程。同时,可以实现单手抓取两个工件的功能,节约生产时间。

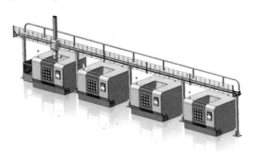

图 7-7 天吊行走轴机器人上下料系统

任务二 **机床上下料工作站的组成**

机床上下料工作站

典型的计算机数字控制(computer numerical control,CNC)机床上下料工作站主要由工业机器人、数控机床、工件夹具、末端执行器、周边设备及系统控制器等组成,如图 7-8 所示。为了适应工业机器人自动上下料,需要对数控机床进行一定的改造,包括门的自动开关、工件的自动夹紧等。工业机器人与数控机床之间的通信方式根据各系统的不同,也有所区别。对于信号较好的系统,可以直接使用 I/O 信号线进行连接,至少包括门控信号、装夹信号、加工完成信号等。对于信号较多的系统,可以使用现场总线、工业以太网等方式进行通信。系统控制器在数控机床上下料系统中也经常被使用。随着企业自动化程度的提高,数控机床和工业机器人作为自动化生产线的一个环节,需要和上位系统进行有效的连接。系统控制器主要负责各个部件动作的协调管理,各个子系统之间的连接、传感信号的处理、运动系统的驱动等。

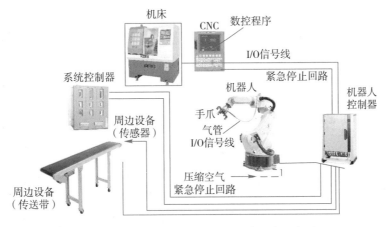

图 7-8 数控机床上下料工作站系统组成示意图

本书中机床上下料工作站是由数控雕铣机、工业机器人及末端执行器、空气压缩机和物料台组成。数控雕铣机和工业机器人之间采用直接使用 I/O 信号线的方式进行通信。

一、数控雕铣机

数控雕铣机如图 7-9 所示,其主要任务是对工件进行加工,而工件的上下料则由上下料机器人完成。数控雕铣机既可以雕刻,也可以铣削,是一种高效高精的数控机床。一般由计算机数控系统和机械结构两部分组成,其中计算机数控系统是由输入/输出设备、计算机数控装置(CNC 装置)、可编程控制器、主轴驱动系统和进给伺服驱动系统等组成的一个整体系统。

图 7-9　数控雕铣机示意图

1.机械结构

数控雕铣机的机械结构包括运动系统、冷却系统、润滑系统、刀库、夹具等,用来完成雕刻、铣削、钻孔和切割等各种加工方式的机械加工任务。如图 7-10 所示,底座是整台雕铣机的主体,支撑着机台所有重量。工作台托板下面连接着底座,上面连接着滑板(工作台),用于实现 Y 轴移动等功能。横梁是用来支撑雕铣机主轴运动装置的,连接着底座和主轴运动装置。滑台用来连接 X 轴运动装置和 Z 轴运动装置,实现 X 轴移动的功能。

数控雕铣机采用定梁式,主运动是刀具沿着 X、Z 轴方向移动,进给运动是工件沿着 Y 轴方向移动。主运动和进给运动都选择电动机驱动滚珠丝杠,将电动机旋转运动转换为 X 或 Z 轴方向的直线运动。滚珠丝杠螺母副具有传动无间隙、传动精度高且平稳的特点。

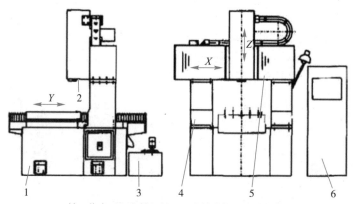

1—Y 轴工作台;2—主轴组件;3—主轴冷却泵及冷却液泵站;
4—立柱;5—X-Z 轴二维平台(横梁);6—操作及控制装置

图 7-10　数控雕铣机机械结构示意图

2.计算机数控系统

计算机数控系统装置(CNC 装置)是计算机数控系统的核心,如图 7-11 所示。包括输入/输出装置、操作装置、伺服机构、检测装置和可编程控制器。其主要作用是:根据输入的零件程序和操作指令进行相应的处理,例如运动轨迹处理、机床输入/输出处理等。然后输出控制命令到相应的执行部件(如伺服单元、驱动装置和 PLC 等),控制其动作,加工出需要的零件。所有这些工作是由 CNC 装置内的系统程序进行合理的组织,在 CNC 装置硬件的协调配合下有条不紊地进行。

(1)输入/输出装置

数控雕铣机在进行加工前,需要操作人员输入根据加工工艺、切削参数、辅助动作以及数控雕铣机所规定的代码和格式编写的零件加工程序,然后才能根据输入的零件程序进行切削加工控制,从而加工出所需的零件。此外,数控雕铣机中常用零件程序有时也需要在系统外备份或保存。因此,数控机床中必须具备必要的交互装置,即输入/输出装置。

图 7-11　CNC 装置

零件程序一般存放于便于与数控装置交互的控制介质上。现在数控机床常用移动硬盘、Flash(U 盘)、CF 卡(compact flash)以及其他半导体存储器等控制介质。此外,现代数控机床可以不用控制介质,直接由操作人员通过手动数据输入(manual data input, MDI)键盘输入零件程序;或采用通信方式进行零件程序输入/输出。本书中使用的数控雕铣机采用手动输入数据。

(2)操作装置

操作装置是操作人与数控雕铣机(系统)进行交互的工具,一方面操作人员可以通过它对数控雕铣机进行操作、编程、调试或对雕铣机参数进行设定和修改;另一方面,操作人员也可以通过它了解和查询数控机床(系统)的运行状态,它是数控机床特有的一个输入/输出部件。操作装置主要由显示装置、CNC 键盘(功能类似于计算机键盘的按键阵列)、机床控制面板(machine control panel,MCP)、状态灯、手持单元、快捷按钮等部分组成,如图 7-12 所示为佳铁雕铣机系统操作装置,其他数控系统的操作装置布局与之大同小异。

数控系统通过显示装置为操作人员提供必要信息,根据系统所处的状态和操作指令不同,显示信息可以是正在编辑的程序、正在运行的程序、机床的加工状态、机床坐标轴的指令/实际坐标值、加工轨迹的图形仿真、故障报警信号等,如图 7-13 所示。

图 7-12　CNC 系统操作装置

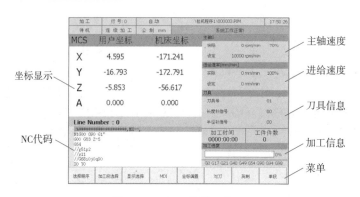

图 7-13　显示装置示意图

CNC 键盘包括 MDI 键盘及软件功能键等。MDI 键盘一般具有标准化的字母、数字和符号(有的通过上挡键实现),主要用于零件程序的编辑、参数输入、MDI 操作及系统管理等。软件功能键一般用于系统的菜单操作。如图 7-12 所示。

机床控制面板集中系统的按钮,这些按钮用于直接控制机床动作或加工过程,如启动、暂停零件程序的运行,手动进给坐标轴,调整进给速度等,如图 7-14 所示。

图 7-14　机床控制面板

手持单元不是操作装置的必需件,为方便用户使用,有些数控系统有手持单元,主要用于手摇方式增量进给坐标轴。

手持单元一般有手摇脉冲发生器(MPG)、坐标轴选择开关等组成。如图 7-15 所示为手持单元的形式。

图 7-15　CNC 手持单元

(3)伺服机构

伺服机构是数控机床的执行机构,由驱动和执行两大部分组成,如图 7-16 所示。它接收数控装置的指令信息,并按指令信息的要求控制执行部件的进给速度、方向和位移。目前数控机床的伺服机构中,常用的位移执行机构有功率步进电机、直流伺服电动机、交流伺服电动机和直线电动机。

(a)伺服电动机　　　　(b)驱动器

图 7-16　伺服机构

(4)检测装置

也称为反馈装置,对数控机床运动部件的位置及速度进行检测,通常安装在机床的工作台、丝杠或驱动电动机转轴上,相当于普通机床的刻度盘和人的眼睛,它把机床工作台的实际位移或速度转变成电信号反馈给 CNC 装置或伺服驱动系统,与指令信号进行比较,以实现位置或速度的闭环控制。

数控机床上常用的检测装置有光栅、编码器、感应同步器、旋转变压器、磁尺等,如图 7-17 所示。

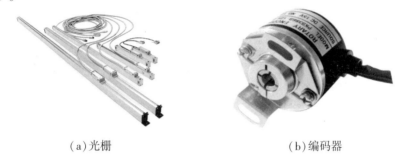

(a)光栅　　　　　　　　　(b)编码器

图 7-17　检测装置

(5)可编程控制器

可编程控制器(programmable logic controller,PLC)是一种以微处理器为基础的通用型自动控制装置。在数控机床中,PLC 主要完成与逻辑运算有关的一些顺序动作的 I/O 控制,它和实现 I/O 控制的执行部件——机床 I/O 电路和装置(由继电器、接触器、行程开关、电磁阀等组成的逻辑电路)共同完成以下任务:

①接收 CNC 装置的控制代码 M(辅助功能)、S(主轴功能)、T(刀具功能)等顺序动作信息,对其进行译码,转换成对应的控制信号。一方面,它控制主轴单元实现主轴转速控制;另一方面,它控制辅助装置完成机床相应的开关动作,如卡盘夹紧松开(工件的装夹)、刀具的自动更换、切削液、冷却液的开关、主轴正反转和停止等动作。

②接收机床控制面板(循环启动、进给保持、手动进给等)和行程开关、压力开关、温控开关等的 I/O 信号,一部分信号直接控制机床的动作,另一部分信号经 CNC 装置处理后,输出指令控制 CNC 系统的工作状态和动作。用于数控机床的 PLC 一般分为内装型(集成型)和通用型(独立型)两类。

二、工业机器人及末端执行器

数控机床加工的工件为长方体,质量≤1 kg,机器人动作范围≤1 500 mm,故机床上下料机器人选用的是川崎 RA010N 机器人,如图 7-18 所示。

图 7-18　川崎 RA010N 机器人

末端执行器采用气动式多功能手爪来夹持工件,如图 7-19 所示。控制手爪动作的电磁阀安装在 RA010N 机器人本体上。

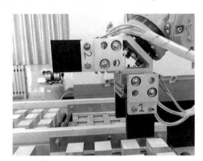

图 7-19　多功能手爪　　　　　图 7-20　控制柜及示教器示意图

机器人控制系统为固高运动控制系统和示教编程器,如图 7-20 所示。

三、上下料物料台

上下料物料台的功能:将待加工工件的托盘放置在上料工位,机器人将工件搬运至数控机床进行加工,再将加工完成的工件搬运至物料台的托盘上。物料台如图 7-21 所示。

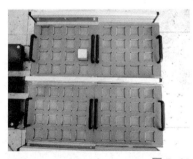

图 7-21　物料台示意图

四、空气压缩机

空气压缩机是一种用以压缩气体的设备,在工作站中主要为气动装置提供动力。本工作站中气动装置包括数控机床夹具、自动门以及机器人末端执行器,如图7-22所示。

图7-22　空气压缩机

任务三　机床上下料工作站系统集成

机床上下料工作站的任务:数控雕铣机进行工件加工,机器人将待加工件从物料台搬运至数控雕铣机,并将加工完成的工件搬运到物料台上。

一、上下料工作站工作过程

①待物料台中放置待加工件的托盘放置物料完成后,机器人将工件搬运到数控雕铣机的加工台上。

②数控雕铣机进行加工。

③加工完成后,机器人将工件搬运至物料台已加工工件托盘上。

1.上下料工作站任务解析

工业机器人上下料工作站由机器人系统、数控雕铣机、物料台、气泵等组成。

①设备上电前,系统处于初始状态,即机器人手爪松开、数控雕铣机卡盘上无工件,安全门均处于关闭状态。

②设备启动前应该满足机器人在作业原点、机器人伺服已接通、无机器人报警错误、机器人无运行、CNC就绪等初始条件。

③设备就绪后,分别按下机器人、CNC启动按钮,系统运行,机器人、数控雕铣机启动,绿色指示灯亮。

a.机器人移动到指定位置抓取待加工工件,手爪抓住待加工件后,手爪上的位置传感器检测到手爪夹紧到位,机器人进行按照程序运行至下一个位置。

b.当机器人搬运待加工件到CNC安全门前时,CNC安全门打开,机器人将待加工件搬运至 CNC 加工台上。

c.四爪卡盘上的位置传感器检测到待加工件放置到位后,卡盘夹紧,机器人手爪松开,待机器人退出 CNC 安全门后,安全门关闭,CNC 进行加工处理。

d.机器人移动至放置待加工件的托盘,再次取下一个待加工件,手爪上的位置传感器检测到手爪夹紧到位,机器人进行按照程序运行至 CNC 安全门前。

e.待 CNC 加工完成后,CNC 安全门打开,机器人调整手爪位置,将空置的手爪调整至抓取位置,并移动至抓取加工件处,手爪上的位置传感器检测到手爪夹紧到位,卡盘松开,机器人旋转手爪位置,将待加工件放置于卡盘上,待四爪卡盘上的位置传感器检测到待加工件放置到位后,卡盘夹紧,机器人手爪松开,待机器人退出 CNC 安全门后,安全门关闭,CNC 进行加工处理。

f.机器人将已完成的加工件放置到指定托盘上,待手爪上的位置传感器检测到手爪松开到位后,移动至待加工件托盘上,再次抓取待加工件。

④在运行过程中,按下机器人暂停键,机器人暂停;按下 CNC 暂停键,CNC 暂停。

⑤在运行过程中,机器人、CNC 急停按钮一旦动作,系统立即停止。急停按钮复位后,需要手动将机器人、CNC 复位至工作原点。

⑥若系统存在故障,红色警示灯将常亮。系统故障包含:上下料机器人报警错误、上下料机器人电池报警、数控系统报警、数控门关闭、打开不到位等。

上下料工作站的工作流程如图 7-23 所示。

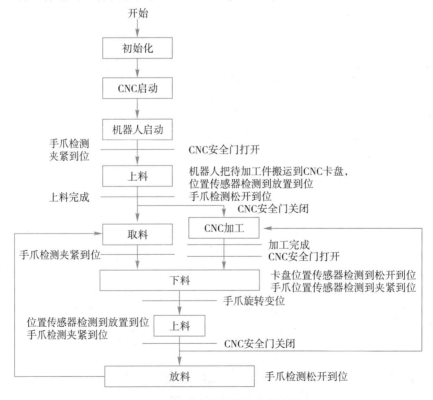

图 7-23　上下料工作站工作流程

2.上下料工作站硬件系统

（1）系统配置

上下料工作站系统配置见表 7-1。

表 7-1　上下料工作站系统配置

名称	数量	说明
六自由度机器人本体	1	上下料机器人与控制系统
机器人控制器	1	
双手爪末端执行器	1	抓取工件
数控雕铣机本体	1	数控机床与系统
数控系统	1	
四爪卡盘	1	夹紧工件
空气压缩机	1	提供气源
位置传感器	8	位置检测

（2）上下料工作站信号传递途径

数控雕铣机、工业机器人和各个传感器之间采用直接使用 I/O 的方式进行通信,实现主机与被控对象之间的信息交换,如图 7-24 所示。

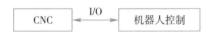

图 7-24　通信方式示意图

结合工业机器人控制系统中运动控制器 I/O 端口的使用情况,本任务中选择 CN9、CN11 作为输入端口,CN10 作为输出端口。在每个输入(或输出)端口上均分布有 0～15 共 16 个通道,每个通道可以接收(或发送)一个被控对象的信息。根据工作站工作流程,工业机器人需要接收的信号包含:手爪 1 松开/夹紧到位、手爪 2 松开/夹紧到位、工件夹具夹紧到位、机床空闲反馈和机床工作中反馈;需要发送的信号有:手爪 1 夹紧控制、手爪 2 夹紧控制、机器人下料夹紧到位和机床加工启动。工业机器人 I/O 接口分配及定义见表 7-2。

表 7-2　工业机器人 I/O 接口配置表

序号	端口号	通道号	信号定义	备注
1	CN9	EXI0	手爪 1 松开到位反馈	输入信号
2		EXI1	手爪 1 夹紧到位反馈	
3		EXI2	手爪 2 松开到位反馈	
4		EXI3	手爪 2 夹紧到位反馈	

序号	端口号	通道号	信号定义	备注
5	CN11	EXI8	工件夹具夹紧到位	输入信号
6		EXI9	机床空闲反馈	
7		EXI10	机床工作中反馈	
8	CN10	EXO0	手爪1夹紧控制	输出信号
9		EXO1	手爪2夹紧控制	
10		EXO2	机器人下料夹紧到位	
11		EXO8	机床加工启动	

　　综合分析数控雕铣机控制系统中I/O接口的使用情况,运动控制器自身的I/O接口数量不能够满足本任务中需要,需要增加外部扩展接口,用来增加I/O接口点数。因此,本任务中I/O信号通信使用扩展I/O接口与运动控制器上的I/O接口相结合的分配方法。为了接线方便,选用了端子板将运动控制器输出接口连接。根据工作站工作流程中数控雕铣机需要接收的信号有机床加工启动、机器人下料夹紧到位、工件夹具锁紧到位、工件夹具松开到位、气动门关闭到位和气动门打开到位;输出信号有机床空闲、机床工作中、工件夹具松开到位、工件夹具锁紧、工件夹具松开、气动门打开和气动门关闭。数控雕铣机I/O接口分配及定义见表7-3。

表 7-3　数控雕铣机 I/O 接口配置表

序号	端口号	通道号	信号定义	备注
1	扩展模块1	DI.0	机床加工启动	输入信号
2		DI.1	机器人下料夹紧到位	
3		DI.2	工件夹具锁紧到位	
4		DI.3	工件夹具松开到位	
5	端子板I/O	EXI.7	气动门关闭到位	
6		EXI.6	气动门打开到位	
1	扩展模块1	DO.1	机床空闲	输出信号
2		DO.2	机床工作中	
3		DO.0	工件夹具松开到位	
4		DO.3	工件夹具锁紧	
5		DO.4	工件夹具松开	
6	端子板I/O	EXO.10	气动门打开	
7		EXO.11	气动门关闭	

二、上下料工作站程序编写与调试

功能描述:将工作台上 4×4 的待加工件依次搬运至 CNC 机床上进行加工,待加工完成后,将已加工件搬运至放置工件的物料台上,摆放为 4×4 矩阵,依次进行,完成后机器人回归原点。

1.程序设计与编写

任务分析:分析整个运动过程,工作站程序由数控雕铣机程序和机器人程序两部分组成,其中,数控雕铣机程序按照工件需要加工的轨迹和机床执行的动作进行程序编写。机器人程序是根据机器人运行的轨迹及其执行的动作编写。本书中不对数控程序进行讲解。

根据任务要求,机器人需要完成取料、上料、下料和放料四个动作过程,运动轨迹较为复杂,如果编写一个程序,会造成程序行数多,不易调试、纠错等困难。因此,根据不同的动作过程,将其分解为取料子程序、上料子程序、下料子程序、放料子程序,最后通过主程序将各个子程序串联起来,程序流程图如图 7-25 所示。

（1）取料子程序

在进行取料时需要按指定顺序依次抓取工件,可将整个过程视作拆垛过程。可通过码垛工艺实现拆垛过程,码垛工艺设置及编程方法参照前文。在此程序中还

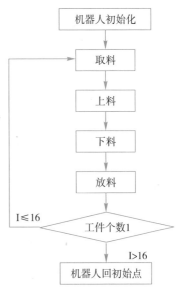

图 7-25　机器人程序流程图

需要实现工件抓取过程和设置与上料程序相结合的点 P750（过渡点）,根据机器人路径规划及功能要求,编写程序（命名为 pick）如下所示。

0001	SPEED SP = 80	//全局速度设为 80
0002	PALINI ID = 1 TYPE = 1	//定义取垛程序
0003	PALPREU P = 1003 I1	//定义接近点
0004	PALFROM P = 1002 I1	//定义取垛位置变量
0005	MOVJ P = 750 V = 80% BL = 0 VBL = 0	//运动到点 P750
0006	MOVJ P = 1003 V = 80% BL = 0 VBL = 0	//运动到接近点 P1003
0007	MOVP P = 1002 V = 20% BL = 0 VBL = 0	//运动到抓取点 P1002
0008	DOUT DO0.0 = 1	//手爪 1 夹紧
0009	TIMER T = 500 ms	//延时 500 ms
0010	WAIT DI0.0 = 0 T = 0 s B1	//等待夹紧信号为 1
0011	WAIT DI0.1 = 1 T = 0 s B1	//等待夹紧信号为 1
0012	MOVP P = 1003 V = 20% BL = 0 VBL = 0	//运动到预备抓取点 P1003
0013	I1 = I1 + 1	//变量加 1
0014	MOVJ P = 750 V = 80% BL = 0 VBL = 0	//运动到过渡点 P750

（2）上料子程序

上料子程序用来完成待加工工件上料过程，即将待加工工件从过渡点 P750 移动到上料位置点 P762。本过程中需要完成与机床信号通信，待机器人接收到机床发出的允许上料的信号后，机器人方可进行上料程序。根据工作站实际情况，为了防止机器人运行过程中与机床发生碰撞，在过渡点 P750 和预备上料点 P761 之间设置过渡点 P760。在待加工件放置到上料位置点后，机床卡盘夹紧后，需要机床给机器人夹紧到位信号，机器人接收到信号后，松开夹具，并判断手爪 1 完成松开到位，机器人运行至过渡点 P760，此时，机器人机床发出允许加工信号，上料过程完成。编写程序（命名为shangliao）如下所示。

0001	WAIT DI0.9 = 1 T = 0 s B1	//等待允许上料信号
0002	MOVJ P = 760 V = 80% BL = 0 VBL = 0	//运动到过渡点 P760
0003	MOVP P = 761 V = 80% BL = 0 VBL = 0	//预备上料点 P761
0004	MOVP P = 762 V = 20% BL = 0 VBL = 0	//运动到上料位置点 P762
0005	WAIT DI0.8 = 1 T = 0 s B1	//判断卡盘加紧信号
0006	DOUT DO0.2 = 1	//松开夹具
0007	TIMER T = 1000 ms	//延时 1 000 ms
0008	DOUT DO0.0 = 1	//夹紧信号初始化
0009	TIMER T = 500 ms	//延时 500 ms
0010	WAIT DI0.0 = 0 T = 0 s B1	//等待夹紧信号为 1
0011	WAIT DI0.1 = 1 T = 0 s B1	//等待夹紧信号为 1
0012	MOVP P = 761 V = 20% BL = 0 VBL = 0	//运动到预备上料点 P761
0013	MOVP P = 760 V = 80% BL = 0 VBL = 0	//运动到过渡点 P760
0014	DOUT DO0.2 = 0	//输出允许加工信号

（3）下料子程序

下料子程序用来完成待加工工件下料过程，即将加工后的工件从下料点 P772 移动到过渡点 P770。根据工作站实际情况，为了防止机器人运行过程中与机床发生碰撞，设置过渡点 P770。待手爪 2 在下料位置点 P772 夹紧已加工件后，机器人给机床发送松开卡盘信号，机床卡盘松开，并向机器人发送卡盘松开到位信号，机器人接收到信号后，运动至过渡点 P770，下料过程完成。编写程序（命名为 xialiao）如下所示。

0001	WAIT DI0.9 = 1 T = 0 s B1	//等待允许下料信号
0002	MOVJ P = 770 V = 80% BL = 0 VBL = 0	//运动到过渡点 P770
0003	MOVP P = 771 V = 80% BL = 0 VBL = 0	//运动到预备下料点 P771
0004	MOVP P = 772 V = 20% BL = 0 VBL = 0	//运动到下料点 P772
0005	DOUT DO0.1 = 1	//夹紧工件
0006	TIMER T = 500 ms	//延时 500 ms
0007	WAIT DI0.3 = 1 T = 0 s B1	//等待手爪 2 夹紧信号出现
0008	WAIT DI0.2 = 0 T = 0 s B1	//等待手爪 2 松开信号消失
0009	DOUT DO0.2 = 1	//发送允许松开卡盘信号

0010	TIMER T=200 ms	//延时200 ms
0011	DOUT DO0.2=0	//复位允许松开信号
0012	WAIT DI0.8=1 T=0 s B1	//等待机床卡盘信号松开到位信号
0013	TIMER T=200 ms	//延时200 ms
0014	MOVP P=771 V=20% BL=0 VBL=0	//运动到预备下料点P771
0015	MOVP P=770 V=80% BL=0 VBL=0	//退回到过渡点P770

（4）放料子程序

在进行放料时需要按指定顺序依次将已加工件放置在物料台上,可将整个过程视作码垛过程。可通过码垛工艺实现工件放置过程,码垛工艺设置及编程方法参照前文。在此程序中还需要实现工件放置过程和设置与上料程序相结合的点P751（过渡点）,根据机器人路径规划及功能要求,编写程序（命名为place）如下所示。

0001	SPEED SP=80	//全局速度设为80
0002	MOVJ P=751 V=80% BL=0 VBL=0	//调用位置点P751
0003	PALINI ID=6 TYPE=0	//设置码垛ID号位6类型为码垛
0004	PALPREU P=1014 I2	//定义接近点
0005	PALPRED P=1011 I2	//定义取垛位置变量
0006	PALTO P=1012 I2	//定义摆放点
0007	MOVJ P=1011 V=80% BL=0 VBL=0	//运动到接近点
0008	MOVP P=1012 V=20% BL=0 VBL=0	//运动到抓取点
0009	DOUT DO0.1=0	//手爪2松开
0010	TIMER T=500 ms	//延时500 ms
0011	WAIT DI0.2=1 T=0 s B1	//等待手爪2松开到位信号出现
0012	WAIT DI0.3=0 T=0 s B1	//等待手爪2夹紧到位信号消失
0013	MOVP P=1014 V=20% BL=0 VBL=0	//运动到接近点
0014	I2=I2+1	//将工件数加1
0015	MOVJ P=751 V=80% BL=0 VBL=0	//运动到接近点P751

（5）主程序

根据工作站实际运动要求,通过主程序设计和编写,完成整个程序。在主程序中需要根据机器人运行的位置增加过渡点,防止机器人与周围设备发生碰撞,同时,通过参数设置完成工件计数,指导机器人运动。根据图7-25所示的工作流程,编写主程序如下所示。

0001	SPEED SP=40	//全局速度设为40
0002	DYN ACC=30 DCC=30 J=128	//加速度减速度设置
0003	DOUT DO0.0=0	//输出口初始化
0004	DOUT DO0.1=0	
0005	MOVJ V=80% BL=0 VBL=0	//运行到第一个过渡点
0006	MOVJ P=750 V=80% BL=0 VBL=0	//运动到点P750

0007	SET I1 = 1	//对变量进行赋值,设定抓取次数
0008	SET I2 = 1	
0009	SET I3 = 16	
0010	SET I4 = 16	
0011	CALL PROG = pick	//使用 CALL 命令,调用取料程序
0012	MOVJ V = 80% BL = 0 VBL = 0	//运动到过渡点
0013	CALL PROG = shangliao	//使用 CALL 命令,调用上料子程序
0014	MOVJ V = 80% BL = 0 VBL = 0	//运动到过渡点
0015	DOUT DO0.8 = 1	//输出端口置 1,机床加工开始
0016	TIMER T = 200 ms	//延时 200 ms
0017	DOUT DO0.8 = 0	//输出端口 8 初始化
0018	WHILE I1 < = I4 DO	//判断加工数量
0019	CALL PROG = pick	//使用 CALL 命令,调用取料子程序
0020	MOVJ V = 80% BL = 0 VBL = 0	//运动到过渡点
0021	CALL PROG = xialiao	//使用 CALL 命令,调用下料子程序
0022	CALL PROG = shangliao	//使用 CALL 命令,调用上料子程序
0023	MOVJ V = 80% BL = 0 VBL = 0	//运动到过渡点
0024	DOUT DO0.8 = 1	//输出端口置 1,机床加工开始
0025	TIMER T = 200 ms	//延时 200 ms
0026	DOUT DO0.8 = 0	//输出端口 8 初始化
0027	CALL PROG = place	//使用 CALL 命令,调用放料子程序
0028	END_WHILE	//结束循环
0029	MOVJ V = 60% BL = 0 VBL = 0	//运动到过渡点
0030	CALL PROG = xialiao	//使用 CALL 命令,调用下料子程序
0031	CALL PROG = place	//使用 CALL 命令,调用放料子程序

2.程序调试与运行

在示教模式下逐条运行程序,检查上下料工作过程是否和设计一致;检查无误后在回放模式下运行整个程序,即实现机床上下料完整过程。

任务四 应用案例

随着我国劳动力成本的不断提高,在数控机床机械加工行业,用机器人来代替人工进行数控机床上下料实现自动化生产已是大势所趋。某加工企业为了降低人工成本,将铣削加工中的上下料工作交由工业机器人完成,实现自动化。

一、上下料工作站组成与布局

根据企业车间数控机床的布置和生产工艺要求,参照前文所述的工业机器人与数控机床集成工作站的形式和上下料类型,本项目选择关节型工业机器人,采用地装式机器人上下料的方式,通过合理布置机器人与机床的位置,实现机器人上下料的任务,该方式生产高效、运行稳定、节约空间,最终设计工作站布局如图7-26所示。

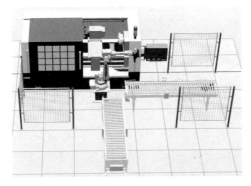

图7-26 机床上下料工作站布局图

典型的工业机器人机床上下料工作站系统如图7-8所示,主要的组成部分包括工业机器人、数控机床、工件、末端执行器、周边设备等。工业机器人与数控机床之间的通信方式根据系统的复杂程度不同,有所区别。对于信号较少的系统,可以直接使用I/O信号线进行连接,对于信号较多的系统,可以使用现场总线、工业以太网等方式进行通信。

1.机械部分

(1)工业机器人

本实例所介绍的数控机床为铣削工件平面,工件质量≤2.5 kg。根据现场机床摆放位置、工作空间、经济成本等因素,最终工业机器人本体选取RA010N,控制器采用固高运动控制系统,主要技术指标如表7-4所示。

表7-4 某工业机器人主要技术指标表

型号	RA010N	轴数	6
有效负载	6 kg	重复定位精度	±0.06 mm
最大臂展	1 450 mm	能耗	8 kW
本体质量	150 kg	功能	搬运
安装方式	地面安装、支架安装	环境温度	0~45 ℃

(2)工装夹具设计

①末端执行器。选择工业机器人末端执行器应该考虑工件的形状与质量。对于平面、易碎(玻璃、磁盘)、微小(不易抓取)的物体常采用吸附式末端执行器。吸附式末端执行器根据吸附力的不同有气吸附和磁吸附两种。其中,气吸式是工业机器人常用的吸

持工件装置,具有结构简单、重量轻、使用方便可靠等优点,主要应用于搬运体积大、重量轻的零件,也广泛用于需要小心搬运的物件以及非金属材料,同时,对工件表面没有损伤,且对被吸持工件预定的位置精度要求不高。本项目中的工件是常规平面,因此,选择气吸式末端执行器,并根据实际情况设计了末端执行器的机械结构,如图 7-27 所示。

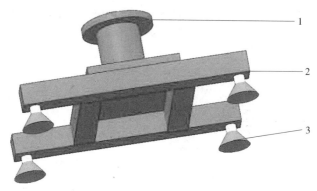

1—连接法兰;2—机械结构;3—真空吸盘

图 7-27　末端执行器结构图

气吸式末端执行器是利用吸盘内的压力与大气压之间的压力差工作的。按照形成压力差的方法,可以分为真空气吸、气流负压气吸、挤压排气气吸三种。本项目中选择真空气吸的方式。真空气吸是利用真空发生器产生真空,当吸盘压到被吸物后,吸盘内的空气被真空发生器或者真空泵从吸盘上的管路中抽走,使吸盘内形成真空,而吸盘外的大气压力把吸盘紧紧地压在被吸物上,使其几乎形成一个整体,可以共同运动。其控制系统和结构如图 7-28 所示,取料时,橡胶吸盘 1 与物体表面接触,橡胶吸盘的边缘起密封和缓冲作用,然后真空抽气,吸盘内腔形成真空,进行吸附取料。放料时,管路接通大气,失去真空,物料放下。为了避免在取料放料时产生撞击,在支撑杆 4 上配有弹簧缓冲。

气源由空气压缩机提供,满足 0.5~0.7 MPa,干燥、洁净、无冷凝;动力电源:交流 380 V(1±10%),50 Hz(1±2%),三相五线制。

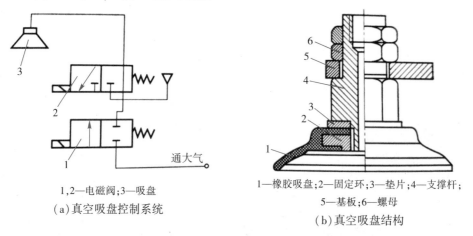

1,2—电磁阀;3—吸盘

(a)真空吸盘控制系统

1—橡胶吸盘;2—固定环;3—垫片;4—支撑杆;
5—基板;6—螺母

(b)真空吸盘结构

图 7-28　真空吸盘结构和控制系统示意图

②机器人底座。机器人底座是用来安装机器人,调整机器人高度,使其满足使用要求。本项目中机器人底座如图7-29所示,采用优质碳钢材料与高强度型材焊接加工而成,结构稳定、强度可靠,底座表面喷漆处理。机器人底座与机器人之间采用高强度螺栓连接,底座与地基采用化学螺栓连接。

图7-29　机器人底座

③工件传输装置。本项目中工件传输装置用来传送待加工的工件,将待加工件运送到机器人抓取位置;待工件加工完成后,输送至下一个工位进行加工。该装置采用电机驱动的滚道形式,如图7-30所示。

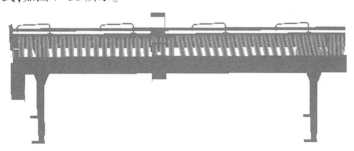

图7-30　工件传输装置示意图

（3）安全防护装置

机器人运转的高速性对接近它的操作者非常危险,所以有必要在机器人工作区域外围设置安全防护装置。安全防护装置由护网、安全门、立柱、按钮盒等组成。护网采用网格式安全护网,表面喷塑亮黄色警示色,护网高度2 m,出入口处配备安全锁、急停开关装置和相对应的复位装置。

2.控制系统

（1）控制系统原理

机床上下料工作站以西门子Smart-200为控制核心,现场设备启动、复位按钮、传感器、继电器、电磁阀为PLC的输入/输出设备;数控机床系统与PLC之间通过I/O传送信息;机器人与PLC之间通过I/O传送信息,系统原理图如图7-31所示。

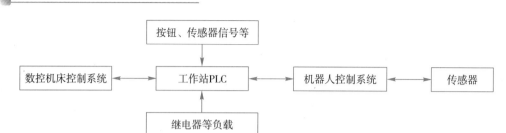

图 7-31　控制系统原理图

（2）控制系统硬件　根据上下料工作站控制系统原理，控制系统硬件主要包含机器人系统硬件、数控机床控制系统硬件和 PLC 控制硬件。

①机器人系统硬件。包含以下部分：a.机器人控制柜，包含机器人运动控制器、驱动器、开关电源、旋钮断路器、中间继电器、启动按钮、停止按钮、通电指示灯等；b.机器人示教器；c.外接电气元件，如外接继电器、电磁阀；d.位置传感器。

②数控机床控制系统硬件。包含以下部分：a.数控机床控制柜，包含机器人运动控制器、驱动器、开关电源、旋钮断路器、中间继电器、启动按钮、停止按钮、通电指示灯等；b.位置传感器。

③PLC 控制硬件。包含以下部分：a.西门子 Smart-200；b.触摸屏，选用 24 V 供电，与 PLC 之间采用串口通信；c.三色报警指示灯；d.其他硬件，包括启动按钮、停止按钮、急停按钮、手动/自动方式选择开关、报警复位按钮、输送带来料检测开关等。

（3）控制系统软件

①工作站工作流程。结合生产中机床上下料的过程，本项目中工作站控制系统要具有自动控制、检测、保护、报警等功能。要求系统的启动、停止以及暂停、急停等运转方式均通过人机操作界面进行，系统运行状态及系统报警可以在人机操作界面上显示，同时要求用高置显示灯表明运转状态。人机操作界面要包括：生产线的组态、机器人组态、产品计数、错误故障跟踪报警信息和可视化输入/输出状态以及循环时间。人机界面与 PLC 采用 RS-485 数据线相连接，PLC 控制柜和机器人控制柜之间通过 I/O 信号进行交互。

此外，待机模式下，三色灯显示黄色；正常工作时，三色灯显示绿色；在系统发生紧急情况时可通过按下急停按钮来实现系统急停，同时三色灯会亮红色，并带有蜂鸣器，提示报警信号。

设备上电前，系统处于初始状态，即输送线上无工件、机器人吸盘未工作、数控机床卡盘上无工件，设备就绪后，按启动按钮，系统运行，绿色指示灯亮，上料输送装置电机启动，上料输送线运行，将待加工件向上料位置处输送，当待加工件达到上料位置时，上料输送装置末端位置传感器检测到待加工件，停止上料输送装置电机，CNC 安全门打开，机器人将待加工件搬运到 CNC 加工台上，搬运完成后，CNC 安全门关闭、卡盘夹紧，CNC 进行加工处理，CNC 加工完成后，CNC 安全门打开，通知机器人把工件搬运到下料输送装置上，下料输送装置前端位置传感器检测到待加工件，启动输送装置电机，下料输送线运行，上下料完成。具体流程如图 7-32 所示。

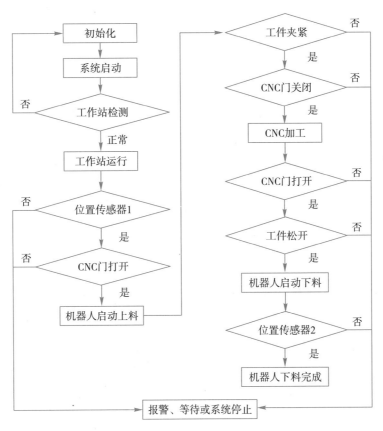

图 7-32　工作站控制系统流程图

②工作站接口。机器人上、下料时,需要通过工作站 PLC 与 CNC 进行信息交换,机器人与工作站 PLC 的接口信号如表 7-5 所示,工作站 PLC 向机器人发送上、下料工作指令,机器人向工作站 PLC 发送"上料到位""下料到位"等指令。CNC 与工作站 PLC 的接口信号如表 7-6 所示。工作站 PLC 向 CNC 发出"请求开门""请求关门"等,CNC 向工作站 PLC 发送"打开到位""关门到位"等指令。

表 7-5　机器人与工作站 PLC 的接口信号汇总表

机器人的输入信号（工作站 PLC 的输出信号）			机器人的输出信号（工作站 PLC 的输入信号）		
序号	名称	功能	序号	名称	功能
1	上料	机床准备就绪,可以上料	1	上料完成	机器人完成上料,已移动到安全位置
2	下料	已加工完毕,且机床门已打开到位	2	下料完成	机器人完成下料,已移动到安全位置

续表 7-5

机器人的输入信号 （工作站 PLC 的输出信号）			机器人的输出信号 （工作站 PLC 的输入信号）		
序号	名称	功能	序号	名称	功能
3	工件夹紧到位	工件夹紧，可以松开工件	—	—	—
4	工件松开到位	工件松开，可以吸附工件	—	—	—

表 7-6　CNC 与工作站 PLC 的接口信号汇总表

CNC 的输入信号 （工作站 PLC 的输出信号）			CNC 的输出信号 （工作站 PLC 的输入信号）		
序号	名称	功能	序号	名称	功能
1	CNC 急停	系统故障，急停 CNC	1	CNC 就绪	等待上料
2	CNC 复位	故障报警后，复位 CNC	2	CNC 报警	CNC 故障，停止工作
3	CNC 门打开	请求 CNC 开门	3	CNC 门打开到位	安全门打开到位，等待上下料
4	CNC 门关闭	请求 CNC 关门	4	CNC 门关闭到位	安全门关闭到位，开始加工
5	CNC 开始加工	请求 CNC 开始加工	5	CNC 完成加工	加工完成
6	松开夹具	请求松开卡盘	6	夹紧到位	CNC 夹具夹紧卡盘
7	夹紧夹具	请求夹紧卡盘	7	松开到位	CNC 夹具松开卡盘

二、工作站程序设计

工作站程序由 CNC 程序和机器人程序两部分组成，其中，CNC 程序按照工件需要加工的轨迹和机床执行的动作进行编写，机器人程序是根据机器人运行的轨迹及其执行的动作编写。本书中仅论述机器人程序设计。

1.路径规划

本项目中机器人的工作是：接收到上、下料指令后，按照规划的路径完成上、下料过程。上、下料运动的路径采用手动示教的方式进行设置，以上料为例，上料路径由 P100、

P101等7个点组成,如图7-33所示。每个点定义:P100为机器人原点;P101为预备抓取工件点;P102为抓取工件点;P103为过渡点;P104为预备放置点;P105为放置点;P106为过渡点。

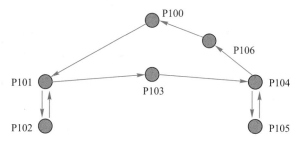

图7-33 机器人上料路径规划示意图

2.编写程序

本工作站的工作过程由上料和下料两部分组成,因此,采用主程序+子程序的编写方法进行,具体程序如下。

(1)主程序

0001	SPEED SP=40	//全局速度设为40
0002	DYN ACC=30 DCC=30 J=128	//加速度减速度设置
0003	DOUT DO0.0=0	//输出口初始化
0004	MOVJ P=100 V=80% BL=0 VBL=0	//运动到点P100
0005	WAIT DI0.0=1 T=0 s B1	//等待上料指令
0006	CALL PROG=shangliao	//使用CALL命令,调用上料子程序
0007	MOVJ P=100 V=80% BL=0 VBL=0	//运动到点P100
0008	WAIT DI0.1=1 T=0 s B1	//等待下料指令
0009	CALL PROG=xialiao	//使用CALL命令,调用下料子程序
0010	MOVJ P=100 V=80% BL=0 VBL=0	//运动到点P100

(2)上料子程序

上料子程序(程序命名为shangliao)用来完成待加工件上料过程,即将待加工工件从P102移动到上料位置点P105。根据工作站实际情况,为了防止机器人运行过程中与机床发生碰撞,在预备抓取点P101和预备放置点P104之间设置过渡点P103。在待加工件放置到上料位置点后,机床卡盘夹紧后,需要机床通过工作站PLC给机器人夹紧到位信号,机器人接收到信号后,放开工件,并运行至过渡点P106,此时,机器人发出允许上料完成信号,并移动至原点位置。

0001	MOVJ P=100 V=80% BL=0 VBL=0	//运动到点P100
0002	MOVJ P=101 V=80% BL=0 VBL=0	//运动到点P101
0003	MOVL P=102 V=20% BL=0 VBL=0	//运动到点P102

0004	DOUT DO0.0 = 1	//吸附工件
0005	TIMER T = 1 000 ms	//延时 1 000 ms
0006	MOVL P = 102 V = 80% BL = 0 VBL = 0	//运动到点 P102
0007	MOVJ P = 103 V = 80% BL = 0 VBL = 0	//运动到点 P103
0008	MOVJ P = 104 V = 80% BL = 0 VBL = 0	//运动到点 P104
0009	MOVL P = 105 V = 80% BL = 0 VBL = 0	//运动到点 P105
0010	WAIT DI0.8 = 1 T = 0 s B1	//判断卡盘加紧信号
0011	DOUT DO0.0 = 0	//吸附工件
0012	TIMER T = 1000 ms	//延时 1 000 ms
0013	MOVL P = 104 V = 20% BL = 0 VBL = 0	//运动到预备放置点 P104
0014	MOVP P = 106 V = 80% BL = 0 VBL = 0	//运动到过渡点 P106
0015	DOUT DO0.2 = 0	//输出允许加工信号

（3）下料子程序

下料子程序（程序命名为 xialiao）用来完成已加工件下料过程，即机器人接收到工件松开到位信号后，将已加工工件从点 P105 移动到下料位置点 P108。根据工作站实际情况，为了防止机器人运行过程中与机床发生碰撞，在预备下料点 P104 和下料预备放置点 P107 之间设置过渡点 P106。

0001	MOVJ P = 100 V = 80% BL = 0 VBL = 0	//运动到点 P100
0002	MOVJ P = 106 V = 80% BL = 0 VBL = 0	//运动到点 P106
0008	MOVJ P = 104 V = 80% BL = 0 VBL = 0	//运动到点 P104
0009	MOVL P = 105 V = 80% BL = 0 VBL = 0	//运动到点 P105
0004	DOUT DO0.0 = 1	//吸附工件
0005	TIMER T = 1000 ms	//延时 1 000 ms
0010	WAIT DI0.7 = 1 T = 0 s B1	//判断卡盘松开信号
0008	MOVJ P = 104 V = 80% BL = 0 VBL = 0	//运动到点 P104
0002	MOVJ P = 106 V = 80% BL = 0 VBL = 0	//运动到点 P106
0002	MOVJ P = 107 V = 80% BL = 0 VBL = 0	//运动到点 P107
0002	MOVL P = 108 V = 80% BL = 0 VBL = 0	//运动到点 P108
0004	DOUT DO0.0 = 0	//松开工件
0005	TIMER T = 1000 ms	//延时 1 000 ms
0002	MOVJ P = 107 V = 80% BL = 0 VBL = 0	//运动到点 P107
0001	MOVJ P = 100 V = 80% BL = 0 VBL = 0	//运动到点 P100

3.程序调试与运行

在示教模式下逐条运行程序，检查上下料工作过程是否和设计一致；检查无误后在回放模式下运行整个程序，即实现机床上下料完整过程。

项目小结

本项目由浅入深详细介绍了工业机器人与数控加工的集成方式：工业机器人与数控机床集成工作站和机械加工工业机器人。以工业机器人与数控机床集成工作站为例介绍了工作站组成、各部分原理和系统集成方法，讲解了机床上、下料程序设计和编程方法。

项目练习

1.工业机器人与数控加工的集成主要集中在哪些方面？

2.自动化生产线可以选择哪些类型的机器人组合？

3.关节机器人与数控机床搭配使用时有几种布置方式？

4.简述本任务中机床上下料工作站的工作流程。根据要求编写机床上下料工作站的程序。要求：将工作台上 2×4 的待加工件依次搬运至 CNC 机床上进行加工，待加工完成后，将已加工件搬运至放置工件的物料台上，摆放为 4×2 矩阵，依次进行，完成后机器人回归原点。

焊接机器人是应用最广泛的一类工业机器人。采用焊接机器人有效促进了焊接自动化的革命性进步,突破了传统的焊接刚性自动化方式,开拓了一种柔性自动化新方式。焊接机器人分弧焊机器人和点焊机器人两大类,本书主要介绍弧焊机器人。

弧焊机器人在通用机械、金属结构等许多行业中都有广泛的应用,特别是在汽车行业。最常用的是结构钢和铬镍钢的熔化极活性气体保护焊（CO_2 焊、MAG 焊）、铝及特殊合金的熔化极惰性气体保护焊（MIG 焊）、铬镍钢和铝的惰性气体保护焊以及埋弧焊等。

任务一　认识弧焊机器人工作站

弧焊机器人工作站的形式多种多样。一个完整的弧焊机器人系统由机器人系统和焊接设备组成,其中机器人系统包含机器人本体和控制系统,焊接设备包含电弧焊枪、弧焊电源、送丝机构、焊接变位机等。如图 8-1 所示。

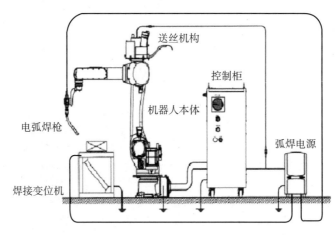

图 8-1　弧焊机器人系统

一、机器人系统

目前,我国应用的弧焊机器人主要有欧系、日系和国产三种类型。日系主要包括 Motoman、OTC、FANUC、NACHI、KAWASAKIA 等公司的机器人产品;欧系主要有 CLOOS、ABB、COMAU、ICM 等公司的机器人产品;国产有广州数控、沈阳新松和安徽埃夫特等公司的机器人产品。机器人多采用六自由度垂直串联型机器人,结构如图 8-2 所示。

图 8-2　弧焊机器人结构示意图

二、焊接装置

1.弧焊电源

弧焊电源是用来对焊接电弧提供电能的一种专用设备,如图 8-3 所示。弧焊电源的负载是电弧,它必须具有焊接工艺所要求的电气性能,如合适的空载电压、一定形状的外特性、良好的动态特性和灵活的调节特性等。

图 8-3　弧焊电源示意图

(1)弧焊电源的类型

弧焊电源不同的分类方法:按输出的电流分,有直流、交流和脉冲三类;按输出外特性特征分,有恒流特性、恒压特性和介于这两者之间的缓降特性三类。

(2)弧焊电源的特点和适用范围

①弧焊变压器式交流弧焊电源。

特点:将网路电压的交流电变成适于弧焊的低压交流电,结构简单,易造易修,耐用,成本低,磁偏吹小,空载损耗小,噪声小,但其电流波形为正弦波,电弧稳定性较差,功率因数低。

适用范围:酸性焊条电弧焊、埋弧焊和非熔化极惰性气体保护电弧焊(TIG 焊)。

②矩形波式交流弧焊电源。

特点:网路电压经降压后运用半导体控制技术获得矩形波的交流电,电流过零点极快,其电弧稳定性好,可调节参数多,功率因数高,但设备较复杂、成本较高。

适用范围:碱性焊条电弧焊、埋弧焊和 TIG 焊。

③发电机式直流弧焊电源。

特点:由柴(汽)油发动机驱动发电而获得直流电,输出电流脉动小,过载能力强,但空载损耗大,效率低,噪声大。

适用范围:适用于各种弧焊。

④整流器式直流弧焊电源。

特点:将网路交流电经降压和整流后获得直流电,与直流弧焊发电机式相比,制造方便,省材料,空载损耗小,节能,噪声小,由电子控制的近代弧焊整流器的控制与调节灵活方便,适应性强,技术和经济指标高。

适用范围:适用于各种弧焊。

⑤脉冲弧焊电源。

特点:输出幅值大小周期变化的电流,效率高,可调参数多,调节范围宽而均匀,热输入可精确控制,设备较复杂,成本高。

适用范围:熔化极惰性气体保护焊(MIG 焊)、MAG 焊和等离子弧焊。

2.焊枪

熔化性气体保护焊的焊枪可用来进行半自动焊(手工操作)和自动焊(安装在机器人等自动装置上)。这些焊枪包括用于大电流、高生产率的重型焊枪和适用于小电流、全位置焊的轻型焊枪。水冷、气冷、鹅颈式、手枪式等焊枪,既可以制成重型焊枪,也可以制成轻型焊枪。熔化极气体保护焊所用焊枪的基本组成有导电嘴、气体保护喷嘴、送丝导管和爆接电缆等,这些元器件如图 8-4 所示。

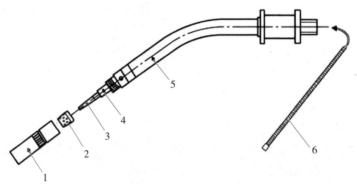

1—喷嘴;2—保护气分流环;3—导电嘴;4—导电嘴安装基体;5—枪颈;6—送丝导管

图 8-4　焊枪示意图

在焊接时,由于焊接电流通过导电嘴产生的电热和电弧辐射热的作用,焊枪会发热,所以常常需要水冷。气冷焊枪在 CO_2 焊时,断续负载下,一般可使用高达 600 A 的电流。但是,在使用氩气或氮气保护焊时,通常只限于 200 A 电流,超过上述电流时,应该采用水冷焊枪。半自动焊枪通常有鹅颈式和手枪式两种形式。鹅颈式焊枪应用最广泛,它适合于细焊丝,使用灵活方便,可达性好;而手枪式焊枪适用于较粗的焊丝,它常常采用水冷。自动焊焊枪的基本构造与半自动焊焊枪相同,但其载流容量大,工作时间长,一般都采用水冷。

导电嘴由铜或铜合金制成,其外形及示意图如图 8-5 所示。因为焊丝是连续送给的,焊枪必须有一个滑动的电接触管(一般称导电嘴),由它将电流传给焊丝。导电嘴通过电缆与焊接电源相连,导电嘴的内表面应光滑,以利于焊丝送给和良好导电。

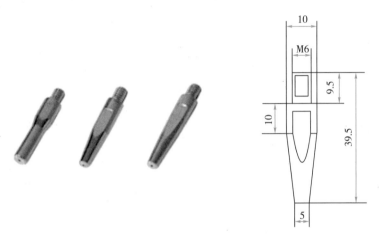

图 8-5 导电嘴及其典型结构(单位:mm)

一般导电嘴的内孔应比焊丝直径大 0.13~0.25 mm,对于铝焊丝应更大些。导电嘴必须牢固地固定在焊枪本体上,并使其定位于喷端中心。导电嘴与喷嘴之间的相对位置取决于熔滴过渡形式。对于短路过渡,导电嘴常常伸到喷嘴外面;对于喷射过渡,导电嘴应缩到喷嘴内,最多可以缩进 3 mm。

焊接时应定期检查导电嘴,如发现导电嘴内孔因磨损而变长或由于飞溅而堵塞时应立即更换。为便于更换导电嘴,常采用螺栓连接。磨损的导电嘴将破坏电弧稳定性。

喷嘴应使保护气体平稳地流出并覆盖在焊接区,其目的是防止焊丝端头、电弧空间和熔池金属受到空气污染。根据应用情况可选择不同尺寸的喷嘴,一般直径为 10～22 mm。较大的焊接电流产生较大的熔池,用大喷嘴;而小电流和短路过渡焊时用小喷嘴。对于电弧点焊,焊枪喷嘴应开出沟槽,以便气体流出。

焊枪的种类很多,根据焊接工艺的不同,选择相应的焊枪。对于机器人弧焊工作站而言,选择的是熔化极气体保护焊。

焊枪的选择依据:

①选择自动型焊枪。

②根据焊丝的粗细、焊接电流的大小以及负载率等因素选择气冷式或水冷式的结构。

细丝焊时,因焊接电流较小,应选用气冷式焊枪结构;粗丝焊时,因焊接电流较大,应选用水冷式焊枪结构。

气冷式和水冷式两种焊枪的技术参数比较见表8-1。

表8-1 气冷式和水冷式两种焊枪的技术参数比较

型号	Robo 7G	Robo 7W
冷却方式	气冷	水冷
暂载率(10 min)/%	60	100
焊接电流/A	325	400
焊接电流(CO_2)/A	360	450
焊丝直径/mm	1.0~1.2	1.0~1.6

③根据机器人的结构选择内置式或外置式焊枪。内置式焊枪安装要求机器人末端轴的法兰盘必须是中空的。一般专用焊接机器人(如安川 MA1400),因其末端轴的法兰盘是中空的,应选择内置式焊枪;而通用型机器人(如安川 MH6)则应选择外置式焊枪。

④根据焊接电流、焊枪角度选择焊枪。焊接机器人用焊枪大部分和手工半自动焊用的鹅颈式焊枪基本相同。鹅颈的弯曲角一般小于45°,根据工件特点选用不同角度的鹅颈,以改善焊枪的可达性。若鹅颈角度选得过大,送丝阻力会加大,送丝速度容易不稳定;而角度过小,若导电嘴稍有磨损,常会出现导电不良的现象。

⑤从设备和人身安全方面考虑,应选择带防撞传感器的焊枪。

3.防撞传感器

对于弧焊机器人,除了要选好焊枪以外,还必须在机器人的焊枪把持架上配备防撞传感器。防撞传感器的作用是:当机器人运动时,万一焊枪碰到障碍物,能立即使机器人停止运动(相当于急停开关),避免损坏焊枪或机器人。图8-6所示为泰佰亿 TBI KS1-S 防撞传感器,其轴向触发力为550 N,重复定位精度(横向)为±0.01 mm(距绝缘法兰端面 300 mm 处测得)。

图8-6 防碰撞传感器

4.送丝机构

弧焊机器人配备的送丝机构包括送丝机、送丝软管两部分。弧焊机器人的送丝稳定性是焊接能够连续稳定进行的重要因素。

(1)送丝机

①送丝机的分类。

a.送丝机按照安装方式可以分为一体式和分离式两种。将送丝机安装在机器人的上臂的后部上面与机器人组成一体为一体式;将送丝机与机器人分开安装为分离式。

由于一体式的送丝机到焊枪的距离比分离式的短,连接送丝机和焊枪的软管也短,所以一体式的送丝阻力比分离式的小。从提高送丝稳定性的角度看,一体式比分离式具有一定优越性。

一体式的送丝机,虽然送丝软管比较短,但有时为了方便换焊丝盘,而把焊丝盘或焊丝桶放在远离机器人的安全围栏之外,这就要求送丝机有足够的拉力从较长的导丝管中把焊丝从焊丝盘(桶)拉过来,再经过软管推向焊枪,对于这种情况,和送丝软管比较长的分离式送丝机一样,选用送丝力较大的送丝机。如果忽视这一点,往往会出现送丝不稳定。

目前,大多数弧焊机器人的送丝机采用一体式的安装方式,但对要在焊接过程中进行自动更换焊枪(变换焊丝直径或种类)的机器人,必须选用分离式送丝机。

b.送丝机按滚轮数可分为一对滚轮和两对滚轮两种。送丝机的结构有一对送丝滚轮的,也有两对滚轮的;有只用一个电机驱动一对或两对滚轮的,也有用两个电机分别驱动两对滚轮的。

从送丝力来看,两对滚轮的送丝力比一对滚轮的大些。当采用药芯焊丝时,由于药芯焊丝比较软,滚轮的压紧力不能像用实心焊丝时那么大,为了保证有足够的送丝推力,选用两对滚轮的送丝机可以有更好的效果。

c.送丝机按控制方式分为开环和闭环两种。送丝机的送丝速度控制方法可分为开环和闭环。目前,大部分送丝机仍采用开环的控制方法,也有一些采用装有光电传感器(或编码器)的伺服电动机,使送丝速度实现闭环控制,不受网路电压或送丝阻力波动的影响,保证送丝速度的稳定性。

对填丝的脉冲 TIG 焊来说,可以选用连续送丝的送丝机,也可以选用能与焊接脉冲电流同步的脉动送丝机。脉动送丝机的脉动频率可受电源控制,而每步送出焊丝的长度可以任意调节。脉动送丝机也可以连续送丝,因此,近来填丝的脉冲 TIG 焊机器人配备脉动送丝机的情况已逐步增多。

d.送丝机按送丝动力方向分为推丝式、拉丝式和推拉丝式三种送丝方式。

推丝式主要用于直径为 0.8~2.0 mm 的焊丝,它是应用最广的一种送丝方式。其特点是焊枪结构简单轻便,易于操作,但焊丝需要经过较长的送丝软管才能进入焊枪,焊丝在软管中受到较大阻力,影响送丝稳定性,一般软管长度为 3~5 m。

拉丝式主要用于细焊丝(焊丝直径小于或等于 0.8 mm),因为细丝刚性小,推丝过程易变形,难以推丝。拉丝时送丝电机与焊丝盘均安装在焊枪上,由于送丝力较小,所以拉丝电机功率较小,尽管如此,拉丝式焊枪仍然较重。可见拉丝式虽保证了送丝的稳定性,但由于焊枪较重,增加了机器人的载荷,而且焊枪操作范围受到限制。

推拉丝式可以增加焊枪操作范围,送丝软管可以加长到 10 m。除推丝机外,还在焊枪上加装了拉丝机。推丝是主要动力,而拉丝机只是将焊丝拉直,以减小推丝阻力。推力与拉力必须很好地配合,通常拉丝速度应稍快于推丝。这种方式虽有一些优点,但由于结构复杂,调整麻烦,同时焊枪较重,因此实际应用并不多。

②送丝装置。送丝装置由焊丝送进电动机、保护气体开关电磁阀和送丝滚轮等构成,如图 8-7 所示。

焊丝供给装置是专门向焊枪供给焊丝的,在机器人焊接中主要采用推丝式单滚轮送丝方式。即在焊丝绕线架一侧设置传送焊丝滚轮,然后通过导管向焊枪传送焊丝。

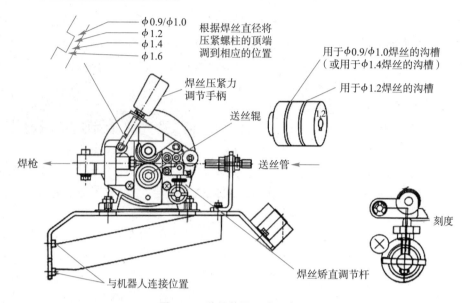

图 8-7　送丝装置组成示意图

（2）送丝软管

送丝软管是集送丝、导电、输气和通冷却水为一体的输送设备。软管结构如图 8-8 所示。软管的中心是一根通焊丝同时也起输送保护气作用的导丝管，外面缠绕导电的多芯电缆，有的电缆中央还有两根冷却水循环的管子，最外面包敷一层绝缘橡胶。

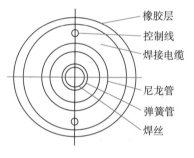

图 8-8　软管结构

焊丝直径与软管内径要配合恰当。软管内径过小，焊丝与软管内壁接触面增大，送丝阻力增大，此时如果软管内有杂质，常常造成焊丝在软管中卡死；软管内径过大，焊丝在软管内呈波浪形前进，在推式送丝过程中将增大送丝阻力。焊丝直径与软管内径匹配见表 8-2。

表 8-2　焊丝直径与软管内径匹配

焊丝直径/mm	软管直径/mm	焊丝直径/mm	软管直径/mm
0.8~1.0	1.5	1.4~2.0	3.2
1.0~1.4	2.5	2.0~3.5	4.7

软管阻力过大是造成弧焊机器人送丝不稳定的重要因素，其原因有以下几个方面：

①选用的导丝管内径与焊丝直径不匹配；

②导丝管内积存由焊丝表面剥落下来的铜末或钢末过多；

③软管的弯曲程度过大。

目前，越来越多的机器人公司把安装在机器人上臂的送丝机稍微向上翘，有的还使送丝机能做左右小角度的自由摆动，其目的都是减少软管的弯曲，保证送丝速度的稳定性。

5.焊丝盘架

盘状焊丝可装在机器人 S 轴上，也可装在地面的焊丝盘架上。焊丝盘架用于焊丝盘的固定，如图 8-9 所示。焊丝从送丝套管中穿入，通过送丝机构送入焊枪。

图 8-9　焊丝盘的安装示意图

6.焊接变位机

用来拖动待焊工件，使其待焊焊缝运动至理想位置进行施焊作业的设备，称为焊接变位机，如图 8-10 所示。也就是说，把工件装夹在一个设备上进行施焊作业，焊件待焊焊缝的初始位置可能处于空间任一方位，通过回转变位运动，使任一方位的待焊焊缝变为船角焊、平焊或平角焊施焊作业，完成这个功能的设备称为焊接变位机。它改变了可能需要立焊、仰焊等难以保证焊接质量的施焊操作，从而保证了焊接质量，提高了焊接生产率和生产过程的安全性。

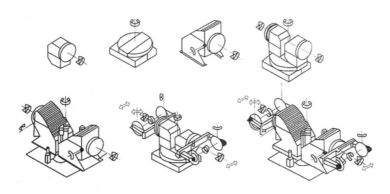

图 8-10　典型变位机运动方向示意图

7.焊接供气系统

熔化极气体保护焊要求可靠的气体保护。供气系统的作用就是保证纯度合格的保护气体在焊接时以适宜的流量平稳地从焊枪喷嘴喷出。目前国内保护气体的供应方式主要有瓶装供气和管道供气两种，但以钢瓶装供气为主。

瓶装供气系统主要由气瓶、气体调节器、电磁气阀、电磁气阀的控制电路及气路构成,如图 8-11 所示。对于混合气体保护,还应使用配比器,以稳定气体配比,提高焊接质量。

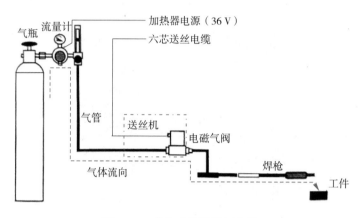

图 8-11　供气系统连接示意图

如图 8-12 所示,气瓶出口处安装了减压器,减压器由减压机构、加热器、压力表、流量计等部分组成。气瓶中装有 80% 二氧化碳+20% 氩气的保护焊气体。

1—压力表;2—流量计;3—流量调整旋钮;4—气管;
5—减压机构;6—气瓶阀;7—气瓶
图 8-12　气瓶总成

使用混合气和二氧化碳气体保护焊时确认气体的质量及所使用的气瓶的种类无误。清除气瓶安装口的杂物,安装上二氧化碳气体、混合气体(MAG 气体)及氩气兼用的压力调整器。将送丝机构附带气体软管与压力调整器的出口相连接,使用管夹以确保气管切实连接。使用二氧化碳气体保护焊时,压力调整器加热所需要的电源为 AC100 V。

焊接工作站中使用焊接用气体和气瓶时的注意事项如下:

①气瓶属于高压容器,一定要妥善安放。气体调整器的安装要根据相应的使用说明书小心操作。

②气瓶的放置场所。要将气瓶安放在指定的气体容器放置地点,并且要避免阳光直射。必须放置于在焊接现场时,一定要把气瓶垂直安放,使用气瓶固定板加以固定,以免

翻倒。同时,要避免焊接电弧的辐射及周围其他物体的热影响。

③气瓶的种类。盛放二氧化碳气体的气瓶一般分为非虹吸式和虹吸式。

如果将附带的二氧化碳气体压力调整器直接安装在虹吸式气瓶上,瓶内物质将以液态形式进入气体压力调整器,从而使减压装置出现故障,无法正常工作。另外,在压力异常高时,安全阀会动作,此时应马上停止使用并查找原因,以避免事故的发生。

④焊接保护气的质量。用于保护电弧的混合气体、二氧化碳气体及氩气中有水分或杂质时,会造成焊接质量下降,因此,须使用含水分少的高纯度气体。

混合气体:使用80%氩气+20%二氧化碳的混合气体(MAG气体)。混合气体的混合比例恒定,有利于焊接质量的稳定性。特别是使用脉冲焊接时,若氩气的比例少于80%,脉冲焊接的质量将难以得到保证。

二氧化碳气体:使用"焊接专用"二氧化碳气体或水分含有率在0.005%以下或更少的二氧化碳气体。如果二氧化碳气体中含水分过多,则会导致焊接缺陷,甚至还可能在气体调整器中出现结冰现象,从而影响保护气的流出。

⑤气体压力调整器。气体压力调整器兼作流量计使用,应与所使用的保护气相匹配。如图8-13所示。

图8-13　气体压力调整器示意图

8.机器人与焊机的接口

机器人与焊机通过运动控制器扩展端口进行连接,也可运用总线进行通信。

任务二　弧焊机器人工作站的常见形式

一、简易弧焊机器人工作站

简易弧焊机器人工作站是一种能用于焊接生产的最小组成的一套弧焊机器人系统,如图8-14所示。在这种情况下不需要工件变位,机器人的活动范围可以到达所有焊缝或焊点的位置,因此,该工作站中没有变位机。这种类型的工作站一般由弧焊机器人、机器人底座、工作台、工件夹具、围栏、安全保护设施和排烟系统等部分组成,另外,根据需要还可安装焊钳喷嘴清理及剪丝装置。在这种工作站中,工件只有被夹紧固定而不变

213

位,除夹具需要根据工件单独设计外,其他都是通用设备或简单的结构件。由于该工作站设备操作简单,容易掌握,故障率低,所以能较快地在生产中发挥作用,取得较好的经济效益。

图 8-14　简易弧焊机器人工作站

二、变位机与弧焊机器人组合的工作站

在这种工作站焊接作业时工件需要变动位置,但不需要变位机与机器人协同运动,这种工作站比简易焊接机器人工作站要复杂。根据工件结构和工艺要求不同,所配套的变位机与弧焊机器人也可以有不同的组合形式。在工业自动生产领域中,具有不同形式的变位机与弧焊机器人的工作站应用的范围最广,应用数量也最多。

1. 回转工作台+弧焊机器人工作站

图 8-15 所示为一种较为简单的回转工作台+弧焊机器人工作站。这种类型的工作站与简易弧焊机器人工作站相似,焊接时工件只需要转换位置而不改变换姿。因此,选用两分度的回转工作台(1 轴)只做正反 180°回转。

图 8-15　回转工作台+弧焊机器人工作站

回转工作台的运动一般不由机器人控制柜直接控制,而是由另外的可编程控制器(PLC)来控制。当机器人焊接完一个工件后,通过其控制柜的 I/O 口给 PLC 一个信号,PLC 按预定程序驱动伺服电动机或气缸使工作台回转。工作台回转到预定位置后,将信号传给机器人控制柜,调出相应程序进行焊接。

2.旋转-倾斜变位机+弧焊机器人工作站

这种工作站的作业中,焊件既可以做旋转(自转)运动,也可以做倾斜变位,有利于保证焊接质量。旋转-倾斜变位机可以选用两轴及以上变位机。图8-16所示为一种常见的旋转-倾斜变位机+弧焊机器人工作站。

图8-16　旋转-倾斜变位机+弧焊机器人工作站

这种类型的外围设备一般都是由PLC控制,不仅控制变位机正反180°回转,还要控制工件的倾斜、旋转或分度的转动。在这种类型的工作站中,机器人和变位机不是协调联动的,当变位机工作时,机器人是静止的,而机器人运动时,变位机却是不动的。所以编程时,应先让变位机使工件处于正确焊接位置,再由机器人来焊接作业,再变位,再焊接,直到所有焊缝焊完为止。旋转-倾斜变位机+弧焊机器人工作站比较适合焊接那些需要变位的较小型工件,应用范围较为广泛,在汽车、家用电器等生产中常常采用这种方案的工作站,只是具体结构会因加工工件不同有很大差别。

3.翻转变位机+弧焊机器人工作站

在这类工作站的焊接作业中,工件需要翻转一定角度,以满足机器人对工件正面、侧面和反面的焊接。翻转变位机由头座和尾座组成,一般头座转盘的旋转轴由伺服电动机通过变速箱驱动,采用码盘反馈的闭环控制,可以任意调速和定位,适用于长工件的翻转变位,如图8-17所示。

图8-17　翻转变位机+弧焊机器人工作站

4.龙门架+弧焊机器人工作站

图8-18所示是龙门架+弧焊机器人工作站中一种较为常见的组合形式。为了增加

机器人的活动范围,采用倒挂弧焊机器人的形式,可以根据需要配备不同类型的龙门架,图 8-18 中工作站中配备的是一台 3 轴龙门架。龙门架的结构要有足够的刚度,各轴都由伺服电动机驱动、码盘反馈闭环控制,其重复定位精度必须要求达到与机器人相当的水平。龙门架配备的变位机可以根据加工工件来选择。对于不要求机器人和变位机协调运动的工作站,机器人和龙门架分别由两个控制柜控制,因此,在编程时,必须协调好龙门架和机器人的运行速度。一般这种类型的工作站主要用来焊接中大型结构件的纵向长直焊缝。

图 8-18　龙门架+弧焊机器人工作站

5.滑轨+弧焊机器人工作站

滑轨+弧焊机器人工作站的形式如图 8-19 所示,一般弧焊机器人在滑轨上移动,类似于龙门架+弧焊机器人的组合形式。这种类型的工作站主要焊接中大型构件,特别是纵向长焊图滑轨+弧焊机器人工作站缝/纵向间断焊缝、间断焊点等,变位机的选择是多种多样的,一般配备翻转变位机的居多。

图 8-19　滑轨+弧焊机器人工作站

三、弧焊机器人与周边设备协同工作的工作站

随着机器人控制技术的发展和弧焊机器人应用范围的扩大,机器人与周边辅助设备做协调运动的工作站在生产中的应用越来越广泛。目前由于各机器人生产厂商对机器人的控制技术(特别是控制软件)多不对外公开,不同品牌机器人的协调控制技术各不相

同。有的一台控制柜可以同时控制两台或多台机器人做协调运动,有的则需要多台控制柜;有的一台控制柜可以同时控制多个外部轴和机器人做协调运动,而有的设备则只能控制一个外部轴。目前,国内外使用的具有联动功能的机器人工作站大都是由机器人生产厂商自主全部成套生产。如有专业工程开发单位设计周边变位设备,但必须选用机器人公司提供的配套伺服电动机及驱动系统。

1.弧焊机器人与周边变位设备做协调运动的必要性

在焊接时,如果焊缝各点的熔池始终都处于水平或小角度下坡状态,焊缝外观平滑美观,焊接质量高。但是,普通变位机很难通过变位来实现整条焊缝都处于这种理想状态,例如球形、椭圆形、曲线、马鞍形焊缝或复杂形状工件周边的卷边接头等。为达到这种理想状态,焊接时变位机必须不断改变工件位置和状态。也就是说,变位机要在焊接过程中做相应运动而非静止,这是有别于前面介绍的不做协调运动的工作站。变位机的运动必须能共同合成焊缝的轨迹,并保持焊接速度和焊枪姿态在需要的范围内,这就是机器人与周边设备的协调运动。近年来,采用弧焊机器人焊接的工件越来越复杂,对焊缝的质量要求也越来越高,生产中采用与变位机做协调运动的机器人系统也逐渐多。但是,具有协调运动的弧焊机器人工作站的成本要比普通的工作站高,用户应该根据实际需要决定是否选用该类型的工作站。

2.弧焊机器人与周边设备协同作业的工作站应用实例

在协同作业的工作站的组成中,理论上所有可用伺服电动机的外围设备都可以和机器人协调联动,前提是伺服电动机(码盘)和驱动系统由机器人生产厂商配套提供,而且机器人控制柜有与外围设备做协调运动的控制软件。因此,在弧焊机器人与周边设备协同作业的工作站中,其组成和前文介绍的工作站的组成相类似,但是,其编程和控制技术却更为复杂。

任务三　焊接工艺

本书采用焊接机器人内置专用的焊接工艺,该焊接工艺主要包含以下几个模块。

(1)焊机设置

主要用来配置焊机当前使用电流、电压特性以及焊接模式和焊接协议。

(2)电流特性文件

配置焊接电流文件参数,即机器人模拟量输出电流与焊机电流的对应关系。

(3)电压特性文件

配置焊接电压文件参数,即机器人模拟量输出电压与焊接电压的对应关系。

(4)装置设置

配置焊接过程中外围设备(焊机、冷却系统、保护气系统、安全门、送丝机)信号以及防碰撞信号、焊机异常信号。

(5)焊接设置

配置焊接任务参数,包括焊接材料以及焊接过程中需要气动的各项功能及参数。

（6）焊接参数

配置焊接参数文件，包括引弧、焊接、熄弧、防粘丝阶段的焊接参数。

（7）寻位设置

配置起始点寻位文件。

（8）摆弧参数

配置摆弧参数文件。

一、焊接工艺系统输入/输出配置

焊接工艺系统输入/输出配置见表8-3。

表8-3　焊接工艺系统输入/输出配置

序号	输入/输出类型	参数名称	功能
1	数字量输入	引弧成功	焊机引弧成功。 默认值：输入模块0、输入点位15
2	数字量输入	焊机正常	焊机工作正常。 默认值：输入模块0、输入点位14
3	数字量输入	保护气不足	该信号输入表示保护气不足
4	数字量输入	焊丝不足	该信号输入表示焊机焊丝不足
5	数字量输入	粘丝	该信号输入表示焊接粘丝
6	数字量输出	引弧	机器人通过该信号向焊机发出引弧指令。 默认值：输入模块0、输入点位15
7	数字量输出	送丝	机器人通过该信号向焊机发出送丝指令。 默认值：输入模块0、输入点位14
8	数字量输出	退丝	机器人通过该信号向焊机发出退丝指令。 默认值：输入模块0、输入点位13
9	数字量输出	检查气体	机器人通过该信号向焊机发出开启气阀指令。 默认值：输入模块0、输入点位12
10	模拟量输入	输入电流	该信号表示焊机反馈给机器人的焊接电流
11	模拟量输入	输入电压	该信号表示焊机反馈给机器人的焊接电压
12	模拟量输出	输出电流	该信号表示机器人发送给焊机的焊接电流。 默认值：输入模块1
13	模拟量输出	输出电压	该信号表示机器人发送给焊机的焊接电压。 默认值：输入模块2

二、焊接工艺配置

在主界面中选择工艺子菜单,选择焊接工艺,进入焊接工艺配置界面,如图 8-20 所示。

焊接工艺

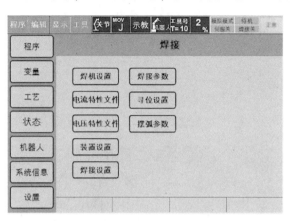

图 8-20　焊接工艺配置界面

1.焊机设置

选择焊机设置,进入焊机设置界面,如图 8-21 所示。

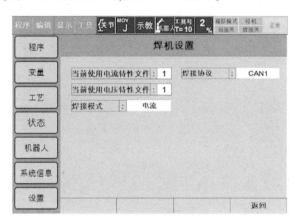

图 8-21　焊机设置界面

各参数说明见表 8-4。

表 8-4　焊机设置参数说明表

序号	配置文件	注释
1	当前使用电流特性文件	当前焊机使用的电流特性文件索引号
2	当前使用电压特性文件	当前焊机使用的电压特性文件索引号
3	焊接模式	电流:焊接过程中以焊接电流为准; 送丝速度:焊接过程中以送丝速度为准

续表 8-4

序号	配置文件	注释
4	焊接协议	指焊机与机器人的通信方式 模拟:模拟量通信; CAN1:佳士 CAN 通信焊机; CAN2:其他

2.电流特性文件

选择电流特性文件设置,进入电流特性文件设置界面,如图 8-22 所示。

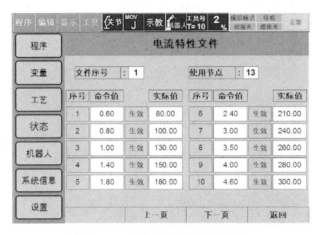

图 8-22　电流特性文件设置界面

各参数说明见表 8-5。

表 8-5　电流特性文件参数说明表

序号	配置文件	注释
1	文件序号	当前电流特性文件索引号
2	使用节点	使用的节点个数,例如,10 表示只指定 10 个指令值(注意:如果使用节点数填写 0 时,特性文件将会失效,会造成焊机以默认的最大焊接电流参数进行焊接)
3	序号	1~30 个序列号
4	命令值	焊接电流指令值,机器人模拟量模块输出电流值,命令值与实际值是分段线性关系
5	生效	填表时用,比如指令值输入 1.00,点击生效,然后读取焊机的实际电流值填入后边空格
6	实际值	对应前面命令值的焊机实际输出电流值

3.电压特性文件

选择电压特性文件设置,进入电压特性文件设置界面,如图8-23所示。

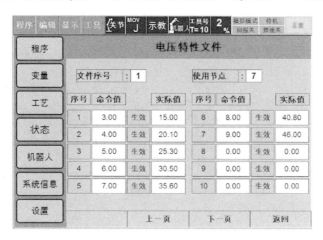

图8-23　电压特性文件设置界面

各参数说明见表8-6。

表8-6　电压特性文件参数说明表

序号	配置文件	注释
1	文件序号	当前电压特性文件索引号
2	使用节点	使用的节点个数,例如,10表示只指定10个指令值(注意:如果使用节点数填写0时,特性文件将会失效,会造成焊机以默认的最大焊接电压参数进行焊接)
3	序号	1~30个序列号
4	命令值	焊接电压指令值,机器人模拟量模块输出电压值,命令值与实际值是分段线性关系
5	生效	填表时用,比如指令值输入3.00,点击生效,然后读取焊机的实际电压值填入后边空格
6	实际值	对应前面命令值的焊机实际输出电压值

4.装置设置

选择装置设置,进入装置设置界面,如图8-24所示。

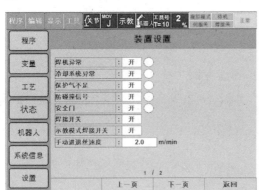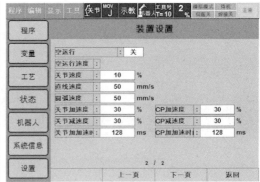

图 8-24　装置设置界面

各参数说明见表 8-7。

表 8-7　装置设置参数说明表

序号	配置文件	注释
1	焊接异常	焊接异常报警信号开关,接收到报警信号时后面灯变为绿色
2	冷却系统异常	冷却系统异常报警信号开关,接收到报警信号时后面灯变为绿色
3	保护气不足	保护气不足报警信号开关,接收到报警信号时后面灯变为绿色
4	防碰撞信号	防碰撞报警信号开关,接收到报警信号时后面灯变为绿色
5	安全门	安全门报警信号开关,接收到报警信号时后面灯变为绿色
6	焊接开关	焊接功能使能开关,当焊接开关打开时,才能正常使用焊接功能
7	示教模式焊接开关	示教模式下,焊接使能开关
8	手动进退丝速度	配置手动进退丝的速度
9	空运行	空运行(运行程序时跳过引弧、熄弧、摆弧)开关
10	空运行速度	—
11	关节速度	配置空运行时关节速度(默认值:10)
12	直线速度	配置空运行时机器人进行直线运动的速度(默认值:50)
13	圆弧速度	配置空运行时机器人进行圆弧运动的速度(默认值:50)
14	关节加速度	配置空运行时机器人关节加速度(默认值:30)
15	关节减速度	配置空运行时机器人关节减速度(默认值:30)
16	关节加加速时间	配置空运行时机器人关节加加速时间(默认值:128)
17	CP 加速度	配置空运行时机器人 CP 加速度(默认值:30)
18	CP 减速度	配置空运行时机器人 CP 减速度(默认值:30)
19	CP 加加速时间	配置空运行时机器人 CP 加加速时间(默认值:128)

5.焊接设置

选择焊接设置,进入焊接设置界面,如图 8-25 所示。

图 8-25　焊接设置界面

各参数说明见表 8-8。

表 8-8　焊接设置参数说明表

序号	配置文件	注释
1	提前送气	设置提前送气时间(默认值:0)
2	引弧	—
3	检测时间	引弧超时时间:例如输入 5 000 ms,如果超过 5 000 ms 没有引弧成功信号,则引弧失败(默认值:2)
4	确认时间	引弧持续时间:例如输入 200 ms,则只有当引弧成功信号持续 200 ms,才确认引弧成功,机器人才会运动(默认值:0)
5	启动次数	重复引弧次数(默认值:3)
6	断弧检测	断弧检测功能开关(默认值:开)

续表 8-8

序号	配置文件	注释
7	检测时间	断弧信号持续时间:例如输入 500 ms,只有当断弧持续 500 ms 才输出断弧信号(默认值:0)
8	断弧再启动	断弧再启动开关(默认值:开)
9	距离	设置断弧再启动时沿原轨迹返回距离(默认值:5)
10	速度	设置断弧再启动沿原轨迹返回速度(默认值:5)
11	刮擦启动	刮擦启动开关:刮擦启动开启,引弧失败后也会开始运动,在运动过程中若引弧成功,则返回指定距离再继续正常焊接(默认值:开)
12	距离	设置刮擦启动沿原轨迹返回距离(默认值:100)
13	速度	设置刮擦启动沿原轨迹返回速度(默认值:5)
14	粘丝检测	粘丝检测启动开关(预留功能)
15	粘丝自动解除	粘丝自动解除功能开关(预留功能)
16	电流	启动粘丝自动解除功能时,焊机输出电流(预留功能)
17	电压	启动粘丝自动解除功能时,焊机输出电压(预留功能)
18	时间	粘丝自动解除功能持续时间,例如输入 500 ms,焊机就会按照设置的电流、电压参数输出 500 ms(预留功能)
19	次数	重复粘丝自动解除功能次数(预留功能)
20	滞后送气	焊接结束后,送气滞后时间

6.焊接参数

选择焊接参数设置,进入焊接参数设置界面,如图 8-26 所示。

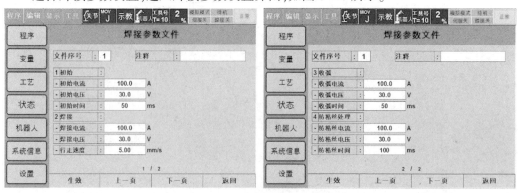

图 8-26　焊接参数设置界面

各参数说明见表 8-9。

表 8-9　焊接参数文件参数说明表

序号	配置文件	注释
1	文件序号	当前焊机参数文件索引号
2	初始	—
3	初始电流	引弧时焊机输出电流
4	初始电压	引弧时焊机输出电压
5	初始时间	引弧成功后,持续输出初始电流和初始电压的时间
6	焊接	—
7	焊接电流	正常焊接时,焊机输出电流
8	焊接电压	正常焊接时,焊机输出电压
9	行走速度	正常焊接时,焊枪沿焊接方向的速度
10	注释	—
11	收弧	—
12	收弧电流	收弧时焊机输出电流
13	收弧电压	收弧时焊机输出电压
14	收弧时间	收弧参数启用时间
15	防粘丝处理	—
16	防粘丝电流	为了防止出现粘丝,焊接结束前焊机输出电流
17	防粘丝电压	为了防止出现粘丝,焊接结束前焊机输出电压
18	防粘丝时间	焊接输出防粘丝电流和防粘丝电压的持续时间

7.寻位设置

选择寻位设置,进入寻位设置界面,如图 8-27 所示。

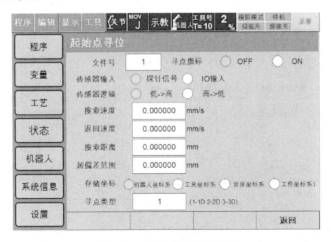

图 8-27　寻位参数设置界面

各参数说明见表 8-10。

表 8-10　寻位设置参数说明表

序号	配置文件	注释
1	文件号	定义当前起始点寻位文件的文件索引号,以便在程序中调用
2	寻位旗标	1.ON:表示对数据重新清零和记录新的旗标位置值 2.OFF:根据旗标值获取偏差值
3	传感器输入	探针信号 I/O 输入
4	传感器逻辑	1.低->高:传感器触发的上升沿有效 2.高->低:传感器触发的下降沿有效
5	搜索速度	从搜寻起点出发,以该速度移动搜寻距离
6	返回速度	传感器触发(即接触工件)后,以该速度返回至搜寻起点
7	搜索距离	从搜寻起点出发沿设定方向的搜寻距离(并非实际移动距离)
8	超偏差范围	搜寻的点与旗标初始点的距离偏差必须在设置的超偏差距离范围内
9	存储坐标	1.机器人坐标系 2.工具坐标系 3.世界坐标系 4.工件坐标系
10	寻点类型	1.1-D 一维搜索 2.2-D 平面搜索 3.3-D 空间搜索 4.3D+ 空间平移加旋转寻位

8.摆弧参数

选择摆弧参数,进入摆弧参数设置界面,如图 8-28 所示。

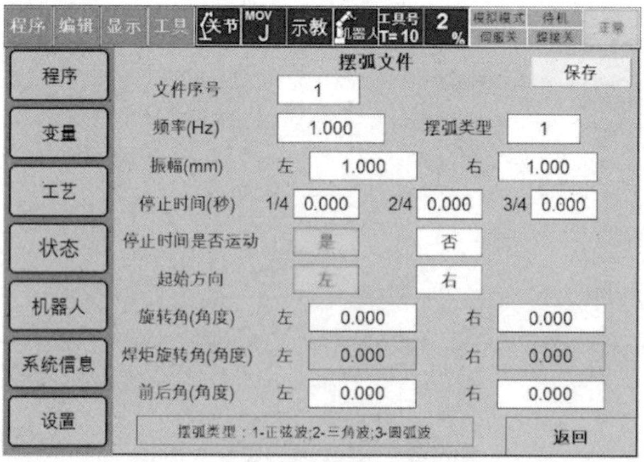

摆焊

图 8-28　摆弧参数设置界面

各参数说明见表 8-11。

表 8-11　摆弧参数说明表

序号	配置文件	注释
1	文件号	摆弧文件编号,范围是 1~99,最多可以同时保存 99 个摆弧文件
2	频率	频率是指一秒钟之内的摆动次数(一个波峰一个波谷记为摆动一次),单位是赫兹(Hz),默认是 1 Hz,范围是 0.1~5 Hz 注:频率设置得越大,摆动越快,机器人本体和电机承受的冲击也越大
3	摆弧类型	摆弧类型是摆弧的轨迹,分三种:1-正弦波、2-三角波(锯齿波)、3-圆弧波,默认是 1-正弦波,如下图所示 注:如无特殊要求,正弦波和三角波之间推荐选择正弦波,摆动运动更平滑 焊接方向 1.正弦波　　2.三角波　　3.圆弧波
4	振幅	当摆弧类型选择为正弦波或者三角波时,需要设置左/右振幅,指摆焊时从焊缝中心往左右偏的最大距离。如下图所示。单位是毫米(mm),默认是 1 mm,范围是 0.1~25mm。 注:当左右振幅的值差别较大时,对机器人本体和电机承受的冲击也越大 左振幅　　前进方向 正弦波/三角波　　右振幅

续表 8-11

序号	配置文件	注释
5	停止时间	停止时间指的是在每个周期的 1/4、2/4、3/4 处摆弧停止的时间。单位是秒(s),默认停止时间是 1/4 处为 0.1 s,2/4 处为 0,3/4 处为 0.1 s,范围都是 0~32 s。如下图所示 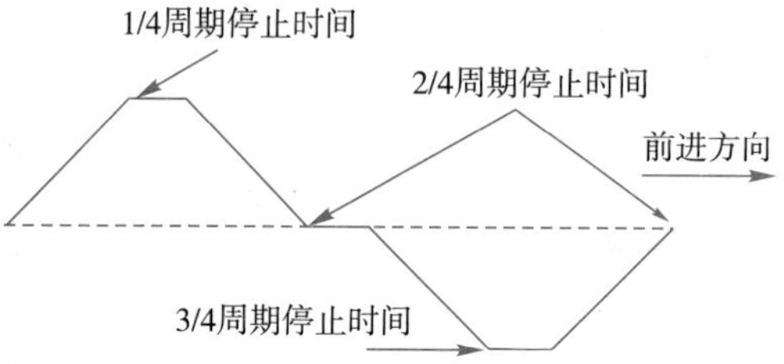 1/4周期停止时间　2/4周期停止时间　前进方向 3/4周期停止时间
6	半径	当摆弧类型选择为圆弧波时,需要设置左/右半径,即摆焊时从焊缝中心往左右偏的最大距离。如下图所示。单位是毫米(mm),默认是 1 mm,范围是 0.1~25 mm 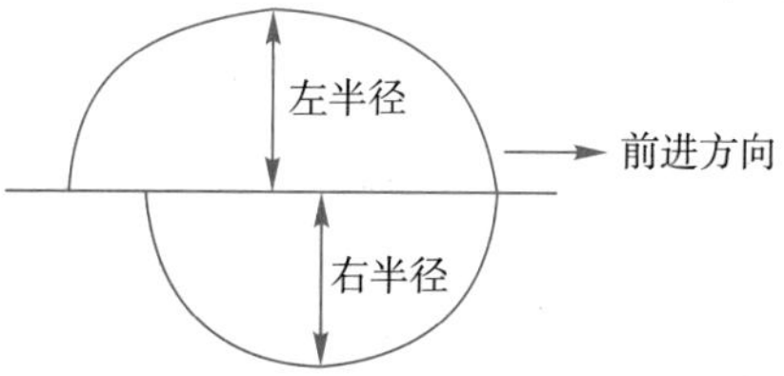 左半径　前进方向　右半径　圆弧波
7	停止时间是否运动	停止时间是否运动指的是在停止时间处,沿着焊缝前进方向的运动是否停止。默认是"是",表示在停止时间处,只有摆动停止,前进方向的运动不停止。如果选择"否",则表示在停止时间处,摆动和前进运动都停止,焊炬将在 1/4、2/4、3/4 处完全静止 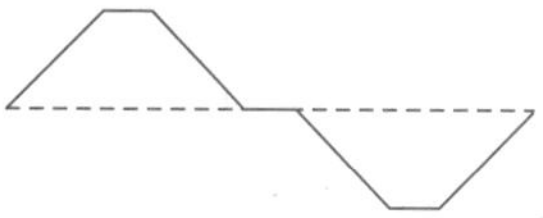 停止时间运动 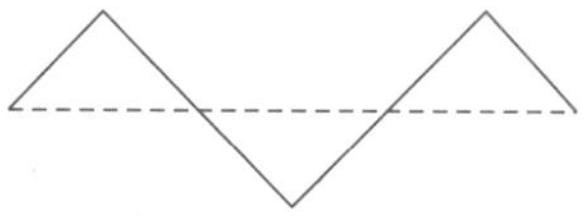 停止时间不运动

续表 8-11

序号	配置文件	注释
8	起始方向	起始方向指的是摆焊开始时先向左边摆动还是先向右边摆动。默认是"左"。如下图所示 左振幅　　　前进方向 开始点 起始方向：左　　右振幅 右振幅　　　前进方向 开始点 左振幅　　　起始方向：右
9	倾斜角（角度）	如果将焊缝平面定义为垂直于焊炬方向且与焊缝共面的平面,则倾斜角指的是摆动所在的平面与焊缝平面的角度。单位是角度,默认是 $0°$,即摆动所在的平面与焊缝平面垂直。范围是 $-60° \sim 60°$。如下图所示 (+) 左倾斜角　　　右倾斜角 $0°$ (-)　　前进方向为指向纸面内
10	焊炬倾斜角（角度）	当焊炬倾斜角设置为 $0°$ 时,摆动过程中焊炬的姿态不变,始终垂直于焊缝。当焊炬倾斜角不为零时,摆动过程中焊炬的姿态随着改变,改变的最大角度即为焊炬倾斜角。单位是角度,默认是 $0°$。范围是 $-60° \sim 60°$。如下图所示 注:此参数暂未开放,只能是默认值 $0°$ 焊炬左倾斜角　　　焊炬右倾斜角 (-)　(+)　　　(+)　(-) 前进方向为指向纸面内

续表 8-11

序号	配置文件	注释
11	前后角(角度)	前后角指的是摆动的方向与前进方向的垂直方向的角度。即当前后角为0°时,摆动的方向垂直于前进方向(下图虚线);当前后角不为零时,摆动的方向发生倾斜(下图实线)。单位是角度,默认是0°。范围是-60°~60°。如下图所示 注:当前后角不为零时,由于摆动方向的倾斜,摆动偏离焊缝中心的最大距离将小于振幅的值。当摆弧类型是圆弧波时,不可设置前后角 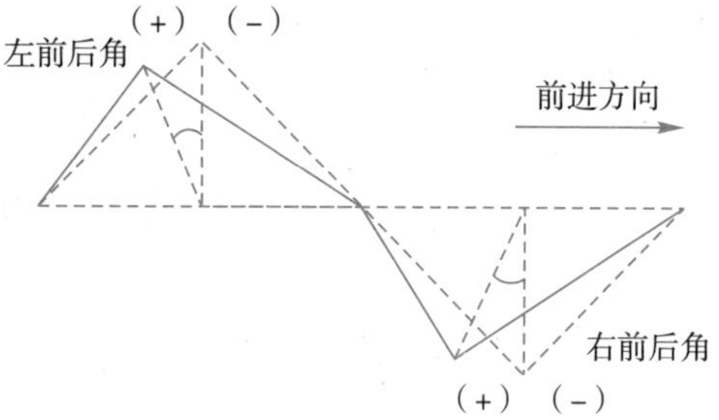
12	圆心率	当摆弧类型是圆弧波时,需要设置圆心率。跟正弦波和三角波不同,圆弧波的摆动除了有垂直于前进方向的运动分量之外,还有沿着前进方向的运动分量。圆心率就决定了前进方向的运动分量 假定焊炬沿着焊缝方向的前进速度是0,只考虑圆弧波的摆动。当圆心率为100%时,焊炬末端的轨迹就是标准的正圆。当圆心率小于100%时,沿前进方向的圆弧就会变"扁"。如下图所示 圆心率的单位是%,默认是100,范围是30%~100% 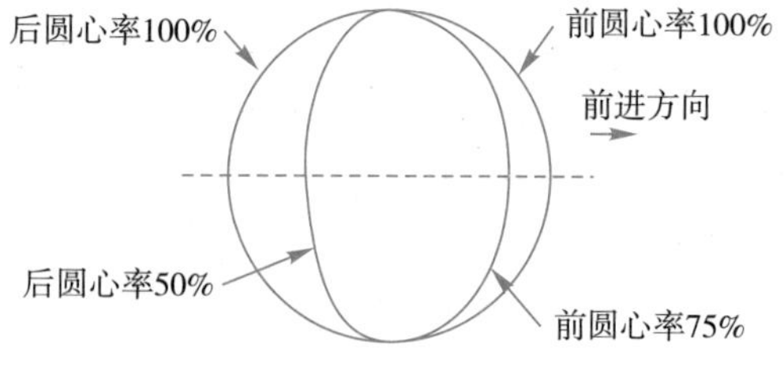

三、功能概述

1.再引弧功能

在工件引弧点处有铁锈、油污等杂物时,可能会导致引弧失败,如图8-29所示。通常,如果引弧失败,机器人会立即发出"引弧失败"的消息,并报警停机。利用再引弧功能可以有效地防止这种情况的发生。例如,在焊接设置中的引弧参数设置为检测时间:

5 000 ms,确认时间:200 ms,启动次数:3;在焊接参数里设定初始电流、初始电压和初始时间。当使用再引弧功能时,在引弧点会按照焊接参数里设置的参数引弧,如果引弧成功持续 200 ms,则引弧成功,如果第一次失败,则会重复这个过程 3 次。如果超过 5 000 ms 没有引弧成功,则输出引弧失败信号。

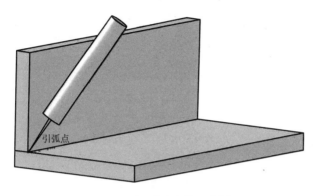

图 8-29　再引弧功能示意图

2.断弧再启动动能

由于断弧等原因机器人会停下来,若直接进行再次启动,将会出现漏焊现象。断弧再启动功能是断弧后以指定速度返回一段指定距离,然后再以正常焊接条件继续动作,如图 8-30 所示。该功能可以有效防止因断弧引起的漏焊现象。参数设置可以参考【焊接设置】。

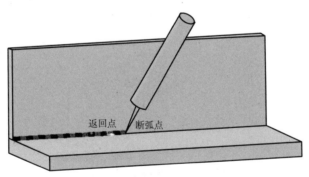

图 8-30　断弧再启动功能示意图

3.刮擦启动

开启刮擦启动开关,刮擦启动开启,即使引弧失败也会开始运动,在运动过程中若引弧成功则返回指定距离在继续正常焊接。如图 8-31 所示,在 P1 点引弧失败,机器人仍会运动,在运动中保持引弧,如果在 P2 点(刮擦启动点)引弧成功,然后返回 P1 点,再按照正常焊接条件进行焊接。

此功能可以使用在初始点和断弧重启等任何引弧的过程中。参数设置可参考【焊接设置】。

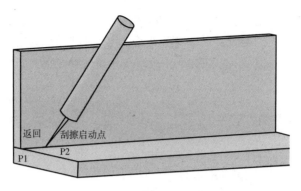

图 8-31　刮擦启动示意图

4.粘丝检测

熄弧时,有时会发生粘丝,即焊丝与工件粘在一起。为了防止这种情况的发生,焊接结束时,焊机会输出瞬时的相对高电压以进行防粘丝处理。参数设置可以参考【焊接参数】。

防粘丝处理后,进行粘丝检测,如果发现仍有粘丝情况,则按照设定的条件,进行自动解除粘丝处理。粘丝检测开关参考【焊接设置】。

5.粘丝自动解除功能

虽然已经进行了防粘丝处理,但是仍旧粘丝了,此时可以利用粘丝自动解除功能,如图 8-32 所示。如果利用此功能,在检测出粘丝的瞬间,并不会马上输出"已粘丝"信号,而是将电压升高,以进行粘丝自动解除,在已设定的次数进行处理后还不能解除粘丝时,才输出"已粘丝"信号,机器人停止运动。

粘丝自动解除功能开关、参数可参考【焊接设置】。

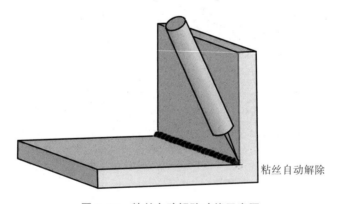

图 8-32　粘丝自动解除功能示意图

6.初始点寻位

所谓初始点寻位,就是借助在焊丝与工件之间电流的通断,机器人自动地按照寻位程序规定的轨迹移动,从而计算出工件的实际位置。

在程序内容界面内,按下手持示教器的【命令一览】,进入【高级】,可以选择如表 8-12 所示的指令,参数设置可以参考【寻位设置】。

表 8-12　初始点寻位指令表

序号	指令	功能	举例说明
1	SEARCHON	开始寻点	SEARCHON INDEX=1 Pt=1 开始寻点,调用索引号为 1 的文件,把寻点数据保存到寄存器 1 内。 INDEX=<文件索引号>;取值范围为 1~10 Pt=<寄存器 ID>,取值范围为 1~300
2	SEARCHMOT	以寻点速度沿某方向运动寻点	SEARCHMOT DIR=X SIGN=1 以寻点速度沿寻点文件设置坐标系的 X 轴的正向运动。 DIR=<寻点方向>,目前支持 X 轴、Y 轴、Z 轴三维寻点; SIGN=<正负>,0—负向搜索,1—正向搜索
3	SEARCHOFF	关闭寻点开关	—
4	OFFSETON	开始偏移	OFFSETON INDEX=1 Pt=1 以寻点文件设置参数和寄存器 1 内位置数据开始偏移,直到 OFFSET 偏移结束。 INDEX=<文件索引号>;取值范围为 1~10 Pt=<寄存器 ID>,取值范围为 1~300
5	OFFSETOFF	结束偏移	—

7.摆弧功能

所谓摆弧是指焊接过程中机械式摆动运动与轨迹运动组合,以便焊接摆动焊缝。例如,通过摆动焊缝,可以消除部件之间的公差和缝隙。摆动时,焊嘴多可沿两个方向偏转(二维摆动运动)。摆动图形类型见【摆弧参数】。摆弧指令见表 8-13。

表 8-13　摆弧指令表

序号	指令	功能	举例说明
1	WVON	摆弧功能打开	WVON INDEX 摆弧开,启用文件号为 1 的参数进行摆弧
2	WVOFF	摆弧功能关闭	—

任务四　示教焊接程序

一、焊接指令介绍

焊接指令用于示教编程中焊接程序。在示教器界面上选择【命令一览】,选择焊接

示教焊接程序

后,会出现如图 8-33 所示的界面。

图 8-33　焊接示教指令一览

各参数说明见表 8-14。

表 8-14　焊接指令参数表

序号	指令	注释
1	ARCON	对焊机发出引弧信号,焊接开始的命令。 命令格式: ARCON TYPE=FILE INDEX=1 INDEX:焊接参数文件序列号
2	ARCOFF	对焊机发出熄弧信号,焊接结束的命令。 命令格式: ARCOFF TYPE=FILE INDEX=1 INDEX:焊接参数文件序列号
3	ARCSET	在程序中修改焊接电流和焊接电压。 命令格式: ARCSET AC=100 AVP=70 AC:焊接电流 AVP:焊接电压
4	ARCCTS	预留
5	ARCCTE	预留

二、外部轴设定

外部轴指除了机器人各轴之外的其他轴,在焊接工作站中指变位机轴。在本系统中可以设定外部轴。具体操作:在主菜单中选择【工艺】选项,进而选择变位系统。如图 8-34 所示。

图 8-34　外部轴设定界面

本书以添加旋转外部轴为例进行讲解。具体步骤如表 8-15。

表 8-15　旋转外部轴设置步骤

步骤	操作	图示
1	选择【工艺】菜单下变位系统后，进入右图所示界面,长按【设置】	变位系统设置管理 ECS设置状态：○　ECS激活状态：○ ECS1 X: 0.000 Y: 0.000 Z: 0.000 A: 0.000 B: 0.000 C: 0.000　ECS2 X: 0.000 Y: 0.000 Z: 0.000 A: 0.000 B: 0.000 C: 0.000　ECS3 X: 0.000 Y: 0.000 Z: 0.000 A: 0.000 B: 0.000 C: 0.000 未使用　旋转轴Z　未使用　旋转轴Z　ECS激活○ 清除　修改　设置
2	选择未使用,选择扩展轴7,旋转轴Z,长按【下一步】	变位系统设置管理 ECS设置状态：○　ECS激活状态：○ 未使用　旋转轴Z　未使用　扩展轴7　扩展轴8 取消　下一步

续表 8-15

步骤	操作	图示
3	在变位机上任意标记一个点,并将工具末端位置对准变位机上标记的点,操作变位机点动旋转,取三个不同的姿态,分别长按【记录 P1】、【记录 P2】、【记录 P3】,并长按【计算】进入下一步	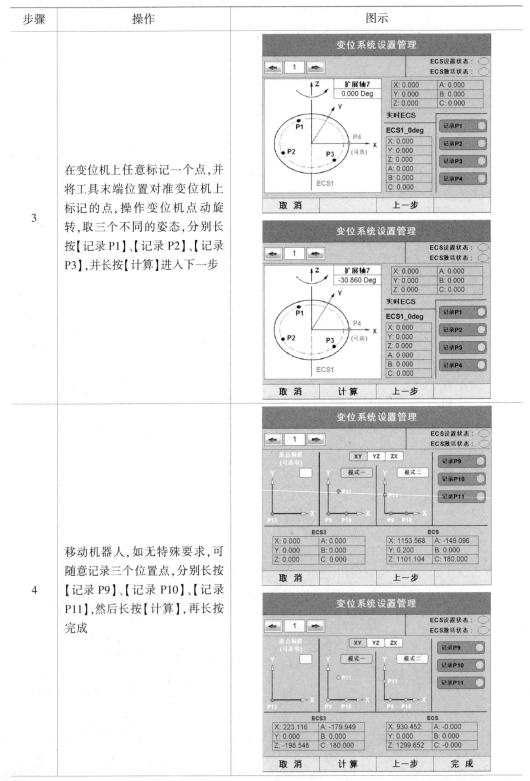
4	移动机器人,如无特殊要求,可随意记录三个位置点,分别长按【记录 P9】、【记录 P10】、【记录 P11】,然后长按【计算】,再长按完成	

续表 8-15

步骤	操作	图示
5	长按【ECS 激活】,外部轴设置完成	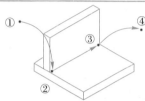

三、焊接程序示教

1.单段焊接

现需要焊接一条如图 8-35 所示的轨迹,示教程序如下。
焊接示教程序

图 8-35　单段焊接轨迹示意图

行数	程序	注释
0000	NOP	//程序开始
0001	MOVJ V = 25% BL = 0 VBL = 0	//过渡点
0002	MOVL V = 50 mm/s BL = 0 VBL = 0	//焊接开始点
0003	ARCON TYPE = FILE INDEX = 1 AV = 0 AC = 120 V = 8.0 mm/s	//启用焊接条件为 1 的文件进行焊接,弧长调节为 0,焊接电流为 120 A,焊接速度为 8 mm/s
0004	MOVL V = 50 mm/s BL = 0 VBL = 0	//焊接结束点
0005	ARCOFF TYPE = FILE INDEX = 1	//启用熄弧条件为 1 的文件进行熄弧
0006	MOVJ V = 20% BL = 0 VBL = 0	//过渡点
0007	END	//程序结束

2.多段焊接

现在需要焊接多段轨迹,运行过程如图 8-36 所示。

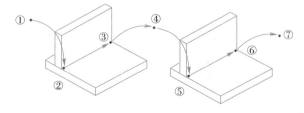

图 8-36　多段焊接轨迹示意图

237

示教程序如下：

行数	程序	注释
0000	NOP	//程序开始
0001	MOVJ V=25% BL=0 VBL=0	//过渡点
0002	MOVL V=50 mm/s BL=0 VBL=0	//焊接开始点
0003	ARCON TYPE=FILE INDEX=1 AV=0 AC=120 V=8.0 mm/s	//启用焊接条件为1的文件进行焊接，弧长调节为0,焊接电流为120 A,焊接速度为8 mm/s
0004	MOVL V=5 mm/s BL=0 VBL=0	//焊接结束点
0005	ARCOFF TYPE=FILE INDEX=1	//启用熄弧条件为1的文件进行熄弧
0006	MOVJ V=20% BL=0 VBL=0	//过渡点
0007	MOVL V=50 mm/s BL=0 VBL=0	//焊接开始点
0008	ARCON TYPE=FILE INDEX=2 AV=0 AC=150 V=9.0 mm/s	//启用焊接条件为2的文件进行焊接，弧长调节为0,焊接电流为150 A,焊接速度为9 mm/s
0009	MOVL V=9 mm/s BL=0 VBL=0	//以9 mm/s的速度焊接到焊接结束
0010	ARCOFF TYPE=FILE INDEX=2	//启用熄弧条件为2
0011	MOVL V=50 mm/s BL=0 VBL=0	//过渡点
0012	END	//程序结束

在本例中多段焊接启用了多套焊接条件,也可使用一套。

3.连续点焊(鱼鳞焊)及电流缓降

鱼鳞焊是焊接的一种工艺方法,因其焊接平面呈鱼鳞纹状而得其名,如图8-37所示。

图8-37　鱼鳞焊示意图

使用的指令如表8-16。

表 8-16 连续点焊指令表

序号	指令	功能
1	CSWON	连续点焊开始指令。 指令格式:CSWON ONT=0.4 DIS=1.2 ONT=0.4,表示点焊时长为 0.4 s;DIS=1.2,表示点焊距离为 1.2 mm
2	ACGC	电流缓降指令 指令格式:ACGC EAC=70 EAC=70,表示在距离焊接结束点 50 mm 的位置电流开始缓降至 70 A
3	CSWOFF	连续点焊结束指令

现在需要焊接一段连续点焊轨迹,运行轨迹如图 8-38 所示。

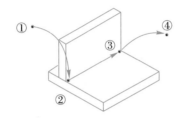

图 8-38 连续点焊(鱼鳞状)焊接轨迹

示教程序如下。

行数	程序	注释
0000	NOP	//程序开始
0001	MOVJ V=25% BL=0 VBL=0	//过渡点
0002	MOVL V=50 mm/s BL=0 VBL=0	//焊接开始点
0003	ARCON TYPE=FILE INDEX=1 AV=0 AC=120 V=5.0	//启用焊接条件为 1 的文件进行焊接,弧长调节为 0,焊接电流为 120A,焊接速度为 5 mm/s
0004	CSWON ONT=0.4 DIS=1.2	//连续点焊开始
0005	MOVL V=5 BL=50 VBL=0	//焊接结束点
0006	ACGC EAC=70	//在距离焊接结束点 50 mm 的位置电流开始缓降至 70 A
0007	WAITMOV DIS=0	//等待移动
0008	CSWOFF	//关闭连续点焊命令
0009	ARCOFF TYPE=FILE INDEX=1	//启用熄弧条件为 1 的文件进行熄弧

0010	MOVJ V=20% BL=0 VBL=0	//过渡点
0011	END	//程序结束

4.简易起弧

简易起弧(ARCONS)没有文件索引号,只对当前程序段有效。使用方法如下所述。

现在需要焊接如图 8-38 所示的轨迹,使用简易起弧的方法编程,示教程序如下。

行数	程序	注释
0000	NOP	//程序开始
0001	MOVJ V=25% BL=0 VBL=0	//过渡点
0002	MOVL V=50 mm/s BL=0 VBL=0	//焊接开始点
0003	ARCONS AV=0 AC=120 V=8.0	//简易起弧开始,弧长调节为 0,焊接电流为 120 A,焊接速度为 8 mm/s
0004	MOVL V=5 BL=0 VBL=0	//焊接结束点
0005	ARCOFF TYPE=FILE INDEX=1	//启用熄弧条件为 1 的文件进行熄弧
0006	MOVJ V=20% BL=0 VBL=0	//过渡点
0007	END	//程序结束

5.寻位程序设计

如图 8-39 所示为 2D 寻位方法,具体步骤如下。

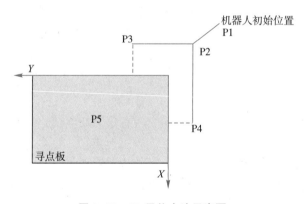

图 8-39　2D 寻位方法示意图

①进入【主菜单】→【系统信息】→【用户权限】,将设置权限更改为出厂设置。

②进入【设置】→【I/O 配置】,进入【焊接配置】界面,在数字量输入下,配置寻位输入为输入模块:0,输入点位:0,有效电平:高电平。在数字量输出下,配置寻位输出为输出模块:0,输出点位:0,有效电平:高电平。

③如果需要用到世界坐标系、工件坐标系、工具坐标系的话,需要标定坐标系,坐标系标定方法与工业机器人标定方法相同。

④编写示教程序。

行数	程序	注释
0000	NOP	//程序开始
0001	MOVJ P = 1 V = 80% BL = 0 VBL = 0	//运动至初始位置点 P1
0002	MOVJ P = 2 V = 80% BL = 0 VBL = 0	//运动至中间过渡点 P2
0003	MOVJ P = 3 V = 80% BL = 0 VBL = 0	//运动至开始寻位点 P3
0004	SEARCHON INDEX = 1 Pt = 1	//打开探针,调用 1 号寻点文件,存储数据至 1 号存储器,如需要修改寻点文件,可以选中本行后,按下手持示教器【选择】键,然后点击编辑栏中 SEARCHON 前面的 =>,可弹出起始点寻位设置界面
0005	SEARCHMOT DIR = X SIGN = 1	//以寻点速度沿 X 轴正方向运动寻点,寻点后,返回至 P3 点
0006	MOVL P = 2 V = 25 BL = 0 VBL = 0	//运动至过渡点 P2
0007	MOVL P = 4 V = 25 BL = 0 VBL = 0	//运动至过渡点 P4
0008	SEARCHMOT DIR = Y SIGN = 1	//以寻点速度沿 Y 轴正方向运动寻点,寻点后,返回至 P4 点
0009	SEARCHOFF	//寻点关闭
0010	OFFSETON INDEX = 1 Pt = 1	//开始偏移
0011	MOVL P = 5 V = 25 BL = 0 VBL = 0	//运动至 P5 点,如果是寻点旗杆为 OFF 的话,P5 会跟随偏移
0012	OFFSETOFF	//偏移结束
0013	END	//程序结束

6.摆弧程序设计

设计摆弧程序,完成如图 8-40 所示的②到③点之间三角摆焊。

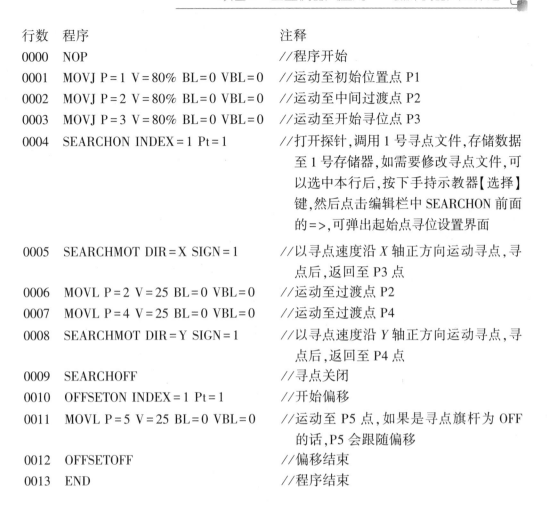

图 8-40　摆弧焊接轨迹示意图

示教程序如下。

行数	程序	注释
0000	NOP	//程序开始
0001	MOVJ P = 1 V = 80% BL = 0 VBL = 0	//运动至初始位置点 P1

0002	MOVL P=2 V=20 mm/s BL=0 VBL=0	//运动至焊接开始点 P2
0003	ARCON TYPE=FILE INDEX=1 AV=0 AC=120 V=5.0	//启用焊接条件为 1 的文件进行焊接,弧长调节为 0,焊接电流为 120 A,焊接速度为 5 mm/s
0004	WVON INDEX=1	//摆弧打开,启用文件号为 1 的参数进行摆弧
0005	MOVL P=3 V=5 mm/s BL=0 VBL=0	//运动至过渡点 P3
0006	ARCOF TYPE=FILE INDEX=1	//焊接关,启用文件号为 1 的参数熄弧
0007	WVOFF	//摆弧关闭
0008	MOVL P=4 V=25 mm/s BL=0 VBL=0	//运动至过渡点 P4
0009	END	//程序结束

任务五　简易弧焊机器人工作站

本任务需要搭建一个简易弧焊工作站,完成两个长方体的平面焊接,焊接方式选择摆焊,焊接线路如图 8-41 所示。

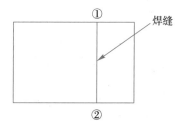

图 8-41　焊接路线示意图

简易弧焊工作站由焊接机器人、焊接装置和工作台三部分组成。

一、弧焊机器人

我国常用的弧焊机器人主要有欧系、日系和国产三种类型。现以国产某品牌 JR-1450/10 型焊接机器人为例介绍,其包括本体、控制柜以及示教器。

1.机器人本体

JR-1450/10 是六轴专用弧焊机器人,由驱动装置、传动机构、机械手臂、关节以及内部传感器等组成,本体结构、各轴定义以及运动方向如图 8-42 所示,其各项参数见表 8-17。它的任务是精确地保证末端执行器(焊枪)所要求的位置、姿态和运动轨迹。焊枪通过连接法兰与机器人手臂相连接。

简易弧焊
机器人工作站

242

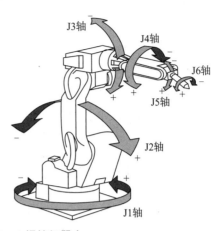

图 8-42　JR-1450/10 焊接机器人

表 8-17　JR-1450/10 焊接机器人的各项参数

类型	多关节机器人		
运动自由度	6		
运动范围和最大速度	JT	运动范围/(°)	最大速度/[(°)/S]
	1	±180	250
	2	+145～-105	250
	3	+150～-163	215
	4	±270	365
	5	±145	380
	6	±360	700
最大负载/kg	10		
手腕负载能力	JT	力矩/(N·m)	惯性矩/(kg·m^2)
	4	22.0	0.7
	5	22.0	0.7
	6	10.0	0.2
重复定位精度/mm	±0.04		
质量/kg	150		
最大覆盖范围/mm	1 450		
安装方式	地面、顶装		
对应控制柜	G05		
环境温度/℃	0～45		
相对湿度	35%～85%(无结露)		
IP 等级	手腕:IP67　基轴:IP65		
噪声等级/dB（A）	<80		

2.G05 控制柜

机器人 G05 控制柜主要由运动控制器、伺服驱动器、辅助控制设备等部分组成。除了控制机器人动作外,还可以实现输入和输出控制等,如图 8-43 所示。

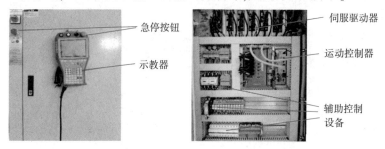

急停按钮

示教器

伺服驱动器

运动控制器

辅助控制
设备

图 8-43　JR-1450/10 焊接机器人控制柜

用户通过示教器编写程序代码,传至主控部分;主控部分(运动控制器)按照示教器提供的信息,生成工作程序,并对程序进行运算,向伺服驱动器发出各轴的运动指令;伺服驱动器部分对从主控发来的指令进行处理,产生伺服驱动电流,驱动伺服电动机;辅助控制设备主要运动进行输入/输出控制。

G05 控制柜由单独的部件和功能模块组成。发生故障的失灵元件通常可用相同的部件或模块进行更换。

二、焊接装置

焊接装置包含焊枪、焊接电源、送丝机构、供气装置、工作台等组成。

1.焊接电源

弧焊焊接电源是为电弧焊提供电源、控制的设备。此处选用 DM-350R 焊接电源,如图 8-44 所示。

此类型焊机是全数字式 IGBT 逆变控制熔化极脉冲气体保护焊 MIG/MAG 自动焊接机,具有直流 MIG/MAG 焊功能,焊缝成形美观;采用全数字化设计,几乎所有的参数都通过软件来设置,产品精度高,一致性好;具有过热、过流、输入端欠过压保护等功能,产品具有较高的可靠性;全新四轮驱动带测速反馈控制的送丝装置使送丝机更精确,更稳定。技术参数见表 8-18。

图 8-44　DM-350R 焊接电源

表 8-18　DM-350R 焊接电源技术参数表

综合名称	熔化极气体保护焊机
适用母材	碳钢
焊接模式	直流
焊接电源	DM-350R

续表 8-18

综合名称	熔化极气体保护焊机
输入电压/V	三相,380(1±10%)
频率/Hz	50/60
额定输入电流/A	350
输出电流范围/A	30~350
额定负载率	60%
外形尺寸/ mm	290×630×500
质量/ kg	40

焊机的额定输入电压为三相 380 V,应尽可能使用稳定的电源电压,电压波动范围在额定输入电压值的±10%以上时,将不能满足所要求的焊接条件,还会导致焊机出现故障。

为了安全起见,每个焊机均需要安装无保险管的断路器或带保险管的开关;母材侧电源电缆必须使用焊接专用电缆,并避免电缆盘卷,否则因线圈的电感储积电磁电量,二次侧切断时会产生巨大的电压突破,从而导致电源出现故障。

2.焊枪

焊枪利用焊接电源的高电流、高电压产生的热量聚集在焊枪终端,熔化焊丝,熔化的焊丝渗透需焊接的部位,冷却后,被焊接的物体牢固地连接为一体。

本书选取的焊接机器人安装的焊枪型号为 ARS01350,内置防碰撞传感器,外观如图 8-45 所示。ARS01350 焊枪的技术参数见表 8-19。

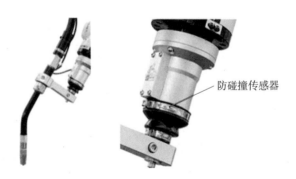

防碰撞传感器

图 8-45　ARS01350 焊枪

表 8-19　ARS01350 焊枪的技术参数

项目	参数	项目	参数
焊枪型号	ARS01350	防碰撞传感器型号	ARS01
额定电流(CO_2)/A	350	尺寸/mm	长 144(不包含法兰),直径 70
额定电流(MAG)/A	300	质量/g	1 980(含支架和法兰)

续表 8-19

项目	参数	项目	参数
暂载率	60%	承受压力/N	19±2(离法兰 350 mm 处)
送丝直径/mm	0.6~1.2	重复定位精度/mm	<±0.1
冷却方式	风冷	接触器负载	24 V DC(直流),最大 50 mA

3.送丝机构

送丝机构完成对焊枪焊丝的送丝、退丝工作。本项目中选择 OTC 制 CMRE-742 送丝机。该送丝机与机器人呈一体式安装,通过固定支架安装在机器人的手臂上端,如图 8-46 所示。通过线缆与焊接电源相连接,完成对送丝机构的控制。

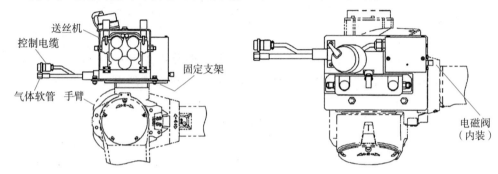

图 8-46　送丝机构连接示意图

4.供气装置

本任务选择二氧化碳保护气,并且使用钢瓶供气。

5.工作台

本任务中只需要保证工件在一个位置上,因此,不适用变位装置。只需将工件放置在工作台上的指定位置并加紧,保证在焊接过程中工件不移动。工作台结构及夹具如图 8-47 所示。

图 8-47　焊接工作台及夹具

三、弧焊工作站的连接

工业机器人弧焊系统由机器人系统、焊枪、焊接电源、送丝机构、供气装置、焊接工作台等组成。总体连接如图 8-48 所示。

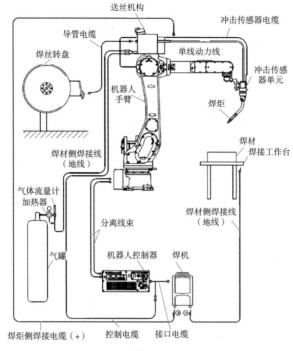

图 8-48 弧焊机器人工作站连接示意图

1.电源连接

（1）三相电源

该工作站使用 AC（交流）220 V 50 Hz 单相电源。具体连接如图 8-49 所示。

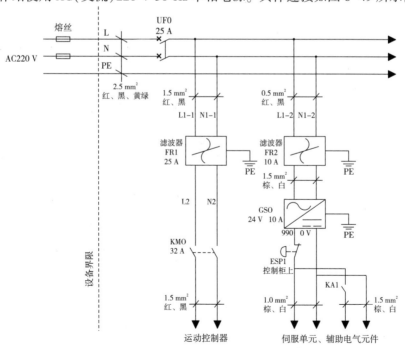

图 8-49 电源连接示意图

247

（2）漏电断路器的安装

如果给 G05 控制柜电源连接漏电断路器，要用可防止高频的漏电断路器，它能防止整流器的高频漏电流引起的误动作，如图 8-50 所示。

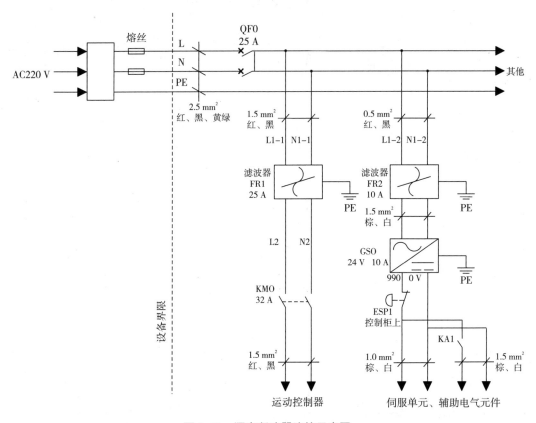

图 8-50　漏电断路器连接示意图

2.机器人控制器的连接

机器人和 G05 控制器通过供电电缆连接，一次侧电源和 G05 控制器也通过供电电缆连接，G05 控制器与示教器通过电缆连接，如图 8-51 所示。专用接地如图 8-52 所示。

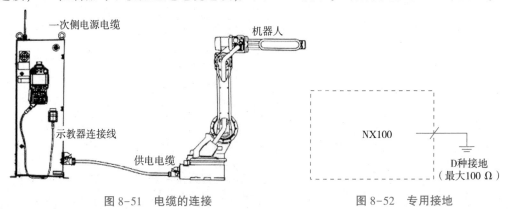

图 8-51　电缆的连接　　　　　　　图 8-52　专用接地

（1）外部急停

当工作站连接外部设备时,需要设置外部急停按钮,如图 8-53 所示。输入时,伺服电源打开,停止工作的执行。通信中,不能打开伺服电源。

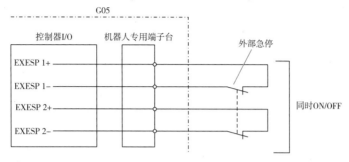

图 8-53　外部急停连接示意图

（2）安全开关

为了保护操作人员安全,需要在工作站周围设置安全围栏,当打开安全围栏的门时,工作站停止工作。如图 8-54 所示,如果将安全栏门上的安全开关等设置为互锁信号,当输入互锁信号时,伺服电源置于 OFF 位,不能关闭伺服电源,但示教模式失效。

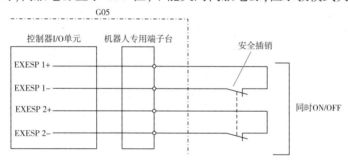

图 8-54　安全开关连接示意图

在机器人周围安装和安全栏有互锁功能的门,不打开门,作业人员不能进入,打开门后,机器人停止作业。安全锁信号是用于连接这个互锁信号的信号,如图 8-55 所示。

输入互锁信号后,伺服电源置 ON 位时,关闭伺服电源(信号输入时,不能关闭伺服电源;但是在示教模式时,伺服电源不关闭;通信中,伺服电源可以打开)。

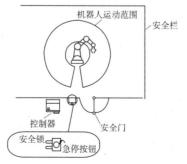

图 8-55　装有安全锁的例子

（3）急停按钮

急停按钮的触点输出安装于示教器和 G05 控制柜的前门。不论 G05 的主电源是接通还是断开,这些触点的输出总是有效的(状态输出信号为常闭触点),如图 8-56 所示。结合三相电源连接(如图 8-49 所示),当控制柜上急停按钮按下后,伺服电源断电,进而 KM0 断电,运动控制器断电,机器人停止运动;当示教器上急停按钮按下后,KM0、KM1 线圈不得电,运动控制器断电,从而实现机器人停止运动。

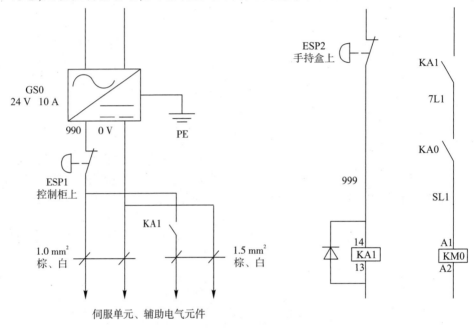

图 8-56　急停按钮连线图

3.机器人系统与焊接装置连接

G05 控制柜与焊机的接口信号一般要实现三种功能:

①对焊接电源状态的控制,包括送气、送丝、退丝和焊接;

②对焊接参数的控制,包括输出电压控制、送丝速度控制;

③焊接电源给机器人的反馈信号,包括起弧成功信号、电弧电压信号、焊接电流信号和粘丝信号等。

机器人与焊机通过控制器 I/O 接口或扩展 I/O 接口与焊机连接来实现交换信息,也可运用总线进行通信。本书中所述机器人与焊机通过运动控制器扩展 I/O 接口进行通信。

四、系统配置

焊接系统可以通过配置系统 I/O 与组成设备进行信息交换。系统输入:可以将数字输入信号与机器人系统的控制信号关联起来,通过输入信号对系统进行控制。例如防碰撞信号、程序启动等。系统输出:机器人系统的状态信号也可以与数字输出信号关联起来,将系统的状态输出给外围设备用来控制。例如系统运行模式、程序执行错误等。

该系统中配置的输入/输出见表8-20。

表8-20 系统配置输入/输出表

类型	序号	输入/输出类型	参数名称	功能
通用输入输出	1	数字量输入	防碰撞信号	用于机器人检测到碰撞后停止运动,该信号触发后,机器人急停。 默认值:输入模块0,输入点位4
	2	数字量输入	外部暂停	用于外部暂停机器人运动,该信号触发后机器人暂停运行示教文件。 默认值:输入模块0,输入点位10
	3	数字量输出	输出红灯	机器人异常时该信号输出。 默认值:输入模块0,输入点位5
	4	数字量输出	输出黄灯	机器人处于其他状况下该信号输出。 默认值:输入模块0,输入点位6
	5	数字量输出	输出绿灯	机器人运行示教文件时该信号输出。 默认值:输入模块0,输入点位7
远程输入输出	1	数字量输入	远程模式打开伺服使能	打开机器人伺服使能。 默认值:输入模块0、输入点位3
	2	数字量输入	远程模式关闭伺服使能	关闭机器人伺服使能。 默认值:输入模块0、输入点位2
	3	数字量输入	远程模式急停	机器人急停
	4	数字量输入	远程模式启动	机器人启动运行示教文件
	5	数字量输入	远程模式暂停	机器人暂停运行示教文件
	6	数字量输入	远程模式清除错误	机器人执行清除错误指令
	7	数字量输入	远程模式示教文教1	远程模式下,这三个信号以二进制形式选择示教文件名,例如: 远程模式示教文件1 触发 远程模式示教文件2 触发 远程模式示教文件3 未触发 表示选择文件名"3"
	8	数字量输入	远程模式示教文件2	
	9	数字量输入	远程模式示教文件3	
	10	数字量输出	远程模式状态	机器人处于远程模式下该信号输出
	11	数字量输出	远程模式空闲	机器人处于静止状态下该信号输出
	12	数字量输出	远程模式工作中	机器人处于运行示教文件的状态下该信号输出
	13	数字量输出	远程模式报警	机器人异常报警时该信号输出

五、程序设计

根据任务要求:实现如图8-42所示的直线段焊接,焊接方式是摆焊(正弦波),程序设计包含焊接工艺设置和示教程序编写。

焊接工艺设置参照本项目任务三中的焊接工艺配置,示教程序设计参照本项目任务四中单段焊接编程方法,编写程序如下:

行数	程序	注释
0000	NOP	//程序开始
0001	MOVJ V=25% BL=0 VBL=0	//过渡点
0002	MOVL V=50 mm/s BL=0 VBL=0	//焊接开始点
0003	ARCON TYPE=FILE INDEX=1 AV=0 AC=120 V=8.0	//启用焊接条件为1的文件进行焊接,弧长调节为0,焊接电流为120 A,焊接速度为8 mm/s
0004	MOVL V=50 mm/s BL=0 VBL=0	//焊接结束点
0005	ARCOFF TYPE=FILE INDEX=1	//启用熄弧条件为1的文件进行熄弧
0006	MOVJ V=20% BL=0 VBL=0	//过渡点
0007	END	//程序结束

任务六　弧焊机器人工作站常见错误及处理方法

错误是指使用示教器操作或通过外部设备(计算机、PLC)等访问时,若采用了错误的操作方法或访问方法,系统告诫操作者不要进行所示操作的警示。在本书选取的弧焊机器人工作站中常见的错误见表8-21。

当错误发生时,在确认错误内容后,需要进行错误解除。解除错误的方法有如下两种。

按下示教器的【清除】键,然后选中主菜单中【机器人】—【异常处理】中初始化运动控制器。

发生多个错误时,在信息显示区显示。进入【系统信息】—【报警历史】查看错误信息。

注意:错误与报警不同,报警可以继续操作,错误发生后必须解除错误。

表8-21　焊接机器人工作站常见错误一览

错误代码	错误信息	错误分析	处理方法
300	ARCOFF Stick Process	熄弧过程中粘丝处理	—

续表 8-21

错误代码	错误信息	错误分析	处理方法
301	ARCOFF In ARCWelding Reweld	焊接过程中断弧再启动处理中	—
302	ARCOFF In ARCWelding Continue	焊接过程中断弧继续处理中	—
303	Robot Pause In ARCWelding	焊接过程中暂停	—
304	ReArc Processing	再引弧处理中	—
305	Wire Stick Continue	粘丝继续处理中	—
306	ARCON In Scratch Processing	刮擦引弧处理中	—
3001	Over Current, The Transformer Over-current	过流,变压器原边过流	请检查输入电源是否正常
3002	ARCOFF In ARCWelding Reweld	过热,温度异常	请检查各散热装置是否正常工作
3003	Over Voltage, Input Overvoltage	过压,输入过压	请检查输入电源是否正常
3004	Under Voltage, Input Undervoltage	欠压,输入欠压	请检查输入电源是否正常
3005	LackOf Phase, Input Lack Of Phase	缺相,输入缺相	请检查输入电源是否正常
3006	Water Pressure Abnormal, Cooling Water Pressure Abnormal	水压,冷却水水压异常	请检查冷却水水位是否正常
3007	GasPressure Abnormal,Shielding Gas Pressure Abnormal	气压,保护气体压力异常	请检查保护气是否打开或气流量是否正常
3008	EmergencyStop,Emergency Stop Triggered	急停,外部急停信号	检查急停装置被按下
3009	WeldingGun Abnormal, Welding Gun Signal Abnormal	焊枪异常,焊枪信号异常	请检查焊枪是否正常
3010	ArcStriking Abnormal	引弧异常	请检查焊接参数是否设置正确
3011	CurrentSampling Abnormal, Current Feedback Abnormal	电流采样异常,电流反馈异常	检查焊接通信,或设定参数是否正常

续表 8-21

错误代码	错误信息	错误分析	处理方法
3012	VoltageSampling Abnormal, Voltage Feedback Abnormal	电压采样异常,电压反馈异常	请检查焊接通信及参数设置是否设置正确
3013	WireFeeding Machine Abnormal	送丝机异常	检查送丝机构
3014	IGBTOver Current	IGBT 过流	—
3015	MainControlling Initialization Abnormal	主控初始化异常,主控未被完整初始化	—
3016	MainControlling External Memory Abnormal	主控外扩存储器错误,存储器异常	—
3017	OverCurrent, Secondary Side Of The Transformer Abnormal	过流,变压器副边过流	—
3021	MainControlling Co mmunication Abnormal	主控通信异常	检查硬件线路
3023	MainControlling Protocol Abnormal	主控协议异常,主控接收到异常数据,协议不匹配	—
3024	ARCWeldingAbnormal	焊接异常	
3986	CAN Welder Abnormal	CAN 焊机异常	检测到焊机属于不正常状态,请检查焊机是否能正常工作
3987	Robot Alarm	机器人报警	—
3988	ARCON In Scratch Fail	刮擦引弧失败	按【清除】键消除报警,重新起弧
3989	ARC Welding OFF In Arc Welding	焊接过程中外部焊接关闭	焊接过程中,焊接电源被关闭或焊机异常
3990	Wire Stick Processing	粘丝解除中	状态报警,不做处理
3991	Wire Stick Processing Success	粘丝处理成功	状态报警,不做处理
3992	Wire Stick Processing Fail	粘丝处理失败	状态报警,不做处理

续表 8-21

错误代码	错误信息	错误分析	处理方法
3993	ARCON Beyond Time	引弧超时	按【清除】键消除报警,重新起弧
3994	Wire Stick In ARCOFF	熄弧过程中粘丝	请手动剪断焊丝,按【清除】键消除报警
3995	ARCOFF In ARCWelding Beyond Limit	焊接过程中断弧次数超限	焊接过程中断弧次数过于频繁,请检查焊机是否正常
3996	Welder Abnormal	焊机异常	检查焊机是否正常
3997	ARCOFF In ARCWelding Manual	焊接过程中熄弧	检查焊机是否正常,送丝机构是否正常,焊丝是否燃尽等
3998	Wire Stick Trig	粘丝信号触发	—
3999	CAN Protocol Disconnect	CAN 通信异常	机器人与焊机失去链接

任务七　应用案例

为保证产品一致性,提升产品质量,降低工人劳动强度,某机械加工厂提出了刀板焊接自动化需求,焊接对象如图 8-57 所示,需要将刀齿按要求焊接在刀板上。

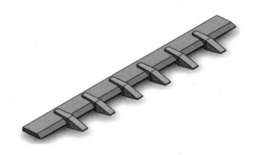

图 8-57　焊接对象

该焊接工作站的技术指标如下:
①工件尺寸最大范围:(长×高×宽)2 900 mm×540 mm×110 mm;
②焊接范围:按工件图工艺要求焊接刀板与刀齿之间焊缝;
③工件材质:碳钢;
④工件厚度:<50 mm;
⑤焊缝特征:角焊缝;
⑥焊接组队要求:用户自己完成工件组队,各板与齿的位置误差不超过 10 mm;

⑦焊接质量要求:焊缝不允许存在咬边、气孔、砂眼、裂纹等缺陷;
⑧生产节拍:20 件/班(每个班 8 h)。

一、焊接工作站布局

焊接机器人与周边设备组成的系统称为焊接机器人集成系统(工作站)。焊接机器人工作站根据焊接对象及生产节拍要求分为以下几种。

1.单工位固定式焊接机器人工作站

这种类型的工作站,由一台焊接机器人和一个焊接工位组成,机器人只能焊接一个工位上的工件,工件的姿态不能改变,如图 8-58 所示,属于最简单、最基本的焊接机器人工作站,适合于小型、简单、小批量自动化焊接。

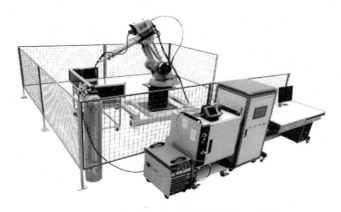

图 8-58　单工位固定式焊接机器人工作站

2.双工位固定式焊接机器人工作站

这种类型的工作站,由一台机器人和两个焊接工位组成,机器人可以焊接两个工位上的工件,工件的姿态不能改变,如图 8-59 所示。适合于小型结构件产品的自动化焊接;大大降低人力物流强度,操作方便、安全快捷;夹具拆卸更换方便,自动化拓展性强;工位排布相当于一字形,不仅工位可成固定式一字形,也可选工位变位式一字形排布。

图 8-59　双工位固定式焊接机器人工作站

3.多工位固定式焊接机器人工作站

这种工作站是在双工位固定式焊接机器人工作站基础上,增加了焊接工位,如图 8-60 所示。适用于不需要自动翻面的小型结构件的自动化焊接;根据工件尺寸及人工物流强度来选择实际布局;站体结构简单,可靠性强,对于同类尺寸的工件自动化焊接兼容性强;站体采用整体一体式结构,对于设备的搬迁和挪动非常方便;夹具采用气动或手动均可。

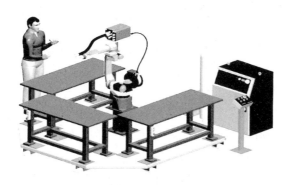

图 8-60　多工位固定式焊接机器人工作站

4.行走+焊接机器人组合的工作站

这种焊接机器人工作站是将焊接机器人安装在移动导轨上,扩展了焊接机器人的工作范围,如图 8-61 所示。适合于三维面焊接件,无论是直线、曲线、圆弧焊缝,都能较理想地使焊缝处于船型焊接位置,可有效保证焊枪的可达性及焊缝的工艺性,相对于块焊接的工件宽度、高度、直径均较小;采用高精度伺服电动机及减缩机保证变位的重复定位精度,夹具拆卸更换方便,自动化拓展性强。

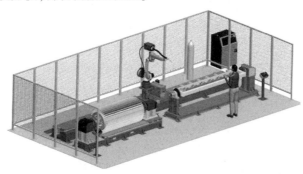

图 8-61　行走+焊接机器人组合的工作站

5.变位机+焊接机器人组合的工作站

这种类型的工作站使用变位机改变焊接工件的姿态,变位机的转轴平行于地面,如图 8-62 所示。适合于三维面的大焊接件,无论是直线、曲线、圆弧焊缝,都能较理想地使焊缝处于船型焊接位置,可有效保证焊枪的可达性及焊缝的工艺性。

图 8-62　变位机+焊接机器人组合的工作站

6.双工位单轴变位机 H 式机器人焊接工作站

这种类型的工作站采用两个变位机,如图 8-63 所示,适合焊缝分布在多个面的中小型焊接件,工件 360°自动翻转,无论是直线、曲线、圆弧焊缝,都能较好的保证焊枪焊接姿态和可达性。

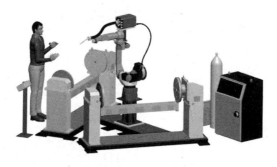

图 8-63　双工位单轴变位机 H 式机器人焊接工作站

7.双工位回转式机器人焊接工作站

这种类型的工作站的变位机旋转轴垂直与地面,如图 8-64 所示,适用于所有小型结构件产品的自动化焊接;工位自动切换,大大降低人力物流强度,操作方便、安全快捷、简洁实用。

图 8-64　双工位回转式机器人焊接工作站

本项目根据客户提供的工件尺寸图及焊接工艺图设计,由于工件长度大,单独的焊接机器人无法满足其焊接范围,需要增加移动轴,扩展机器人的工作范围,且只需焊接工件的一个面,因此,采用了行走+焊接机器人组合的工作站模式。最终焊接工作站布局如图 8-65 所示。

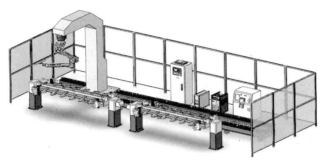

图 8-65　焊接工作站布局图

二、生产节拍计算

1.工作流程

①人工通过天车将已组对好的工件吊入变位机工装上定位夹紧,如图 8-66 所示。

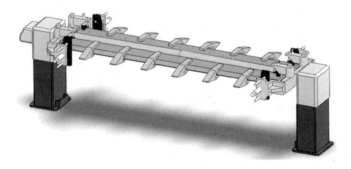

图 8-66　变位机工装定位夹紧工件

②机器人从安全区域移动到工作区域,准备对工件进行焊接,如图 8-67 所示。

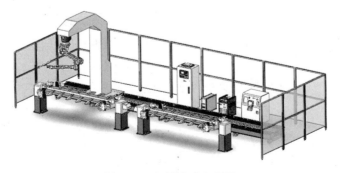

图 8-67　机器人准备焊接

③机器人对工件进行焊接,当机器人对工位 A 的工件焊接完成后,通过机器人行走装置移动到工位 B(在焊接的同时,工位 B 由人工已完成装件),对工位 B 上的工件进行焊接。双工位交替进行,直到焊接结束。

2.生产节拍

机器人焊接一个工件完成所用时间称为一个生产节拍。根据技术指标中的工作节拍要求,本项目生产节拍估算如下。

以焊高为 12 mm 的焊缝为参考:

焊缝种类为 12 mm 焊高,焊缝长度为 1 000 mm×6,焊接速度为 450 mm/min(两道三次焊完),焊接时间为 13.4 min。焊接辅助时间:变位机空行程及焊接机器人行走时间为 5 min。

由于本系统为双工位,工件在焊接的同时就可完成工件装夹,因此工件装夹辅助时间为 0,焊完工件总耗时 18.4 min。

按单班 8 h,每个班可以焊接工件数量:8×60÷18.4 = 26 个 > 20 个,满足技术指标中的工作节拍要求。

三、焊接工作站组成

本项目中焊接工作站主要包括焊接机器人系统、焊接电源、焊枪、送丝机构、机器人底座、防护网、工装夹具、焊接平台、清枪剪丝装置、中央控制系统、辅助设备等。

1.焊接机器人

焊接机器人选型需要考虑的因素包括:

①机器人系统包含焊接工艺;

②根据焊接对象选择选用气冷焊枪或水冷焊枪,进而确定机器人负载;

③机器人的工作范围、运行速度、轨迹精度;

④焊接工艺,如是否包含焊接条件(电流、电压、速度等)设定、摆动功能、坡口填充功能、焊接异常功能检测、起始点检测、焊缝跟踪等。

综合考虑以上因素,本项目中焊接机器人选择 JR1450/10 型焊接机器人,主要技术指标如表 8-22 所示。

表 8-22　焊接机器人主要技术指标

型号	JR1450/10	轴数	6
有效负载/kg	10	重复定位精度/mm	±0.04
最大臂展/mm	1 450	最大速度/(mm/s)	11 800
本体质量/kg	150	功能	焊接
安装方式	地面、顶装	环境温度/℃	0~45

2.变位机设计

对于有些焊接场合,由于工件空间几何形状过于复杂,使焊接机器人的末端工具无法到达指定的焊接位置或姿态,此时可以通过增加 1~3 个外部轴的办法来增加机器人的自由度。其中一种做法是采用变位机让焊接工件移动或转动,使工件上的待焊部位进入机器人的作业空间。

变位机是专用焊接辅助设备,主要任务是将负载(焊接工夹具和焊件)按预编的程序进行回转和翻转,使工件接缝的位置始终处于最佳焊接状态。通过工作台的升降、翻转和回转,固定在工作台上的工件可以达到所需的焊接跟随角度。

(1)单轴翻转变位机驱动采用伺服电动机或者普通电动机驱动,通常工作翻转速度可调,其功能是配合焊接机器人按预定程序将夹具上的工件翻转一定的角度,以满足焊接要求,保证工件焊接质量。单轴翻转变位机在焊接机器人工作站中是应用最广泛的设备,如图 8-68 所示。

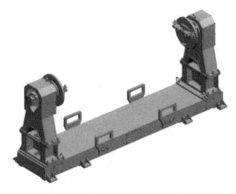

图 8-68　单轴翻转变位机

(2)单轴悬臂变位机驱动采用伺服电动机,通常工作的翻转速度是可调的,其功能是配合焊接机器人按预定程序将夹具上的工件翻转一定的角度,以便满足焊接要求,保证工件焊接质量。这类变位机适合小型焊接工作站,节约空间,亦可实现一台机器人、两台变位机的高效率生产,如图 8-69 所示。

图 8-69　单轴悬臂变位机

(3)单轴水平回转变位机适合小型工作站、小工件的焊接,可实现±180°水平回转,满足工件焊接要求,保证工件焊接质量,如图 8-70 所示。

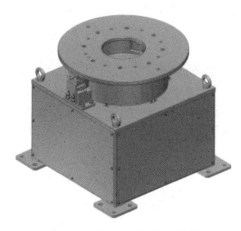

图 8-70　单轴水平回转变位机

（4）双轴标准变位机的两轴均采用伺服电动机驱动，焊接夹具实现翻转的同时，也能实现±180°水平回转，这使得机器人的工作空间和与夹具的相互协调能力大大增强，机器人焊接姿态和焊缝质量有很大提高，如图 8-71 所示。这类变位机适合小型焊接工作站，常用于小工件的焊接，如消声器的尾管、油箱等工件的焊接。

图 8-71　双轴标准变位机

（5）L 型双轴变位机的两轴均采用伺服电动机驱动，焊接夹具可实现翻转的同时，亦可实现±180°水平回转，这使得机器人与夹具的相互协调能力大大增强，机器人焊接姿态和焊缝质量有很大提高，如图 8-72 所示。这类变位机的承载能力比上述双轴标准变位机大，第一轴的翻转角度亦很大，适合较大工件的焊接。L 型双轴变位机是双轴变位机的升级设备。

图 8-72　L 型双轴变位机

（6）C 型双轴变位机与 L 型双轴变位机原理相近，但是第二轴的上端与夹具固定，采用回转支撑与电机驱动端同步，如图 8-73 所示。C 型双轴变位机的第一轴减速比大，就结构来说，其承载能力要比 L 型双轴变位机的承载能力大很多，一般焊接重型夹具时选用。

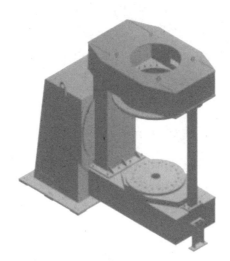

图 8-73　C 型双轴变位机

（7）三轴垂直翻转变位机第一轴的翻转实现夹具 A/B 侧的换位，第二轴/第三轴通过自身翻转实现夹具自动翻转，如图 8-74 所示。此变位机实现了与机器人的同步协调动作，驱动均采用伺服电动机，两套同样的夹具一起工作，A 侧机器人焊接的同时，B 侧是人工装件。此变位机对于整个工作站来说，工作效率大大提高。选用三轴垂直翻转变位机的机器人焊接工作站较大，工作站的安全房较高，一般用于车桥等大型工件的焊接。

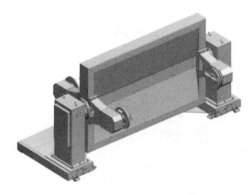

图 8-74　三轴垂直翻转变位机

　　(8) 三轴水平回转变位机是三轴变位机的不同类型的设备,工作原理与三轴垂直翻转变位机基本相同,但是,第一轴要通过回转实现夹具 A/B 侧的换位,第二轴/第三轴依然是通过自身翻转实现夹具自动翻转,如图 8-75 所示。此变位机实现了与机器人的同步协调,驱动均采用伺服电动机,两套同样的夹具一起工作,A 侧机器人焊接的同时,B 侧是人工装件。

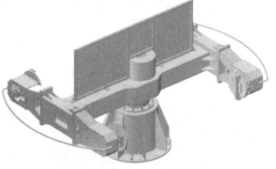

图 8-75　三轴水平回转变位机

　　(9) 五轴变位机分 A/B 工位,两侧的工作原理相同,可实现夹具的回转和翻转。第一轴的翻转实现夹具自身回转,第二轴实现夹具自动翻转,第三轴实现变位机 A/B 工位的位置变换;通过各个轴的协调,达到更佳的工件焊接效果,如图 8-76 所示。

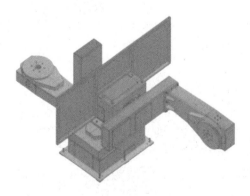

图 8-76　五轴变位机

（10）根据用户提供的工件尺寸要求，设计的焊接变位机如图 8-77 所示。此焊接变位机是焊接夹具的载体，能使工件达到最佳的焊接位置。本套焊接系统配置的变位机由变位机头座、变位机尾座、专用工装夹具等部分组成。

图 8-77　焊接变位机

此套变位机具有以下特点：

①变位系统为双工位，极大提高焊接机器人使用效率。

②变位机为交流伺服驱动，它能够完美地配合机器人在任意转动角度完成焊接动作，从而保证了焊接质量。

③变位机各结构件均采用优质钢材焊接而成，并进行退火等工艺处理，保证结构件的强度。

④变位机采用专用夹具，一套夹具可夹紧两个工件。它具有夹紧快速、定位准确、操作方便等特点。

变位系统性能参数：

①结构形式：单轴变位机；

②变位机变位角度范围：±180°；

③变位机最大负载：4 t；

④重复定位精度：500 mm 直径内±0.1 mm。

3.焊接工装夹具

本套焊接夹具主要由 L 支撑板、侧向定位装置、侧向压紧装置、预变形装置、上端旋转压紧装置等部分构成，如图 8-78 所示。定位主要以刀板下底面、端面及刀板无刀齿面。夹紧主要由侧面及上面构成。压紧装置均采用手动方式，快速方便且维护容易。上端压紧装置压紧头部为滚球，设置它的目的在于当侧压紧装置使工件向预变形装置推动并变形时，防止工件上翘。同时可使侧推装置更加省力。设置旋转的目的在于取工件时，可将压紧装置旋转开方便取件。

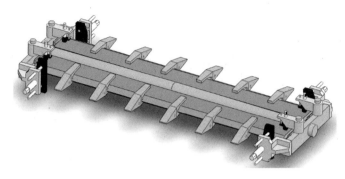

图 8-78 焊接工装夹具

4.滑移平台

因焊接工件尺寸较长,达 2 900 mm,需要将机器人本体装在可移动的滑移平台,以扩大机器人本体的作业空间,确保工件的待焊部位和机器人都处于最佳焊接位置和姿态,如图 8-79 所示。

图 8-79 滑移平台

5.清枪剪丝装置

机器人在焊接过程中焊钳的电极头氧化磨损,焊枪喷嘴内外残留的焊渣以及焊丝干伸长度的变化等势必影响到产品的焊接质量及其稳定性。

焊枪自动清枪剪丝装置主要包括焊枪清洗机、喷硅油/防飞溅装置和焊丝剪断装置三部分,如图 8-80 所示。焊枪清洗机的主要功能是清除喷嘴内表面的飞溅,以保证保护气体的通畅;喷硅油/防飞溅装置喷出的防溅液可以减少焊渣的附着,降低维护频率;而焊丝剪断装置主要用于利用焊丝进行起始点检测的场合,以保证焊丝的干伸长度一定,提高检测的精度和起弧的性能。

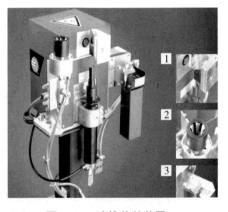

图 8-80 清枪剪丝装置

四、电气控制系统

电气控制系统分为机器人系统部分和 PLC 控制部分两部分。机器人系统部分完成焊接任务。PLC 控制部分完成总的逻辑控制,具有"手动""自动"选择功能,在"手动"模式下可以人工参与,在"自动"模式下各区域自动完成相应工作,并且设有电源开关及指示按钮、急停按钮,当发生意外时可紧急停止。

总体控制原理如图 8-81 所示。

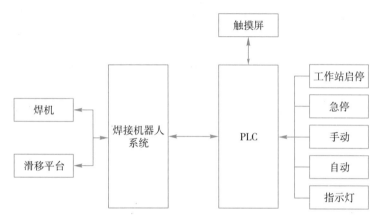

图 8-81　焊接工作站总体控制原理

1.控制系统硬件

根据焊接机器人工作站控制系统原理,控制系统硬件主要包含机器人系统硬件和 PLC 控制部分硬件。

（1）机器人系统硬件

①机器人控制柜,包含机器人运动控制器、驱动器、开关电源、旋钮断路器、中间继电器、启动按钮、停止按钮、通电指示灯等;

②机器人示教器;

③外接电气元件,外接继电器、电磁阀;

④位置传感器。

（2）PLC 控制硬件

①PLC 可编程控制器,选用 24 V 供电;

②触摸屏,选用 24 V 供电,与 PLC 之间采用串口通信;

③三色报警指示灯;

④其他硬件,如启动按钮、停止按钮、急停按钮、手动/自动方式选择开关、报警复位按钮等。

2.控制系统软件

结合焊接工艺过程,本项目中工作站控制系统要具有自动控制、检测、保护、报警等功能。要求系统的启动、停止以及暂停、急停等运转方式均通过人机操作界面进行。系统运行状态及系统报警可以在人机操作界面上显示。同时要求用高置显示灯表明运转状态。人机操作界面要包括：生产线的组态、机器人组态、产品计数、错误故障跟踪报警信息和可视化输入/输出状态以及循环时间。人机界面与 PLC 采用 RS485 数据线相连接，PLC 控制柜和机器人控制柜之间通过 I/O 信号进行交互，整套系统均由机器人控制柜和 PLC 柜来进行控制和管理。

此外，待机模式下，三色灯显示黄色；正常工作时，三色灯显示绿色；在系统发生紧急情况时可通过按下急停按钮来实现系统急停，同时三色灯会亮红色，并带有蜂鸣器，提示报警信号。

工作站正常工作时，工人首先把工件装夹到变位机上。由于有两个焊接工位，因此机器人检测到哪个工位的工件装夹完毕，就移动到相应位置进行焊接工作，软件控制流程如图 8-82 所示。

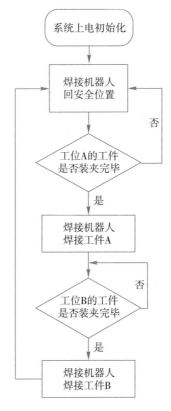

图 8-82　软件控制流程图

3.焊接机器人编程

焊接工作站中焊接动作是由焊接机器人完成，机器人获取工件装夹完好的信号后，开始焊接。由于刀齿均匀分布在刀板上，因此可以采用偏置指令减少点的标定。机器人焊接完工位 A 的工件后，焊接工位 B 的工件。工位 A 和工位 B 的焊接程序类似，本书以工位 A 的焊接编程为例，程序流程图如图 8-83 所示。

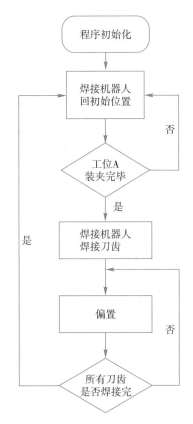

图 8-83　焊接机器人程序流程图

机器人的焊接程序如下：

0001	SPEED SP = 30	//设置全局速度
0002	DYN ACC = 10 DCC = 10 J = 128	//设置全局加速度、减速度、加加速度
0003	MOVJ P = 1 V = 25 BL = 0	//机器人回到初始位置
0004	SET I = 1 VALUE = 1	//计数循环次数
0005	SET I = 2 VALUE = 6	//循环总次数 6 次，一个刀板上焊接 6 个刀齿
0006	SET R50 VALUE = 200	//刀齿之间的间距
0007	SET R = 1 VALUE = 0	//X 方向的偏移量，不偏移
0008	SET R = 2 VALUE = 0	//Y 方向的偏移量，焊接刀齿位置的偏移量为 0
0009	SET R = 3 VALUE = 0	//Z 方向的偏移量，不偏移
0010	WAIT DI = 0.1 VALUE = 1 T = 0	//等到工件装夹完毕的信号后，才向下执行程序
0011	WHILE I = 1 LE I = 2 DO	//while 循环语句
0012	MOFFSETON COOR = KCS R = 1 R = 2 R = 3	//开始位置偏置，在机器人坐标系下，X 方向偏移 R1，Y 方向偏移 R2，Z 方向偏移 R3
0013	MOVJ P = 5 V = 25 BL = 0 VBL = 0	//运动到 P5 点

269

```
0014    MOVL P=10 V=25 BL=0 VBL=0        //运动到 P10 点
0015    ARCON TYPE=FILE INDEX=1          //调用焊接工艺 1，开始焊接
        AV=0 AC=120 V=8.0
0016    MOVL P=15 V=25 BL=0 VBL=0        //运动到 P15 点
0017    MOVL P=20 V=25 BL=0 VBL=0        //运动到 P20 点
0018    MOVL P=25 V=25 BL=0 VBL=0        //运动到 P25 点
0019    ARCOFF TYPE=FILE INDEX=1         //启用熄弧条件为 1 的文件进行熄弧
0020    MOVL P=10 V=25 BL=0 VBL=0        //运动到 P10 点
0021    MOVJ P=5 V=25 BL=0 VBL=0         //运动到 P5 点
0021    MOFFSETOFF                       //关闭偏置
0031    INC I=1                          //循环次数增加 1
0032    R2=R2+R50                        //Y 方向偏移量累加
0034    END_WHILE                        //结束循环
0035    MOVJ P=1 V=25 BL=0               //机器人回到初始位置
```

项目小结

本项目先从焊接工作站的基础知识入手，分别介绍了焊接机器人的分类、弧焊机器人系统的组成及各部分作用。然后，简述了弧焊机器人工作站的常见形式。再详细地介绍了弧焊机器人编程时焊接工艺的组成和各部分参数设置的方法，同时，论述了焊接工艺具有的功能及其指令，讲解了示教编程的指令和各功能编程方法。选取简易弧焊机器人工作站，讲述了弧焊工作站搭建的方法、组成以及示教编程。最后，举例说明了本书选取的弧焊机器人工作站常见的错误代码、错误信息和处理方法。

项目练习

1.填空题

（1）焊接机器人可以分为＿＿＿＿和＿＿＿＿。

（2）一个完整的工业机器人弧焊系统由＿＿＿＿、＿＿＿＿、＿＿＿＿、＿＿＿＿、＿＿＿＿等组成。

（3）弧焊机器人配备的送丝机构包括＿＿＿＿、＿＿＿＿和＿＿＿＿三部分。

（4）焊机发出引弧信号，焊接开始的命令是＿＿＿＿；对焊机发出熄弧信号，焊接结束的命令是＿＿＿＿。

（5）外部轴是指＿＿＿＿，在焊接工作站中指＿＿＿＿。

2.简答题

(1)简述工业机器人弧焊工作站的常见形式。

(2)简述弧焊工作站中漏电保护器的连接方法。

(3)简述送丝机的工作原理。

(4)简述本书中焊接工作站的焊接工艺。

(5)编写如图8-84所示的示教程序。要求在②和③之间实现简易弧焊,⑤和⑥之间实现摆焊,①、④和⑦为过渡点,过程中实现初始点寻位功能,文件索引号均选择为1,其余参数选择默认参数。

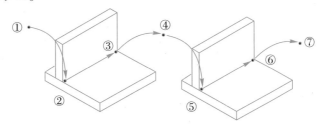

图8-84　焊接示意

(6)列举出弧焊工作站常见故障,并给出处理方法。

项目 9
工业机器人应用——智能分拣工作站

目前,在不同的自动化生产环节中,工业机器人经常用于上下料、装配、工件分拣以及货物仓储等任务。分拣是电子、汽车、食品和药品等领域在产品装配线上的重要组成部分。传统的工业机器人分拣过程一般采用"示教"方法或离线编程来控制机器人的运动,难以适应当前工业生产中复杂的工业环境。随着机器视觉技术的发展,视觉系统和机器人相结合用来跟踪快速运动的物体的智能分拣工作站应运而生。该工作站采用对工件自动识别以及追踪定位技术,具备自动识别、定位工件的能力,可以替代人类完成具有重复性、繁杂性、多样性的工件分拣、搬运和装卸工作,大大提高了生产的灵活性和智能化水平,不仅解放了劳动力,而且提高了生产效率,降低了生产成本,缩短了生产周期。

任务一　认识工业机器人智能分拣工作站

一个完整的工业机器人智能分拣工作站由机器人及控制系统、视觉传感器、视觉处理模块和外围设备等组成。根据控制对象的不同可以将其归纳为机器人系统(机器人本体、控制系统、外围设备)和视觉系统(工业相机及镜头、光源等),如图 9-1 所示。

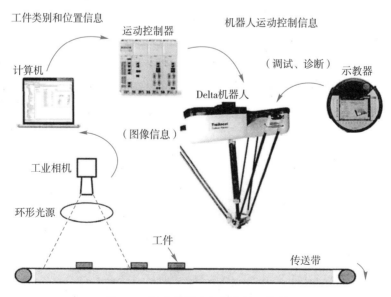

图 9-1　工业机器人智能分拣工作站

一、机器人系统

机器人系统利用视觉系统获取的位姿信息,控制机器人完成跟随或者抓取动作。由机器人本体和控制装置组成。

1.机器人本体

工作站中机器人的类型可以按照项目 1 中的内容,根据机器人运动范围、机器人负载、工作时能够承受的最大负载、自由度数等因素进行选择。Delta 并联机器人具有速度快、刚性高、重量轻等优点,在分拣、理料、装箱等方面拥有绝对的优势,因此广泛应用于食品、药品等行业的分拣工作。

本书选取国产某品牌 Delta 并联机器人,机器人本体结构主要包括主动臂、从动臂、动平台和静平台,如图 9-2 所示。由于工件是圆柱形物块,表面光滑,因此选用吸附式末端执行器中的气吸附末端执行器。气吸附主要是利用吸盘内压力和大气压之间的压力差进行工作,根据压力差的形式方法分为真空吸盘吸附、气流负压吸附和挤压排气吸附。本书采用真空吸盘吸附的方式,吸盘类型选择风琴型。

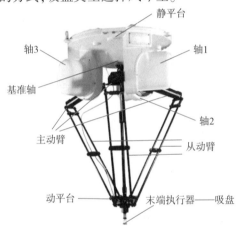

图 9-2　某品牌 Delta 并联机器人组成示意图

2.控制装置

机器人控制柜主要由运动控制器、伺服驱动器、辅助控制设备等部分组成,如图 9-3 所示。除了控制机器人动作外,还可以实现输入和输出控制等。

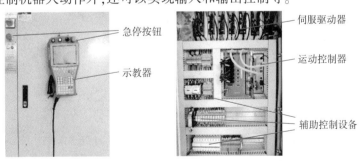

图 9-3　控制柜外观和组成示意图

二、视觉系统

1.视觉系统功能

视觉系统获得待分拣物体的图像信息,经过图像算法处理后将相应的信息反馈给机器人系统,最终引导机器人完成物体的分拣。

视觉系统主要涉及的技术有目标识别、目标追踪和视觉伺服。

目标识别是整个视觉系统的关键,常用的方法有相关匹配法和特征匹配法。相关匹配法主要分析待测图像与模板之间的相关性来识别待分拣物体;特征匹配法主要利用图像的边缘、角点、轮廓等特征进行目标的识别。

目标追踪主要将采集的目标运动视频分成多帧图像,通过定位每帧图像中待分拣物体的位置,获得物体的位置时间序列,机器人据此完成对目标的追踪。

视觉伺服是整个视觉系统的保障。通过对待分拣物体的图像信息进行识别和定位后,伺服电动机驱动机器人完成目标的分拣。目前,常用的视觉伺服方式为混合视觉伺服,其结合了基于位置和基于图像的视觉伺服的优点,解决了控制算法局部收敛间过小的问题,具有较好的鲁棒性。

2.视觉系统硬件

视觉系统硬件包含工业相机、光学镜头和光源。

（1）工业相机

工业相机是视觉系统中的核心组件,被用来获取传送带上运动工件的图像序列,如图 9-4 所示。其功能是通过电荷耦合器件(CCD)和互补金属氧化物半导体(CMOS)成像传感器将镜头产生的光学图像转换为对应的模拟或数字信号,并将这些信息由相机与计算机的接口传送到计算机主机。主要参数有接口类型、芯片类型、帧率、分辨率、快门模式、曝光时间等。

图 9-4　工业相机示意图

工业相机按输出信号类型分为模拟相机和数字相机两种。模拟相机输出的是模拟信号,模拟信号在传输过程中容易受到外界电气设备的电磁干扰而造成信号失真;数字相机在内部将信号数字化,信号传输不受噪声干扰,抗干扰能力强。数字相机常用的接口类型有 Camera Link 接口,以太网接口、USB 接口。

芯片是工业相机中最重要的组成元件,目前主要有 CCD 和 CMOS 两类。CCD 芯片发展较早、技术成熟、成像质量高、噪声小,在工业中广泛应用。

帧率是用于测量显示帧数的量度,直接决定着相机的拍照速度,即单位时间内采集图像的频率。帧率越高,相同时间内完成的操作越多。相机帧率必须满足在系统要求的最短时间间隔内拍摄到图像,否则容易出现丢包、丢帧现象导致产品漏检。

分辨率是相机每次采集图像的像素点数,决定了位图图像细节的精细程度。通常情况下,图像的分辨率越高,所包含的像素就越多,图像就越清晰。

工业相机的快门模式主要分为卷帘快门与全局快门。使用卷帘快门时,传感器的每行像素在曝光时间内按照顺序依次感光;使用全局快门曝光时,传感器上所有像素同时感光。

曝光时间是为了将光投射到照相感光材料的感光面上,快门所要打开的时间。按照照相感光材料的感光度和感光面上的照度而定。曝光时间越长进入的光线越多,曝光时间长适合光线条件比较差的情况,曝光时间短适合光线比较好的情况。在拍摄运动物体时,由于拍摄目标与摄像机之间存在相对运动,各部位的像元在曝光过程中受到物体不同位置成像的影响形成拖影现象。拖影会严重影响测量精度,因此在选择相机时应使拖影长度尽可能短。运动速度和曝光时间是直接影响拖影的两个因素。

(2)光学镜头

镜头的基本功能是实现光束变换(调制),在机器视觉系统中,镜头的主要作用是将目标成像在图像传感器的光敏面上。镜头的质量直接影响到视觉系统的整体性能,合理选择和安装镜头是视觉系统设计的重要环节。决定光学镜头选型的因素如表9-1所示。

表 9-1 镜头选型因素

因素	注释
镜头接口	需要选择与工业相机接口和 CCD 的尺寸相匹配的镜头。镜头使用的 C 和 CS 接口方式占主流。小型的安防用 CS 接口比较多,工业上大部分使用 C 接口的相机与镜头组合
镜头焦距	镜头从中心点到 CCD 形成清晰影像的距离
分辨率	反映镜头记录被测物细节的能力
像面尺寸	像面尺寸应与 CCD 芯片尺寸相兼容
光圈系数	描述进入镜头光线的多少,光圈系数越大,进入光线越多;反之,越少

（3）光源

光源是视觉系统中不可缺少的一部分,直接影响着相机对物体成像质量的好坏,决定着整个系统能否准确稳定地运行。一个好的光源设计不但可以呈现出被测物的重要细节、便于目标特征的分割,而且可以对不需要的特征进行较好地抑制、减少干扰、降低后面算法处理的难度、提升整个系统的鲁棒性。光源可以由模拟控制器进行控制,如图9-5(a)所示。

目前,根据光源的硬件结构特征及其在工业应用领域照明方式的不同可以分为以下几种:

环形光源,可以提供多角度的照明方式、不同的颜色组合,突出物体的三维特征,如图9-5(b)所示。通常由高密度LED环形阵列构成,亮度高、结构紧凑,360°照明有效解决边缘阴影问题。另外,可在光源四周选配漫射板,使光线均匀扩散,较少反射。常用于PCB检测、金属表面裂纹检测、IC元件检测等。

背光源,提供高强度背光照明,以投射的方式突出物体轮廓特征信息,常用来进行尺寸测量、胶片的缺陷检测、透明物划痕检测等,如图9-5(c)所示。

条形光源,照射角度可根据需求自由调节,便于灵活组合与安装固定,如图9-5(d)所示。多用于较大钢板表面检测、图像扫描。

同轴光源,对于被测物照射一致性较好,有效消除物体表面不平整造成的阴影。其结构采用分光镜改变光的方向、减少光的损失、提高成像清晰度,如图9-5(e)所示。多用于芯片和硅晶片的破损检测。

球积分光源,采用具有漫反射效果的半球面内壁,均匀反射由底部照射的光线,照射十分均匀,如图9-5(f)所示。多应用于易反光、具有弧形表面的物体检测。

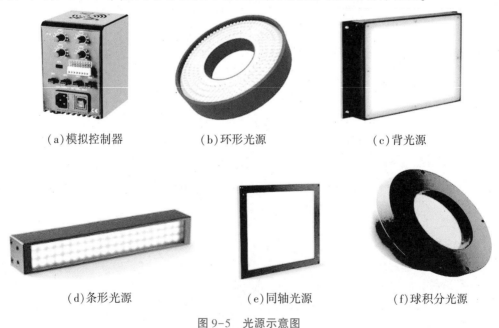

（a）模拟控制器　　　　　　（b）环形光源　　　　　　（c）背光源

（d）条形光源　　　　　　（e）同轴光源　　　　　　（f）球积分光源

图9-5　光源示意图

3.外围设备

工作站中外围设备主要由传送装置、编码器、气动装置组成,如图9-6所示。传送装置主要指传送带,用来传送工件,配合视觉系统、机器人系统完成工件分拣任务;编码器是用来获得传送带的实时位置和速度,配合机器人系统完成工件跟踪定位;气动装置主要是指气泵,用来给机器人末端吸盘供气,完成工件抓取动作。外围设备通过机器人控制系统中的 I/O(输入/输出)模块完成信息传递。

(a)传送装置之传送带 　　　　　　　(b)编码器

(c)气动装置之吸盘和气泵

图9-6 外围设备

任务二 视觉跟踪工艺简介

跟踪是指机器人工具末端工具中心点(Tool Center Point,TCP)跟随一个运动的物体。本书中介绍的系统是通过视觉系统获得同步带上移动物体的位姿,机器人末端跟随物体运动,并抓取该物体。如图9-7所示。

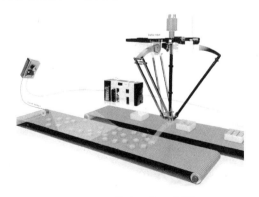

图9-7 跟踪工艺示意图

根据传感器的不同,跟踪工艺可以分为图像视觉跟踪和光电开关跟踪。图像视觉跟踪是利用 CCD 相机获取目标物体的位姿信息,信息较为详细;光电开关跟踪则利用光电开关获得目标的位姿信息,一般是位置信息,与图像视觉跟踪相比较,该方式较为简单。

图像视觉跟踪工艺需要配套相应的视觉处理软件,如 Halcon、康耐视、欧姆龙视觉系统等,用户也可以使用企业所提供的专用软件。视觉处理软件运行在工控机或 PC 上,通过 TCP/IP 网络协议与机器人控制系统进行通信。

本书以固高科技的视觉处理软件为例进行介绍。

一、硬件准备

1.相机安装

相机安装应可能保证其视野的 X 轴方向(视野横向方向)与同步带移动方向平行。被跟踪对象在相机视野中随同步带一起运动时,要求 Y 轴方向保持不变,只有 X 轴方向变化,即要求同步带的移动方向与相机视野的 X 轴方向几乎平行。安装完成后,需要通过机器人系统对安装偏角进行检测和补偿。

2.相机参数设置

工业 CCD 相机一般有两种工作方式:连续拍照模式和触发拍照模式。触发拍照模式可以分为硬件触发和软件触发。机器人触发相机拍照的同时,需要同步所存编码器的数值。当传送带跟踪过程中机器人系统控制相机进行拍照时通常采用硬件触发模式。

当前,通用的工业相机触发拍照有两种:一种是 I/O 电平触发,另一种是通过关键字指令进行触发。因此,机器人要求获得视觉数据时,也存在两种方式:①从指定的 I/O 输出端口输出一个 I/O 触发信号,直接控制相机拍照;②机器人系统通过 TCP/IP 网络协议给视觉系统上位机发送一条用户指令(使用时需要与企业沟通确认),视觉系统上位机可以使用用户的命令触发相机拍照并进行处理。以上两种获取视觉数据的方法都可以,一般来讲,通过 I/O 触发应用较为普遍。

相机以 I/O 触发拍照时,I/O 触发信号分为上升沿触发和下降沿触发,触发方式需要根据机器人系统设置而定。例如,机器人系统 I/O 输出端口设置低电平有效,即输出为低电平时才能触发相机拍照,则相机 I/O 触发应设置为下降沿触发。

通过 TCP/IP 进行通信时,通过网络交换机将相机、图像处理 PC 和机器人控制系统连接起来,并将三部分设置为同一网段,如图 9-8 所示。例如,本书中机器人端的 IP 地址一般默认为 192.168.0.2,使用的视觉系统图像处理 PC 的 IP 地址可以设定为 192.168.0.3,相机本身的 IP 地址可以设定为 192.168.0.4。

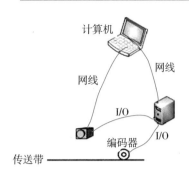

图9-8　信号连接示意图

3.编码器

机器人获取拍照瞬间同步带编码器数值有两种方式:①输出拍照I/O触发信号时,采集编码器当前数据。如果采用I/O信号硬件触发,可以忽略信号传输时间,因此可以将触发信号时刻作为编码器数值获取时刻。本书中介绍的视觉系统采用的就是此种方法。②相机在拍照瞬间输出精确的闪光灯/曝光(strobe)信号,该信号激活后,机器人系统使用该信号来捕获并获取拍照瞬间编码器数据,从而获得拍照瞬间物体的实时位置。为了尽可能精确地捕获编码器信号,该曝光信号最好直接输出给运动控制的端子板上的指定编码器轴号的HOME信号,采用HOME捕获的模式来实现高速捕获。若同步带运动速度较低,且不是要求非常精确定位的情况下,用户也可以将I/O信号接到端子板的普通输入I/O端,也可通过扩展I/O模块接入。

二、软件操作

1.视觉软件

相机在拍照过程中可能受到外界环境的干扰使得图像产生畸变,造成工件种类识别错误、跟踪位置误差过大等现象,因此,需要进行相机标定;同时,机器人能否准确快速抓取传送带上的运动工件取决于视觉系统能否获得高精度的位置信息,而图像预处理能够增强对物体识别有利的信息,减少干扰物体识别的无用信息,是进行特征提取前对图像进行的操作,其目的是为特征提取做准备。预处理之后需要通过模板匹配等方法对工件进行识别分类,以上过程都是工件跟踪定位中的一个重要环节,可以通过与相机相匹配的软件实现。

本款定位软件是固高科技研发的专用软件,目前仅支持Balser GigE相机,支持连续触发和硬件触发两种模式,可以在使用过程中实时调整相机参数,根据需求重新获取模板等功能。主要用来对相机输入的图像进行处理,通过手动截取模板的方式进行模板学习,在图像中定位出模板相同的区域,并输出目标区域的具体坐标,对模板的尺寸、位置都没有特殊要求。

该软件操作流程及基本界面如图9-9所示。

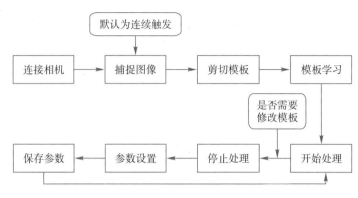

（a）软件操作流程图

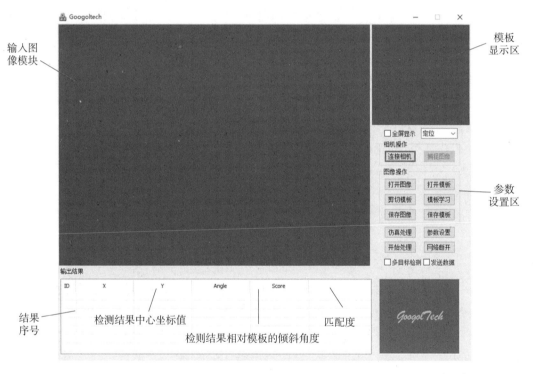

（b）固高视觉软件基本界面示意图

图 9-9　软件操作流程及基本界面示意图

具体操作步骤见表9-2所示。

表9-2 固高视觉软件操作步骤

步骤	操作	图示
1	在参数设置区中,选择【连接相机】,待相机连接后,点击【打开图像】,导入相机拍摄的照片。 注:软件支持图片输入和相机拍摄画面输入两种模式	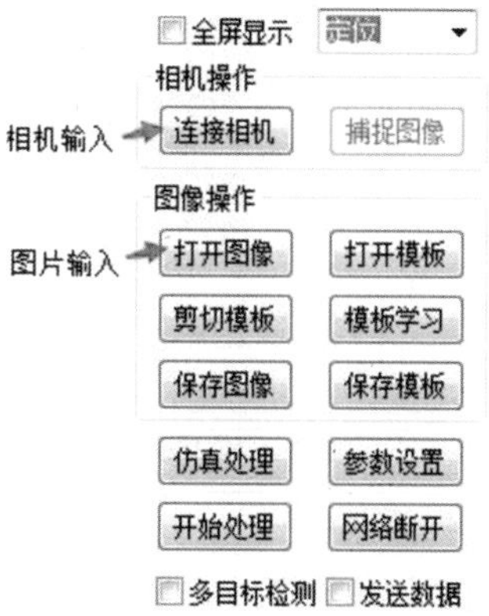 

续表 9-2

步骤	操作	图示
2	导入图片后,在图片区域选择需要学习的区域,点击【剪切模板】—【模板学习】	 在图像显示区域选定 矩形框作为待学习模板 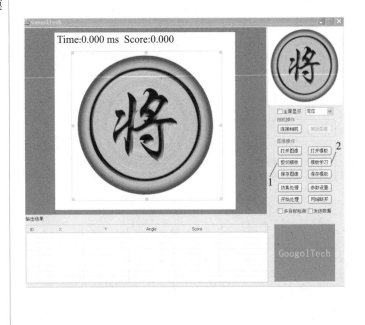

续表 9-2

步骤	操作	图示
3	模板学习完成后,需要进行图像处理,如果输入的是图片,则选取【仿真处理】;如果输入为相机同步图像,则点击【开始处理】	

续表 9-2

步骤	操作	图示
4	根据实际情况进行参数设置,如右图所示	

续表 9-2

步骤	操作	图示
5	设置完成后可在图片区域方框内点击鼠标左键进行模板擦除,修正模板,使得模板达到使用要求,输出结果如右图所示	

2.同步跟踪设置

通过手持示教器,在跟踪工艺中进行建立系统通信、设定机器人工具坐标系、相机安装角度校准、像素分辨率设置、相机视野范围标定、同步带坐标系标定、跟踪点设置等步骤,完成视觉检测跟踪工艺修改。

（1）建立系统通信

通过设置相应的参数，完成机器人控制系统与视觉系统之间的通信，具体步骤见表9-3。

表9-3　建立系统通信参数设置表

序号	操作	图示
1	在主菜单下【工艺】选项中，选择【跟踪】工艺，选择一个未使用的同步带序号，如右图所示，选择"1"，长按【视觉检测追踪】（2 s 以上），等待"1"号方框显示为绿色，点击右上角【TCP通讯状态】	
2	根据实际情况设置 IP 地址、端口号、拍照间隔时间、拍照距离间隔、相机指令，具体设置见右图。点击【连接】，旁边圆圈显示为绿色时，表示 TCP/IP 网络通信连接已正常建立；对象滤波误差阈值设置为角度取反，如右图所示，点击【信号管理】进入下一步	注:对象滤波误差阈值设置是系统根据该参数判断两次拍摄的物体是否是同一物体;根据模板属性，选择"忽略角度""角度取反"和"对称"中的一种

续表 9-3

序号	操作	图示
3	在输入编码器锁存信号中选择【端子板输入】,文本框中输入"-1",选择【上升沿出发】;输出拍照信号选择【端子板输出】,文本框中输入端口号"1",选择【低电平拍照】,如右图所示	注:配置数字量 I/O 接口,接口需要与硬件接线相匹配。同一个 I/O 端口只能在一个传送带中使用。多个传送带中使用同一个端口会出现拍照错误。在输入编码器锁存信号端口号中,选择【端子板输入】或【外部 IO 输入】,文本框中输入端口号。触发模式需要输入信号类型设置,分为上升沿触发和下降沿触发。输出拍照信号是机器人系统要求视觉系统上位机拍照时所输出的一个数字量输出信号。根据接线选择端口号;根据相机拍照信号确定是高电平拍照还是低电平拍照
4	返回步骤 2 界面,选择【编码器管理】,根据编码器实际通道选择编码器类型,并设定同步带滤波参数等,采用默认值即可,如右图所示。设置结束后,移动传送带,实时显示编码器数据,即当等待同步带标定完毕后,右下角同步带速度会实时显示	

287

续表 9-3

序号	操作	图示
5	返回步骤 2 界面,选择【通讯数据】,选择与视觉系统相匹配的【通讯格式一】,正确配置后,长按【拍照测试】,可得到相机拍照数据,如右上图所示。点击【通讯数据】,可以看到接收到的数据,如右下图所示	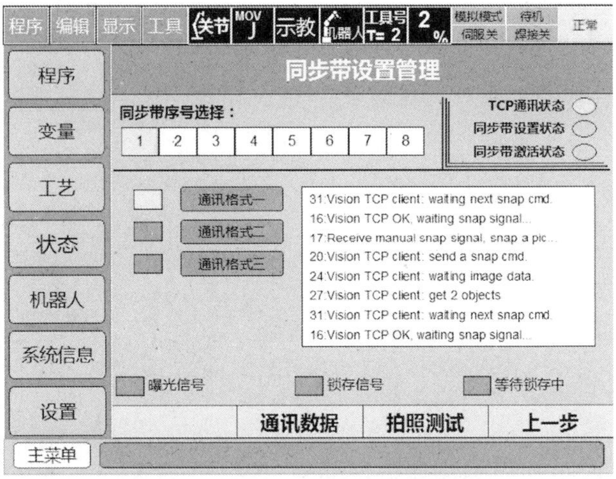 
6	返回【跟踪】工艺设置界面,建立系统通信完成	—

(2)设定机器人工具坐标系

在标定机器人和视觉系统的位置关系时,需要严格地设定工具坐标系,工具坐标系对于机器人跟踪抓取精度影响明显。本部分可参照机器人工具坐标系标定的方法进行标定。

(3)相机安装角度校准

理论上,相机安装应尽可能保证其视野的 X 轴与同步带移动方向平行,但是,实际安装时存在一定误差,需要通过软件对相机安装角度进行校正,具体步骤见表 9-4。

表 9-4　相机安装角度校准步骤

序号	操作	图示
1	在保证【TCP 通讯状态】状态正常,点击【设置】,进入相机校准设置界面,如右图所示。长按【相机安装角度校准】,进入下一步	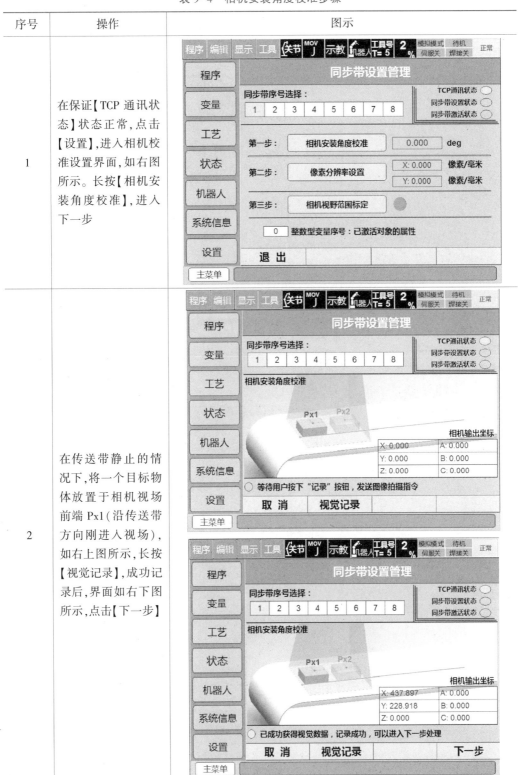
2	在传送带静止的情况下,将一个目标物体放置于相机视场前端 Px1(沿传送带方向刚进入视场),如右上图所示,长按【视觉记录】,成功记录后,界面如右下图所示,点击【下一步】	

续表 9-4

序号	操作	图示
3	传送带开始移动后,带动目标物体移动至Px2点(沿传送带方向即将离开视场,保证物体能够被识别),如右上图所示,停止传送带,点击【视觉记录】,记录成功后,如右下图所示,长按【完成】,完成相机安装角度校准	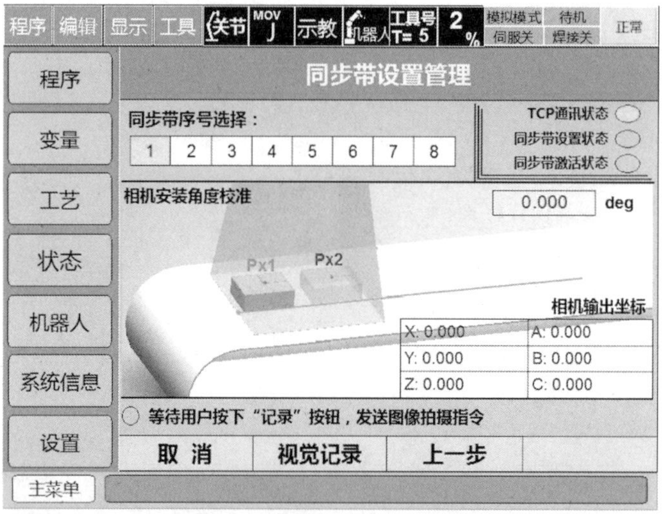 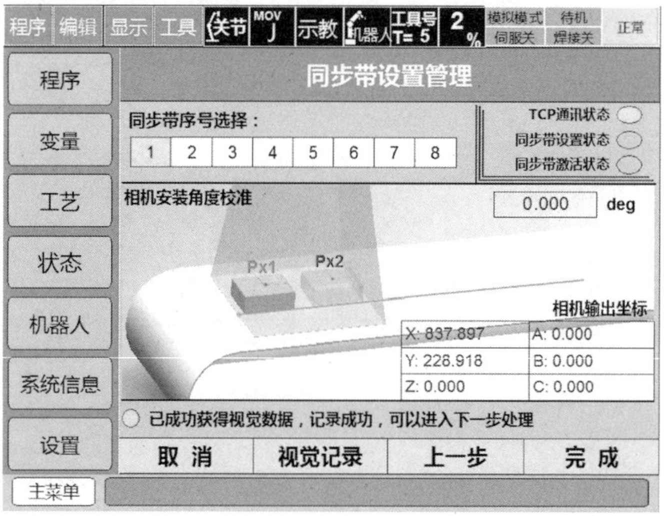
4	返回【跟踪】工艺设置界面,相机安装角度校准完成	—

(4)像素分辨率设置

为了能够得到稳定的高质量的图像,需要设置像素分辨率参数,具体步骤见表 9-5 所示。

表 9-5　像素分辨率设置步骤

序号	操作	图示
1	进入相机校准设置界面,长按【像素分辨率设置】如右上图所示。 在像素分辨率设置界面中长按【X 示教计算】,如右下图所示	

续表 9-5

序号	操作	图示
2	保持传送带静止,将两个目标物体分别置于相机视场 Pm (视场前端)和机器人工作空间 Pm1 位置,长按【视觉记录】,记录此时相机视场中目标物体的图像位置,然后控制机器人移动到 Pm1 位置,长按【机器人记录】,如右上图所示。 记录完成后,进入如右下图所示界面,点击【下一步】。 注:如果想修改位置记录值,重新长按【视觉记录】或者【机器人记录】即可	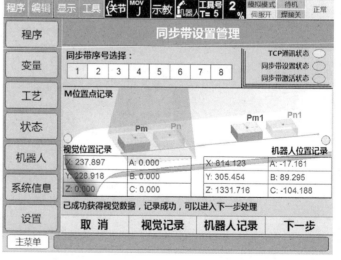

续表 9-5

序号	操作	图示
3	移动传送带,相机视场中的目标物体从 Pm 点开始移动,运动到视场后端 Pn 点,停止传送带,此时机器人工作空间内的目标物体从 Pm1 移动 Pn1 位置,移动过程中保证两个物体都在各自工作空间内,长按【视觉记录】,如右上图所示,记录 Pn 位置;移动机器人到 Pn1 位置,长按【机器人记录】,记录完成后,长按【完成】,进入下一步,界面如右下图所示	（见图）

上图（第一张界面）：

程序　编辑　显示　工具　关节　MOV J　示教　机器人　工具号 T=5　2%　模拟模式　待机　伺服开　焊接关　正常

同步带设置管理

同步带序号选择：
1 2 3 4 5 6 7 8

TCP通讯状态
同步带设置状态
同步带激活状态

N位置点记录　　　　　　　　　Y方向允许像素偏差：5

Pm　Pn　　　Pm1　Pn1

视觉位置记录
X: 0.000　A: 0.000
Y: 0.000　B: 0.000
Z: 0.000　C: 0.000

机器人位置记录
X: 0.000　A: 0.000
Y: 0.000　B: 0.000
Z: 0.000　C: 0.000

等待用户按下"记录"按钮,发送图像拍摄指令

取 消　　视觉记录　　机器人记录

主菜单

下图（第二张界面）：

程序　编辑　显示　工具　直角　MOV J　示教　机器人　工具号 T=5　100%　模拟模式　待机　伺服开　焊接关　正常

同步带设置管理

同步带序号选择：
1 2 3 4 5 6 7 8

TCP通讯状态
同步带设置状态
同步带激活状态

N位置点记录　　　　　　　　　Y方向允许像素偏差：5

Pm　Pn　　　Pm1　Pn1

视觉位置记录
X: 637.897　A: 0.000
Y: 228.918　B: 0.000
Z: 0.000　C: 0.000

机器人位置记录
X: 805.007　A: -17.161
Y: 129.966　B: 89.295
Z: 1332.246　C: -104.188

已成功获得视觉数据,记录成功,可以进入下一步处理

取 消　　视觉记录　　机器人记录　　完 成

主菜单

续表 9-5

序号	操作	图示
4	返回像素分辨率设置界面中长按【Y示教计算】，如右上图所示。 将两个目标物体并排摆放在传送带上Pp和Pq位置，尽量保证对齐(要求误差像素小于阈值5像素,此阈值可通过右上角进行修改),然后长按【视觉记录】,如右中图所示。 记录成功后,点击【下一步】,如右下图所示	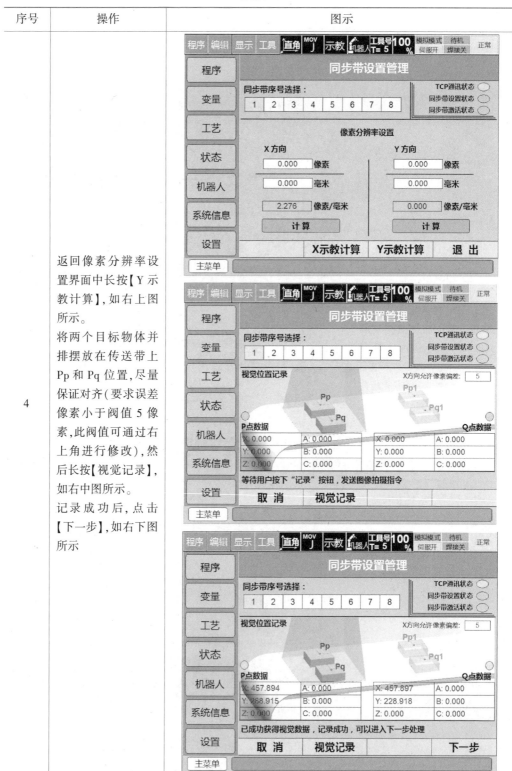

续表 9-5

序号	操作	图示
5	移动传送带,保持两个物体相对位置不变,移动到机器人工作空间 Pp1 和 Pq1 位置,停止传送带运动。移动机器人末端到 Pp1 位置,长按【P 点记录】,如右上图所示;P 点记录成功后,移动机器人到 Pq1 位置,长按【Q 点记录】,记录该位置,如右下图所示	

续表 9-5

序号	操作	图示
6	记录完成后，长按【完成】，如右上图所示。返回像素分辨率设置界面，点击【退出】，如右下图所示，返回【跟踪】工艺设置界面，像素分辨率设置完成	 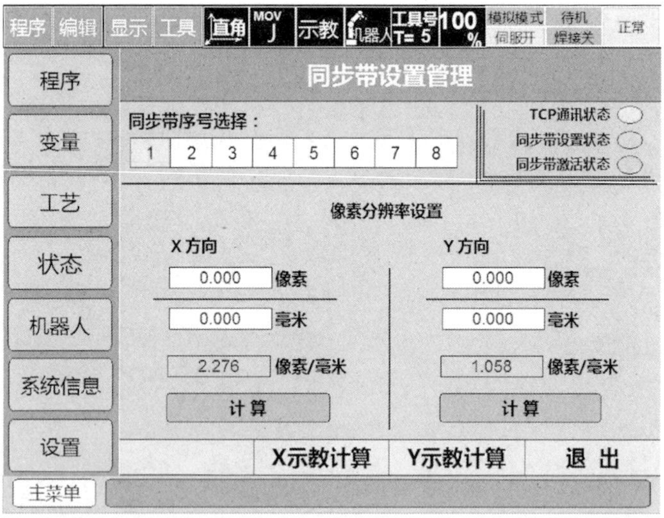

（5）相机视野范围标定

为了能够明确相机拍摄的范围，需要进行相机视野范围标定，具体步骤如表 9-6。

表 9-6　相机视野范围标定步骤

序号	操作	图示
1	进入相机校准设置界面,长按【相机视野范围标定】,进入下一步,如右图所示	
2	将两个目标物体放置在相机视野的对角,按照实际需要,尽量放置在能够识别的最大范围内,该范围即为相机识别范围。放置后,长按【记录】,如右上图所示,即可自动设置相机视野范围,该范围也可以手动输入或者手动修改;记录成功后,长按【退出】,如右下图所示	
3	进入相机校准设置界面,相机视野范围标定完成	—

（6）同步带坐标系标定

为了能够让同步带的坐标系与机器人系统和视觉系统所设定的坐标系一致，需要进行同步带坐标系标定，具体步骤见表9-7。

表9-7 同步带坐标系标定步骤

序号	操作	图示
1	进入相机校准设置界面，点击【下一步】，进入同步带坐标系标定界面，如右图所示	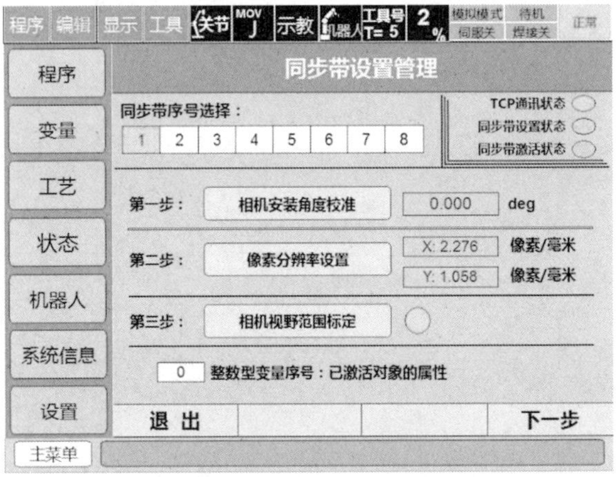
2	传送带保持静止，将一个目标物体摆放在机器人视场 Pa 位置，长按【记录】，采集图像信息，如右上图所示。 记录成功后，长按【下一步】，如右下图所示	

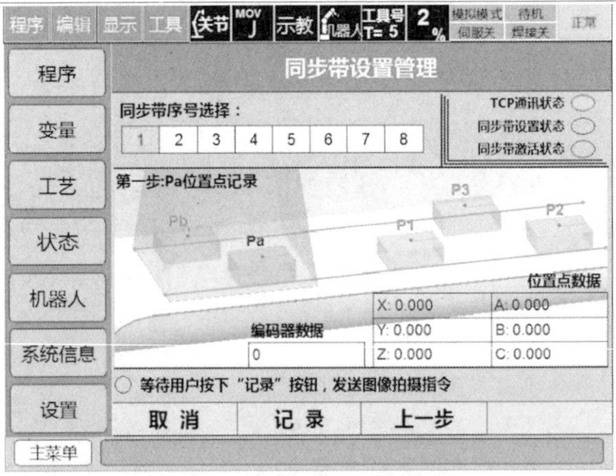

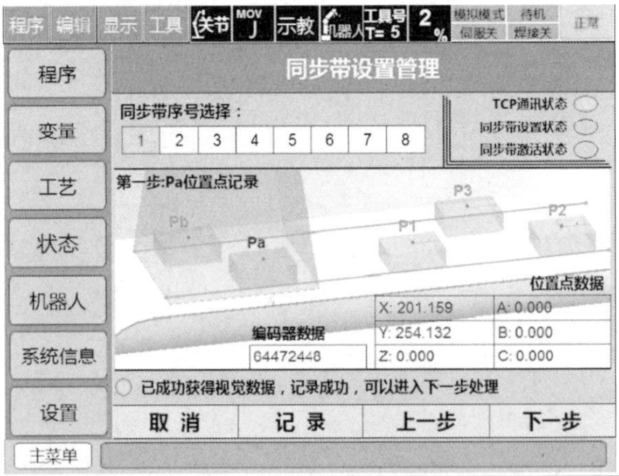

续表 9-7

序号	操作	图示
3	开启传送带,等待目标物体到达机器人运动空间 P1 位置(机器人接收区域上边界),暂停传送带。控制机器人移动到 P1 位置,点击【记录】保存该点位置值,如右上图所示。记录成功后,长按【下一步】,如右下图所示	
4	保持传送带运动,等待目标物体到达机器人运动空间 P2 位置(机器人接收区域下边界),暂停传送带。控制机器人移动到 P2 位置,点击【记录】保存该点位置值,如右图所示	

299

续表 9-7

序号	操作	图示
5	传送带保持静止,将同一个目标物体摆放在机器人视场 Pb 位置,长按【记录】,采集图像信息。记录成功后,长按【下一步】,开启传送带,等待目标物体到达机器人运动空间 P3 位置(机器人跟踪区域下边界),暂停传送带。控制机器人移动到 P3 位置,点击【记录】保存该点位置值,如右图所示。 注意:该步骤完成后,观察"X 方向误差"和"Y 方向误差",该误差标志了标定步骤的误差,可以通过重新标定 P3 点减少该误差	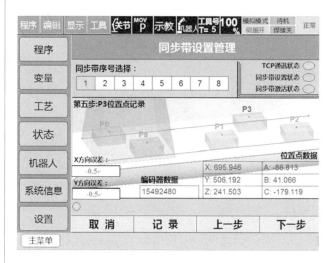
6	长按【完成】,返回【跟踪】工艺设置界面,同步带坐标系标定完成	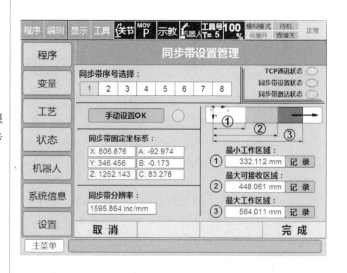

（7）跟踪点设置

跟踪点是为了在实际抓取中提供参考位置。跟踪点设置步骤见表9-8。

表 9-8 跟踪点设置步骤

序号	操作	图示
1	同步带设置结束后,右上角的同步带设置状态指示灯显示为绿色。此时,传送带保持静止,将目标物体摆放在机器人现场Pc位置,长按【记录】,采集图像信息,如右上图所示。 记录完成后,长按【下一步】,如右下图所示	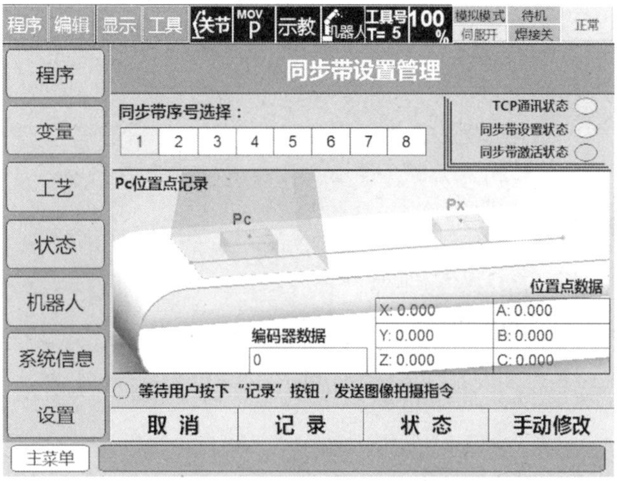 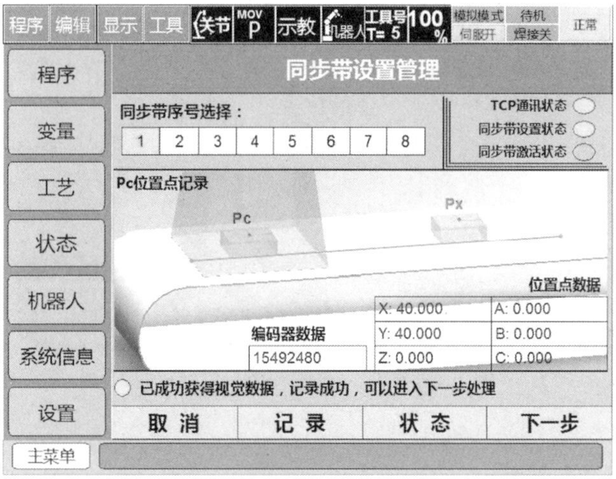

续表9-8

序号	操作	图示
2	开启传送带,等待目标物体到达机器人可接收区域适当位置时,暂停传送带。控制机器人移动目标物体上方抓取位置,长按【记录】,保存该点位置值。该点位置对应机器人示教程序中的一个抓取位置点,本书中指PT1,如右上图所示。 位置点序号选为2,控制机器人移动到目标物体上方一端距离的位置,长按【记录】,保存该点位置值,该位置对应机器人示教程序中一个接近位置点,本书指PT2,按照需求依次记录其余的点信息。完成后长按【退出】,如右下图所示	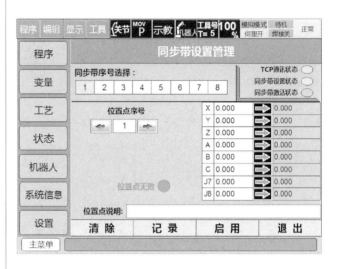 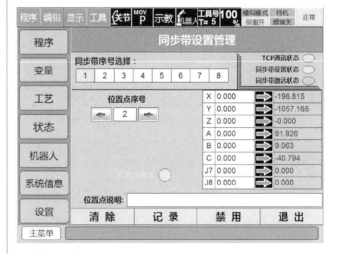

续表 9-8

序号	操作	图示
3	返回跟踪工艺界面,并点击右上角状态区域,进入下一步,如右上图所示。点击【系统激活】,右边圆形标志灯显示绿色,系统准备就绪,可以进行示教程序编写,如右下图所示	 
4	返回主界面,跟踪点设置完成,跟踪工艺参数设置完成,系统激活	—

(8)视觉跟踪工艺修改

按照表 9-3~9-8 所述步骤,在机器人系统中完成视觉跟踪工艺设置。视觉跟踪系统在激活状态下不允许进行修改,如果需要修改,请参照表 9-8 中退出系统激活模式,然后进行修改操作,步骤见表 9-9。

表 9-9　视觉跟踪工艺修改步骤

序号	操作	图示
1	进入跟踪工艺界面，点击【状态】，可进入状态显示界面；点击【清除】可以清除之前同步带设置信息；点击【修改】，进入步骤 2；点击【设置】，进入步骤 3，如右图所示	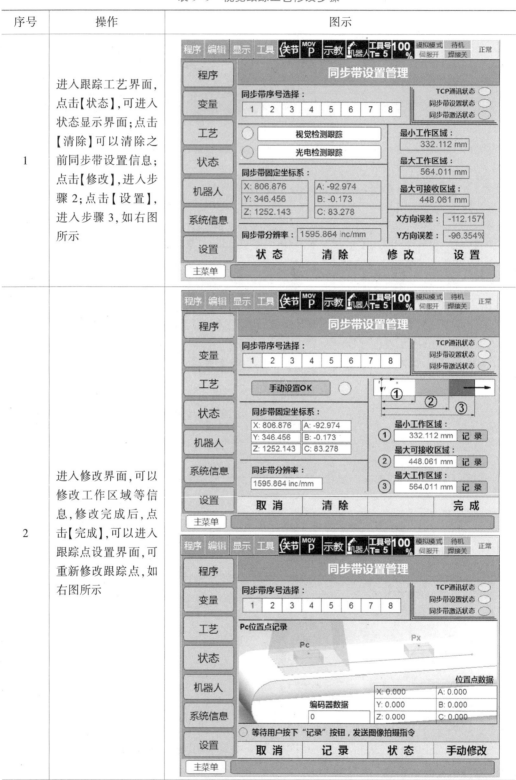
2	进入修改界面，可以修改工作区域等信息，修改完成后，点击【完成】，可以进入跟踪点设置界面，可重新修改跟踪点，如右图所示	

续表 9-9

序号	操作	图示
3	进入设置界面,可以重新设置同步带信息;长按【下一步】,可重新标定传送带位置,如右图所示	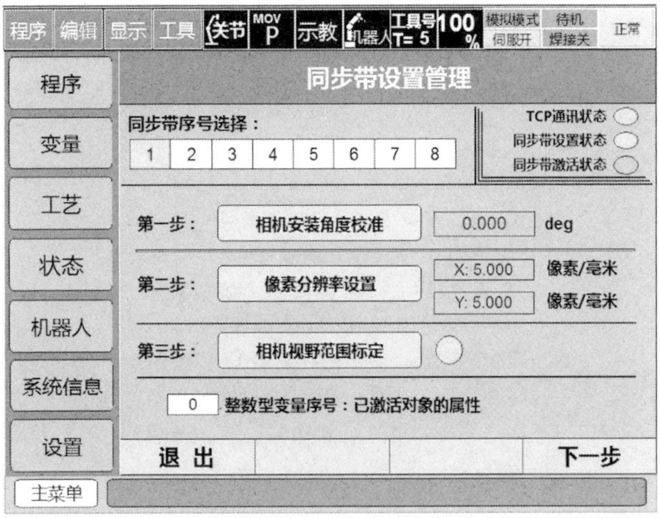 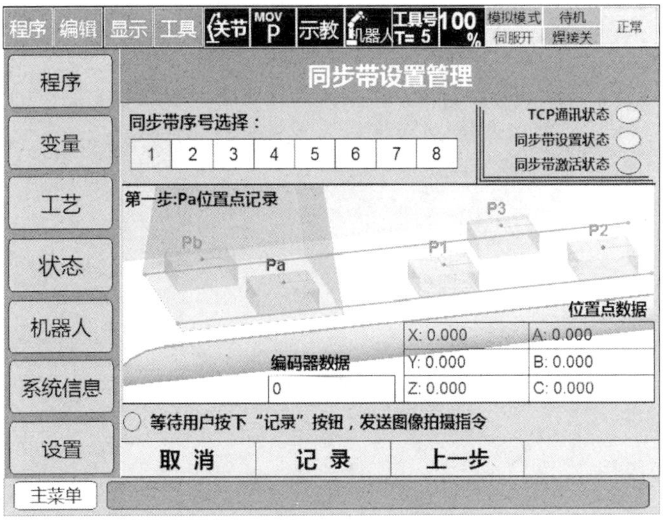

以上介绍了视觉跟踪工艺设置、修改步骤,请读者根据具体情况完成工艺设置,具体操作可参考相关设备手册。

任务三　工作站示教编程

一、跟踪指令介绍

跟踪指令用于编写视觉追踪工艺示教程序中,具体指令见表 9-10。

表 9-10　追踪指令表

指令	格式	功能
TRCPAR	TRCPAR ID＝2 TIME＝0 DIS＝0 ID＝同步带序号 ID,有效范围 1~8。 TIME 参数和 DIS 参数为备用参数,暂不提供操作接口,用来设置 TRCWAIT 指令等待的超时时间和等待距离参数,默认值为 0	设置程序关联同步带的序号
TRCWAIT	TRCWAIT TYPE＝0 TYPE 参数用于指定要获取什么属性的对象。视觉系统不但支持 X、Y、Z 坐标数据,同时还支持传送对象的属性数据,所以使用 TRCWAIT 指令可以获得指定属性的跟踪对象。当 TYPE＝0 时,系统会忽略属性数据,默认将 TYPE 设置为 0 即可	从同步带跟踪队列中获取指定属性对象,要求从 TRCPAR 参数指定序号的同步带跟踪队列中获得一个有效的跟踪对象。如果没有等待到对象,该指令会一直等待状态;如果该指令获得有效的跟踪对象(指该对象处于相机视野到最大可接收区域的位置之间),程序进入下一步执行
TRCWAITR	TRCWAITR	用来等待 TRCWAIT 指令获取的有效跟踪对象进入最小工作区域到最大可接收区域之间的范围之内。如果跟踪对象已进入指定区域,该指令执行完毕,程序进入下一步的处理,否则该指令将一直处于等待执行完毕的状态

续表 9-10

指令	格式	功能
TRCMOTION	TRCMOTION　PT＝1 V＝80 BL＝0 参数 PT 的有效值为 1~20； 参数 V 为跟踪运动所使用的最大速度，该参数为百分比参数，其参考基准是 MOVP 质量所使用的速度基准； 参数 BL 为参数到位精度，单位是 mm，如果要求精确到位，可以将 BL 设置为 0，将 BL 设置为非零值可以实现轨迹在拐角的平滑过渡，但是如果拐角的角度太小，设置 BL 参数可能会对机器人机械本体造成冲击，另外由于加减速参数设置不同的原因，平滑过渡也会造成轨迹变形	用于启动跟踪运动，机器人开始跟随目标位置运动。 注意：该指令之后的下一条运动指令只能是 MOVJ、MOVP、TRCMOTION 运功指令，不能是 MOVL、MOVC 指令，因为 MOVL、MOVC 指令必须从静止的情况下开始运动，用户必须调用 MOVJ、MOVP 指令才能将当前的跟踪运动转化为固定坐标系下目标位置运动
TRCDONE	TRCDONE	用于将当前的跟踪对象从跟随队列中删除，调用该指令后，由于被跟踪对象被删除，TRCMOTION 指令将不能继续执行，此时用户需要调用 TRCWAIT 指令重新获取一个新的跟踪对象，另外，当跟踪对象在其超出最大工作区域范围之后，系统会自动将其从跟踪队列中删除，所以该指令不是必须要调用的指令
TRCSTOP	TRCSTOP	停止跟踪运动。当 TRCMOTION 指令运动到目标位置后，如果后面没有新的运动指令，则机器人会一直跟随同步带运动，用户必须调用 MOVJ 或 MOVP 指令让跟踪运动转化为向常规固定目标运动的常规机器人运动并静止到位。当用户不想指定新的目标位置时，也可以直接调用 TRCSTOP 指令，则跟踪运动在当前跟踪位置停止下来

二、机器人示教程序

1.抓取示教程序

如图9-10所示,使用Delta机器人通过末端执行器(吸盘)将圆形工件从传送带1搬运至传送带2,依次重复进行。

图9-10　功能示意图

根据运动功能要求,设计出路径规划图,如图9-11所示。

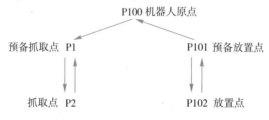

图9-11　机器人路径规划图

机器人在运动至抓取点P2时,打开吸盘吸气功能,将目标物体吸起;运动至放置点P102时关闭吸气功能,将目标物体放下。

具体程序如下:

0000	NOP	//程序起始行
0001	*123	//跳转程序起始行
0002	MOVJ P=1 V=20 BL=0 VBL=0	//移动至预备抓取点P1
0003	DOUT DO=1.0 VALUE=0	//取消吸气功能
0004	MOVL V=20 mm/s BL=0 VBL=0	//移动至抓取点P2
0005	DOUT DO=1.0 VALUE=1	//打开吸气功能
0006	TIMER=200 ms	//延时200 ms,防止没吸住目标物体
0007	MOVJ P=101 V=20 BL=0 VBL=0	//移动至预备放置点P101
0008	MOVL P=102 V=20 BL=0 VBL=0	//移动至放置点P102
0009	DOUT DO=1.0 VALUE=0	//取消吸气功能
0010	TIMER=200 ms	//延时200 ms
0011	MOVJ P=101 V=20 BL=0 VBL=0	//移动至预备放置点P101

| 0012 | JUMP *123 | //跳转指令,跳转至 *123 |
| 0013 | END | |

示教编程完成后,需要进行调试、运行。

2.视觉跟踪示教程序

完成任务二中视觉软件操作和视觉跟踪工艺参数设置后,通过手持示教器,编写视觉跟踪示教程序。

实现功能:工件随着传送带运动至工业相机拍照区域,由工业相机进行拍照,将位置信息传递给机器人系统,机器人系统综合编码器数据、相机数据控制机器人末端,完成将运动工件从传送带1搬运至传送带2,依次进行。示教程序如下:

0000	NOP	//程序起始行
0001	DOUT DO = 1.0 VALUE = 0	//真空吸盘复位
0002	SPEED SP = 80	//声明全局速度
0003	DYN ACC = 30 DCC = 30 J = 128	//设置加减速参数
0004	MOVJ P = 100 V = 100 BL = 0 VBL = 0	//移动至起始点 P100
0005	*123	//跳转程序起始行
0006	TRCPAR ID = 1 TIME = 0 DIS = 0	//使用 ID 为 1 的同步带标定设置
0007	TRCWAIT TYPE = 0	//等待接收待抓取的目标物体坐标
0008	TRCWAITR	//等待目标物体移动到有效区域
0009	TRCMOTION　PT = 2 V = 100 BL = 0	//移动至目标物体上方 PT2 点
0010	TRCMOTION　PT = 1 V = 100 BL = 0	//移动至跟踪抓取点 PT1
0011	DOUT DO = 1.0 VALUE = 1	//通过吸气来抓取物体
0012	TIMER T = 200 ms	//延时 200 ms,让吸盘吸牢物体
0013	TRCMOTION　PT = 2 V = 100 BL = 0	//将物体上提至 PT2 点
0014	TRCSTOP	//暂时停止跟踪模式
0015	MOVJ P = 101 V = 100 BL = 0 VBL = 0	//移动至预备放置点 P101
0016	MOVJ P = 102 V = 100 BL = 0 VBL = 0	//移动至放置点 P102
0017	TIMER T = 200 ms	//延时 200 ms
0018	DOUT DO = 1.0 VALUE = 0	//关闭真空吸盘
0019	TIMER T = 200 ms	//延时 200 ms
0020	MOVJ P = 101 V = 100 BL = 0 VBL = 0	//移动至预备放置点 P101
0021	JUMP *123	//跳转至 *123
0022	END	

示教程序编写完成后,需要进行调试运行。可以通过机器人系统主菜单中【显示】—【跟踪信息】,查看相机是否进行拍照等信息,选择【跟踪对象】,可以查看传送过来的坐标数据。

正常状态下,视觉处理软件不断获取工件图像,并且识别摄像头视场内的目标物体。如果调试过程中,工作站所有系统能够正常运动,可以实现预定功能,则示教程序编写成功。否则,需要查找错误原因,按照本项目内容重新设置参数,直到能够实现预定功能。

任务四 应用案例

某药品公司的药品分拣生产线上,输送皮带线上的药品包装箱位置不固定,采用了人工分拣,劳动枯燥且强度大,并且存在暴力搬运的现象,容易损坏高价值的货品。为此,该药品公司提出采用工业机器人取代人工,实现该工位的自动化。

该视觉分拣工作站技术指标如下:

(1)整箱质量:5 kg;

(2)整箱尺寸:350 mm×250 mm×150 mm;

(3)工作节拍:10 箱/min;

(4)能够自动识别药品包装箱的位置和姿态。

一、工作站整体设计

由于输送线上的药品包装箱位置和姿态不固定,传统示教编程时工业机器人的运动路径是固定的,无法满足该需求。因此,需要在该机器人分拣工作站中引入视觉系统,使用视觉传感器获取包装箱的位置和姿态,从而实现工业机器人的自动抓取。

1.视觉系统选择

根据相机与工业机器人的相互位置的区别可以将这两者构成的系统分为 Eye-in-Hand 系统和 Eye-to-Hand 系统,如图9-12 所示。Eye-in-Hand 系统中,相机安装在机械臂末端,跟随机器人一起运动。而 Eye-to-Hand 系统中,相机则是安装在机器人本体外的固定位置,不受机器人运动的影响。该工作站的设计时,考虑到当相机的标定精度不高时,会产生比较大的绝对误差,导致机器人无法准确分拣目标工件,机器人也有可能成为图像采集过程中的遮挡物,影响采集的图像质量,因此使用 Eye-in-Hand 系统。在实际的使用过程中,由于相机的位置和视角受到了机械臂姿态的限制,因此考虑在机器人系统上编写专门用于图像采集的运动程序,保证机器人在某个特定位置,机械臂末端保持固定姿态,使得相机的镜头垂直向下,满足工件都出现在图像中的要求。

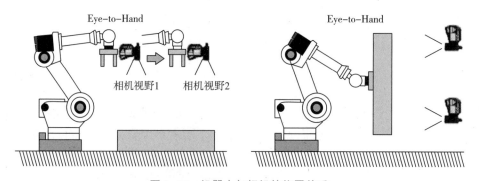

图 9-12 机器人与相机的位置关系

2.工作站设计搭建

该工作站就是一个工件视觉识别与分拣平台,主要由图像采集系统、图像处理系和机器人系统三部分组成。系统整体框图如图9-13所示。

(1)图像采集系统:主要包括CCD相机、LED光源以及通信数据线。CCD相机是图像采集的主体机构,通过网线与上位机相连,完成图像的传输,相机通过夹具固接在工业机器人的机械臂末端,通过机械臂的移动实现图像的采集。

(2)图像处理系统:包括处理器和图像处理软件。上位机接收来自相机的采集图像,并完成图像处理和工件识别等步骤,上位机和工业机器人以网线连接,实现目标工件的位置信息的传输,使用网口通信作为机器人和上位机之间的通信方式。

(3)机器人系统:工业机器人作为相机的载体和工件分拣的执行器,在图像采集的过程中移动相机实现拍摄,在工件分拣过程中利用机械手末端的工具将目标工件从所有工件中分拣出来并搬运到指定位置。

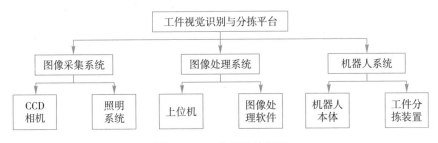

图9-13 工作站系统框图

3.硬件设备选型

(1)工业相机选型

工业相机选取了Kestrel系列智能相机,外形如图9-14所示。固高科技推出的Kestrel系列智能相机是集视觉图像采集、视觉图像处理和网络通信为一体高度集成的嵌入式视觉系统。固高科技的Kestrel系列智能相机采用高速CMOS传感器,内置专用图像加速单元,同时配套搭载一套图形化开发平台。开发平台具有灵活的操作界面及丰富的视觉处理工具,能够协助客户降低二次开发难度,缩短开发周期。其小巧紧凑的外观设计、高速高性能的图像处理能力、简单易用的软件平台能够协助客户轻松应对工业自动化中的定位、测量、识别和检测的需求。Kestrel系列智能相机主要参数如表9-11所示。

图9-14 Kestrel系列智能相机外形

表 9-11　Kestrel 系列智能相机主要参数

图像传感器		内存	
分辨率	640×480（30 W）/620 fps	处理内存	1 024 MB DDR3 内存
	800×600（50 W）/420 fps	程序内存	4 GB 非易失性内存
	1 280×1 024（130 W）/175 fps	机械	
像素大小	4.8 μm×4.8 μm	尺寸	93.4 mm(L)×45 mm(W)×29 mm(H)
色彩	黑白	质量	146 g
像素位深	8 bit256 灰阶	镜头接口	C-mount
曝光时间	32 μs～1 000 ms	端口	
快门方式	全局快门	通用 IO	2 个通用输入,2 个通用输出
芯片类型	CMOS	RS-232	1 个,波特率 115 200
触发方式	外部触发,软件触发,连续触发	以太网	IEEE 802.3 1000Base-T/100Base-TX 自适应

Kestrel 系列智能相机集成了 CCD 相机和图像处理系统,方便使用。尺寸小巧,质量轻,方便安装,可以采用 IEEE 802.3 以太网通信与工业机器人控制器通信。

（2）照明系统设计

①光源选择。对应用于工业的机器视觉系统来说,光源是决定图像采集质量的关键模块,光源的选择会直接影响到图像的清晰度和质量。一般来说,理想的照明光源应该使用方便,结构简单,同时具有光照稳定均匀的特点,能够降低后期图像处理的难度,提高图像检测的精度和便捷性。

目前应用于机器视觉技术的主流光源包括荧光灯、卤素灯、LED 灯和氙灯等,这几类光源的特性详见表 9-12。

表 9-12　各类光源特性对比

光源	颜色	寿命/h	发光度	特点
卤素灯	白色,偏黄	5 000～7 000	很亮	寿命短,成本低
荧光灯	白色,偏绿	5 000～7 000	亮	成本低
LED 灯	红,黄,绿,白	60 000～100 000	较亮	发热少,成本低
氙灯	白色,偏蓝	3 000～7 000	亮	寿命短,发热多

从表 9-12 可以看出,无论是散热性能还是经济性能,LED 灯都要优于其他光源,它还具有响应速度快、功耗较小和使用便捷的特点,因此逐渐成为机器视觉照明系统采用的主流光源,因此该工作站选用 LED 灯作为工件识别和分拣系统的照明光源,选购两支功率为 10 W 的 LED 灯管组装并安装在支架上。

②照明方法选择。在选定光源之后,还需要对照明方式进行研究。根据光源的特性和图像处理的需求,选择一种恰当的照明方式,对后期的图像处理工作会提供很大的便利。大量实验证明,当照明方式选择不当时,不仅不会对后续的图像采集和处理带来帮助,反而会造成干扰,带来不必要的误解,比如光源安装位置不对,会对工件产生不必要的阴影,造成误差,会增大后期图像处理的工作量,甚至引起边缘的误检测。

该工作站主要是为了检测包装箱的轮廓,为此选择了背光源的照明方法。背光源是把光源安装在待测物体的下面,如图9-15所示。发光面是一个漫射面,均匀性较好,在照明时,待测物体之于光源会形成较为明显的边缘阴影,因此该类照明方式广泛应用于物体轮廓检测、尺寸测量和提取等领域。

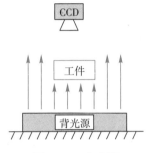

图9-15 背光源

(3)工业机器人

根据该工作站的负载、工作范围、节拍等要求,选用了埃夫特的ER12-4-1600码垛机器人,它的末端可以实现沿 X/Y/Z 轴平移和绕 Z 轴旋转四个自由度,有效负载 12 kg,最大臂展 1.625 m,如图9-16所示。

品牌	埃夫特
型号	ER12-4-1600
轴数	4轴
有效载荷/kg	12
重复定位精度/mm	+0.15
环境温度/℃	0~45
本体重量/kg	180
能耗/kW	1.5
安装方式	地面安装、支架安装
功能	码垛、上下料、搬运
最大臂展/mm	1 625
本体防护等级	IP54
电柜防护等级	IP43

图9-16 工业机器人外形及主要技术指标

二、智能相机的配置与使用

Kestrel 系列智能相机有两种触发相机拍照的方法:外部 I/O 触发控制和使用控制命令字节控制。该工作站选用了外部 I/O 触发控制相机拍照,该 I/O 与包装箱运动到位的光电开关信息关联,即包装箱运动到位后,相机拍照。工作站的工作流程如图9-17所示。

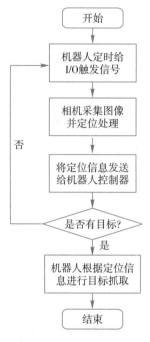

图 9-17　工作流程

1.流程配置

　　Kestrel 系列智能相机配套搭载一套图形化开发平台 GtSmartCamKit。该平台具有灵活的操作界面及丰富的视觉处理工具,能够降低二次开发难度,缩短开发周期。根据项目需求,自由组合开发出不同的工作流程。

　　依据本项目工作站的需要配置流程,打开智能相机编辑模式之后如图 9-18 所示。

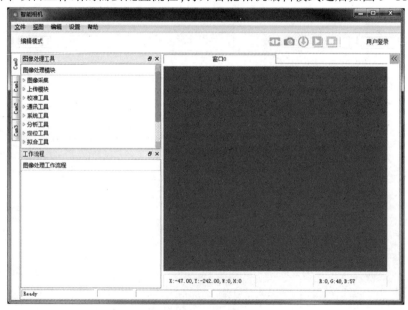

图 9-18　智能相机软件界面

在"图像处理工具"工具栏可以通过拖拽或双击的方式添加具体功能模块。配合固高机器人系统的图像处理工作流程如图9-19所示。

图9-19　图像处理工作流程

该工作流程共有5个模块组成,这5个模块是完成一个相机定位抓取功能的最小工作流程。

图像来源:负责图像采集。

几何模板匹配:负责设置模板并在测试图像中搜索目标位置及姿态。

信息显示:负责将几何模板匹配模块查找到的目标信息回传给软件本身并将其显示在软件的显示窗口,方便工作人员查看及监控。

图像显示:负责将图像来源模块采集到的图像回传给软件并在显示窗口显示,方便工作人员查看及调试。

自定义回传:负责将几何模板匹配模块查找到的目标信息发送给机器人控制器或PLC等外围设备。机器人控制系统根据接收到的目标信息进抓取。

每个模块都有相应的输入和输出端口。⬅代表数据输入端口,➡代表数据输出端口,如图9-20所示。

图9-20　输入/输出端口示意图

2.模板设置

工作流程配置好之后,就可以根据所要抓取的目标物体进行模板设置。设置模板时,点击【几何模板匹配】模块,就会在显示窗口显示出一个带有"Pattern"字样的方框,用该方框将要搜索的目标图像在基准图像上框起来,如图9-21所示,点击右边参数配置窗口的【剪切模板】按钮,就可以设置为模板图像并进行后续的模板匹配。

图9-21　模板设置示意图

3.自定义回传

该部分主要负责与机器人系统的数据通信,将定位到的目标信息通过TCP/IP协议发送给机器人系统,机器人系统根据该位置信息进行物体的抓取与放置。目前与固高机器人采用的通信格式如下:

Image［X:457.894;Y:268.951;A:80.346］

［X:437.897;Y:228.918;A:77.461］

Done

其中 X、Y 分别代表目标的 X 轴、Y 轴的坐标信息,A 代表目标的角度信息。

对应配置流程如下:

(1)在自定义回传参数配置界面右侧端口列表区域勾选上 x、y、angle 三个选项并点击【添加循环项】按钮,结果如图9-22所示。

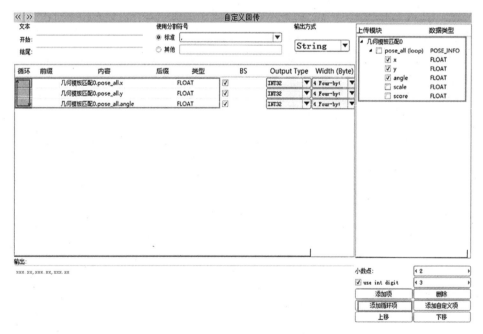

图9-22　参数配置示意图

(2)按照与机器人系统的通信格式进行数据格式配置,如图9-23所示。

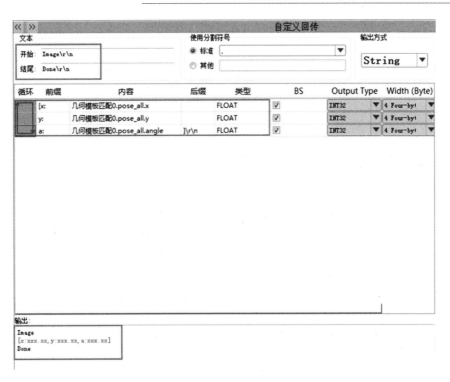

图 9-23　数据格式配置

（3）配置后的数据格式会在"输出"列表窗口显示配置后的数据格式。其中配置格式中"\r\n"代表"回车换行"符号。

4.与机器人联调测试

工作流程配置好之后,就可以进行视觉定位测试。在与固高机器人系统进行联调时,需要配置相机的 IP 地址和端口号进行信息通信。在机器人系统视觉跟踪工艺页面中设置如图 9-24 所示。

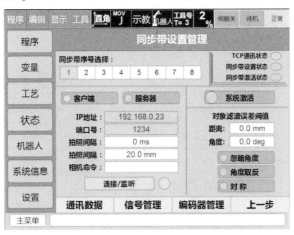

图 9-24　视觉跟踪工艺设置页面

点击【通讯数据】按钮,进入配置页面,点击【拍照测试】按钮进行测试(将相机的I/O输入信号与机器人控制器的I/O输出信号连线并测试无误情况下),如图9-25所示。

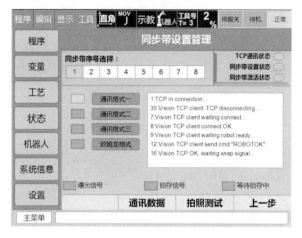

图9-25　通信数据设置

机器人端收到的数据格式如图9-26所示。

图9-26　机器人接收数据格式

至此,相机与机器人控制器的联调基本完成。机器人获取了包装箱的位置和姿态,在示教器编写程序控制机器人运动,机器人就可以抓取包装箱,并把包装箱放在垛型相应位置。

项目小结

本项目主要介绍了工业机器人视觉分拣工作站的组成,分别从机器人系统、视觉系统和外围设备的硬件入手,详细介绍了各个单元的硬件组成、通信方式和软件部分,明确了各个部分在工作站中的作用。其中，机器人系统利用视觉系统获取的位姿信息，控制机器人完成跟随或者抓取动作，该系统由机器人本体和控制装置组成。视觉系统获得待分拣物体的图像信息，经过图像算法处理后将相应的信息反馈给机器人系统，最终引导机器人完成物体的分拣。视觉系统主要涉及的技术有目标识别、目标追踪和视觉伺服。

在任务二中完整地介绍了视觉分拣工作站视觉系统硬件和软件的安装及使用步骤、跟踪工艺的参数配置，为工作站示教编程奠定基础；任务三讲解了跟踪工艺的指令，并完成了工作站的示教编程。

项目练习

1.填空题

(1)一个完整的工业机器人智能分拣工作站由_____、_____、_____和_____等组成。

(2)视觉系统主要涉及的技术有_____、_____和_____。

(3)视觉系统硬件包含_____、_____和_____。_____是视觉系统中的核心组件，被用来获取传送带上运动工件的图像序列。

(4)工业CCD相机一般有两种工作方式：_____和_____。

(5)通用的工业相机触发拍照由两种：一种是_____，另一个是_____。相机以I/O触发拍照时，I/O触发信号分为_____和_____，触发方式需要根据机器人系统设置而定。

2.简答题

(1)什么是视觉跟踪？

(2)简述视觉软件的操作流程。

(3)简述视觉跟踪工艺的设置流程。

(4)简述跟踪指令。

(5)如果智能分拣工作站中机器人系统的IP地址是192.168.0.1，那么工业相机、视觉系统PC的IP地址应该怎样设置？

(6)编写示教程序。

工作过程：工件随着传送带运动至工业相机拍照区域，由工业相机进行拍照，将位置信息传递给机器人系统，机器人系统综合编码器数据、相机数据控制机器人末端，完成将运动工件从传送带1搬运至传送带2，依次进行。

(7)编写示教程序。

工作过程：工件随着传送带运动至工业相机拍照区域，由工业相机进行拍照，将位置信息传递给机器人系统，机器人系统综合编码器数据、相机数据控制机器人末端，完成将运动工件从传送带1搬运至传送带2(不运动)的盒子里，每个盒子内摆放成2×2×2的垛，装完一盒后由工人搬走，依次进行。

参考文献

［1］龚仲华.工业机器人结构及维护［M］.北京:化学工业出版社,2017.

［2］龚仲华,龚晓雯.工业机器人完全应用手册［M］.北京:人民邮电出版社,2017.

［3］刘军,郑喜贵.工业机器人技术及应用［M］.北京:电子工业出版社,2017.

［4］张新星.工业机器人应用基础［M］.北京:北京理工大学出版社,2017.

［5］叶晖.工业机器人典型应用案例精析［M］.北京:机械工业出版社,2013.

［6］王大伟.工业机器人应用基础［M］.北京:化学工业出版社,2018.

［7］韩鸿鸾.工业机器人工作站系统集成与应用操作［M］.北京:化学工业出版社,2017.

［8］张玉希,伍东亮.工业机器人入门［M］.北京:北京理工大学出版社,2017.

［9］李荣雪.弧焊机器人操作与编程［M］.北京:机械工业出版社,2015.

［10］李亚伟.基于机器视觉的工件分拣系统研究［D］.上海:上海工程技术大学,2016.

［11］孙宇.基于单目视觉的工件识别跟踪方法研究［D］.芜湖:安徽工程大学,2019.

［12］李文科.基于机器视觉的 Delta 机器人工件分拣系统的研究［D］.天津:天津工业大学,2019.

［13］蔡自兴.机器人学基础［M］.北京:机械工业出版社,2017.

［14］张明文.工业机器人基础与应用［M］.北京:机械工业出版社,2018.